KB112228

나무는 거짓말을 하지 않는다

TREE STORY: The History of the World Written in Rings by Valerie Trouet

나무는 거짓말을 하지 않는다

1만 년 나이테에 켜켜이 새겨진 나무의 기쁨과 슬픔

발레리 트루에 지음 | 조은영 옮김

부·키

지은이 발레리 트루에Valerie Trouet
세계적인 연륜연대학자로 미국 애리조나대학교 나이테 연구소 교수로 재직 중이다. 연륜연대학이란 나무의 나이테를 분석해 연대를 측정하고 이를 활용하여 과거 기후와 생태를 연구하는 학문이다. 저자는 20여 년간 외딴 아프리카 마을에서부터 아메리카, 유럽, 러시아의 오지까지 전 세계 곳곳을 누비며 나무와 나이테를 연구했고 이를 통해 지난 2000년 동안 지구 날씨가 어떻게 변화했으며 이것이 인류 문명과 생태계에 어떤 영향을 미쳤는지 밝히고자 노력해 왔다. 그동안 70편 이상의 과학 논문을 발표했고 《뉴욕타임스》《워싱턴포스트》《가디언》《내셔널지오그래픽》 등 유수의 매체에 소개되었다. 또한 그녀는 유럽 대륙에서 가장 나이가 많은 나무를 발견한 사람이기도 하다.

옮긴이 조은영
어려운 과학책을 쉽게, 쉬운 과학책을 재미있게 번역하고자 노력하는 과학 전문 번역가. 서울대학교 생물학과를 졸업하고 서울대학교 천연물과학대학원과 미국 조지아대학교 식물학과에서 공부하며 거시생물학에서 미시생물학까지 두루 익혔다. 옮긴 책으로 《랜들 먼로의 친절한 과학 그림책》《10퍼센트 인간》《나무에서 숲을 보다》《오해의 동물원》《세상에 나쁜 곤충은 없다》《나무의 세계》《이토록 멋진 곤충》 등이 있다.

나무는 거짓말을 하지 않는다

2021년 5월 13일 초판 1쇄 인쇄 | 2021년 5월 20일 초판 1쇄 발행

지은이 발레리 트루에
옮긴이 조은영
펴낸곳 부키(주)
펴낸이 박윤우
등록일 2012년 9월 27일 | 등록번호 제312-2012-000045호
주소 03785 서울 서대문구 신촌로3길 15 산성빌딩 6층
전화 02)325-0846 | 팩스 02)3141-4066
홈페이지 www.bookie.co.kr | 이메일 webmaster@bookie.co.kr
제작대행 올인피앤비 bobys1@nate.com

ISBN 978-89-6051-866-7 03480

책값은 뒤표지에 있습니다. 잘못된 책은 구입하신 서점에서 바꿔 드립니다.

추천의 말

그동안 동료 식물학자들이 천공기로 목편을 추출해 나이테를 세는 것은 종종 봤지만, 나이테를 연구하는 학문인 연륜연대학이 이렇게 재미있고 유용한 학문인지 나는 미처 몰랐다. 연륜연대학은 과거 역사를 재구성해 낸다. 역사는 나무뿐 아니라 빙하, 석순, 산호, 조개, 그리고 물고기 귀뼈인 이석에까지 나이테를 남긴다. 그런 나이테를 들여다보면 기류와 해류의 변화를 감지하고 그를 바탕으로 기후 변화의 원인과 거대한 흐름을 파악할 수 있다. 그리고 기후의 변천사에는 로마와 몽골을 비롯해 아즈텍, 앙코르, 위구르, 크메르 제국의 흥망성쇠가 고스란히 담겨 있다. 연대를 측정하는 방법으로 많이 알려진 방사성 탄소 연대 측정법은 때로 오차의 범위가 너무 넓은 정보를 꺼내 놓는다. 나이테를 세는 방법은 이보다 훨씬 정밀하다.

자연이 남기는 기록에 실수는 존재하지 않는다. 나무는 역사를 기록한다. 나무는 거짓말하지 않는다. 나무가 남기는 나이테를 정확히 세기만 하면 역사가 읽힌다. 연륜연대학자들이 발견한 지구 최고령 나무는 미국 그레이트베이슨 지역에 살고 있는 브리슬콘소나무다. 애리조나대학교 나이테 연구소의 톰 할란 연구원은 이 나무의 수령을 5062살로 추정해 냈다. 지금까지 밝혀진 나이 든 나무들은 주로 아메리카 대륙에 서식한다. 계절의 구분이 또렷하지 않은 열대의 사정은 어느 정도 이해하겠는데 우리나라를 비롯한 동아시아에

고령의 나무가 없다는 사실은 선뜻 수긍하기 어렵다. 나는 이 책이 중고등학교 필독서가 되면 좋겠다고 생각한다. 연륜연대학은 연륜이 그리 깊은 학문이 아니다. 1930년대에 애리조나대학교에서 출범했으며, 엄청난 시설과 막대한 연구비가 필요한 학문도 아니다. 우리라고 못 할 게 없어 보인다. 우리나라에도 장차 훌륭한 연륜연대학자들이 많이 나왔으면 좋겠다. 단단하기로 소문난 우리나라 금강송의 나이테에도 깊고 한 많은 역사가 새겨져 있을 것이다.

_최재천, 이화여자대학교 에코과학부 석좌교수, 생명다양성재단 대표

이 책의 원제는 'Tree Story: The History of the World Written in Rings'이지만 "나무는 모두 품고 있다"도 잘 어울릴 것 같다. 역사, 지리, 기후, 건축, 문학, 미술 등 다양한 분야를 아우르고 있기 때문이다. 그래서 더 탄복할 만한 책이다. 나는 목공소에서 일하며 나무 이야기를 쓰는 사람이다. 그런데 빙하기와 석기 시대부터 현세까지, 이렇게 깊은 이야기와 세상 넓은 현상을 건져 올린 저자가 누구인지 궁금해졌다.

저자 발레리 트루에는 나무의 나이테를 연구하는 학자이자 탁월한 이야기꾼으로서 1만 년 너머를 쉽사리 유영한다. 화석이 되었거나 숯으로 남은 나뭇조각은 수십만 년 세월을 품고 있기 때문이다. 이런 연구 앞에서는 길가메시 서사시나 이집트 피라미드의 연대기도 신참의 기록과 같다. 저자를 포함해 나이테를 연구하는 학자들의 연구 덕분에 안개 속에서 짐작되던 문명의 기원은 선명해졌고, 기원전 9000년 시대의 건축도 드러났다. 또한 나이테의 조밀함과 느슨한 형태를 통해 과거의 기후와 강수량을 파악할 수 있게 되었

다. 로마 제국에는 기원후 250년 이래 약 300년 동안 변덕스러운 날씨와 추운 여름이 계속되었다. 식량 공급이 원활하지 못하니 제국은 무너질 수밖에 없었다.

이 책은 나이테가 남긴 기후와 역사에 대한 기록이다. 연륜연대학Dendrochronology이라는 단어는 그리스어로 나무를 뜻하는 'Dendros'에다 시간을 뜻하는 'Chronos'를 합성한 것이다. 세상에나! 바로 '나무의 시간' 아닌가? 나무의 시간학은 33만 년 전에 사용했던 나무창을 발견했다. 네안데르탈인 이전 시대에 호모 하이델베르겐시스가 이미 무기로 사용했던 것이다. 문자의 기록은 1만 년을 넘지 못하는데 우리는 이를 역사라 부르며 그동안의 문명을 이야기해 왔다. 유한한 지식은 나무 앞에 숙연해질 뿐이다. 과학자인 저자가 보여 주는 인문의 넓이와 깊이가 도저하니 나의 추천은 이 책에 결코 미치지 못한다. 나무가 역사 너머의 세월과 지리에 대한 엄정한 기록자라는 사실을 나도 이 책을 통해 알았다. 인문학은 과학을 터로 삼았을 때만 유효한 것이다.

_김민식, 내촌목공소 고문, 《나무의 시간》 저자

모두들 나무를 좋아한다. 나무는 언제나 아름답고 믿음직스러우며 너그럽기 때문이다. 그들은 정말 근사한 향기와 형태를 지녔다. 키가 삐쭉하게 자란 침엽수가 잔뜩 모인 숲에 갈 때마다 그 웅장하고도 온화한 기운에 감동하고 만다. 한 그루의 건강한 나무가 얼마나 많은 곤충과 착생 식물, 작은 동물들을 품고 있는지 마치 나무마다 각자의 우주를 이루고 있는 것 같다. 바람이 불어올 때 이파리가 흔들리며 서로 나부끼는 소리를 들으면 도시의 독으로부터 멀어지는 자유를 느낀다.

이 책은 그간 우리가 나무에 대해 가지고 있던 통념을 넘어 더 깊숙한 이야기를 들려준다. 나무의 나이테를 따라 나는 순식간에 천문학과 고고학을 넘나들며 나이테와 태양의 흑점 그리고 해적선처럼 서로 아무런 관련이 없을 것 같은 존재들의 상관관계를 알게 되었다. 그간 내가 나이테에 대해 알고 있었던 것이라고는 나무가 한 해 한 해 나이를 먹으면서 나이테가 하나씩 늘어난다는 사실 정도였는데 나이를 먹지 않고도 생겨나는 헛나이테가 있을 거라고는, 또 나이테가 생기지 않는 해가 있을 거라고는 상상도 못 했다. 조용한 나무들이 각자의 나이테 속에 기후 변화나 문명의 발전까지 엿볼 수 있는 진실을 품고 있다는 사실이 경이롭다.

저자의 이야기를 따라가다 보면 금세 몽골의 초원에 도착하기도 하고 국제 나이테 데이터 은행에 가닿기도 한다. 마치 마법의 세계처럼 그간 경험하지 못했던 전혀 새로운 세계관을 마주하게 된다. 어려운 상황에서 열심히 목편을 채취하고 애리조나대학교의 미식축구장 지하 연구실로 돌아가 현미경을 들여다봤을 연륜연대학자의 마음을 따라 거짓말하지 않는 나무의 이야기에 귀 기울여 보자.

_임이랑, 《아무튼, 식물》 《조금 괴로운 당신에게 식물을 추천합니다》 저자

보이는 모든 것들은 보이지 않는 것들을 그 바탕으로 두고 있다. 나무 역시 그러하다. 한 그루의 나무는 눈에 보이지 않는 뿌리를 가지고 있으며, 저의 전 생애에 걸쳐 삶으로서의 투쟁과 함께 내밀한 견딤과 슬픔까지 끌어안고 살아가기 때문이다.

'태초에 나무가 있었다'라고 나는 믿는다. 그리고 지금도 우리 삶 속에서 나무는 그렇게 존재한다. 과학과 문화로써, 신화와 문학으로써 나무는 그런 모든 생명의 근원이고 통로라고 생각하기 때문이다. 이런 말이 꽤 거창해 보인다면 그냥 나무에 몸을 기대어 보자. 그럼 알게 된다. 그 속을 흐르는 내적인 움직임이 우리의 가슴을 얼마나 뛰게 하는지, 그 내적인 상상력과 몽상은 얼마나 아름다운 것인지.

나무가 아름다운 이유는 또 있다. 겨울나무들을 보자. 그들은 존재와 부재를 동시에 가지고 있다. 그것은 나무만이 가질 수 있는 삶의 지혜이다. 나무의 삶은 그렇게 은밀하고 신중하고 비밀스럽다. 우리가 나무의 나이테를 보며 아름다움을 느끼거나 겸손해지는 이유는 그것일지도 모른다. 그러니까 나무라는 말 속에는 우리가 알고 생각하고 사랑해야 할 거의 모든 것이 들어 있다.

나에게 오랜 세월을 살아 낸 나무의 내밀한 힘은 어떤 언어와 문자보다 강하고 단단했다. 그저 그 자리에 존재함으로 위로와 치유를 주었다. 나는 유년 시절 왕버들나무 그늘 아래에서 몽상하거나 잠드는 걸 좋아했다. 나무는 언제나 그런 나를 품어 주었고 꿈꿀 수 있게 해 주던 존재였으며 지금도 그러하다.

"세상의 모든 나무에게는 각자 하고 싶은 말이 있다"는 저자의 말을 보며, 그가 얼마나 나무의 존재에 대해 무한 애정을 느끼는지 알 수 있었다. 거침없지만 진정성이 가득하고, 솔직하면서도 재밌게 써 내려간 문장들은 나무의 과학이면서 나무의 문학이었다. 나무의 거의 모든 것에 대한 아름답고 비밀스러운 이야기들이 여기에 있다.

_이승희, 시인, 《어떤 밤은 식물들에 기대어 울었다》 저자

• 당신이 나무 그루터기와 나이테에 조금이라도 흥미를 느낀다면 이 책은 당신에게 완벽한 책이다. 저명한 학자인 저자는 과학과 모험을 결합하여 나무의 마음을 들여다보고 나무에 얽힌 수많은 비밀을 밝혀냈다.

_리사 그라움리치Lisa J. Graumlich, 워싱턴대학교 환경대학 학장

• 독자들의 과학적 호기심을 자극하는 매혹적인 책이다. 과거의 기후는 물론이고 오늘날 닥친 기후 위기를 이해하고 고민하게 만든다.

_에이미 헤슬Amy Hessl, 웨스트버지니아대학교 지리학 교수

• 과학 지식과 흥미진진한 내러티브가 조화를 이룬다. 연륜연대학을 다룬 책 중에서 단연코 최고다.

_에리카 와이즈Erika Wise, 노스캐롤라이나주립대학교 지리학과 부교수

• 이 책에서 이야기하는 것처럼 오늘날 기후 위기의 규모를 이해하는 가장 좋은 방법 중 하나는 오래된 나이테를 연구하는 것이다. 트루에는 이를 통해 기후 위기의 과정을 설득력 있게 설명한다. 또한 그녀는 과학자들의 생각과 마음가짐, 환희와 실망의 순간을 포착하며 그들의 연구와 노력이 어떻게 지속되어 왔는지 그린다. 이 책은 과학과 과학자의 삶에 부치는 연애편지와 같다.

_다고마 데그루트Dagomar Degroot, 조지타운대학교 역사학 부교수

• 이 책은 자연과 인류사의 비밀을 풀 수 있는 최적의 도구인 연륜연대학을 소개한다. 덕분에 우리는 이 책을 통해 인류의 존재 의미와 인생의

기적을 엿볼 수 있다. 그리고 자연의 놀라운 작동 방식이 인류 문명 발전에 어떤 도움을 주었는지 이해할 수 있다.

_폴 크루식Paul J. Krusic, 케임브리지대학교 지리학 선임 연구원

• 저자는 연구실 안과 밖에서 경험한 흥미진진한 발견들을 들려주는 최고의 이야기꾼이다. 독자들은 과학과 역사가 씨줄과 날줄이 되어 엮인 매력적인 이야기를 즐길 수 있을 것이다.

_세라 분Sarah Boon, 과학 저술가

• 트루에는 연륜연대학, 기후학, 수문생태학, 고고학, 생태학, 역사학이 어떻게 밀접하게 연관되어 있는지 밝히기 위해 노력했다. 무엇보다 이 책은 연륜연대학의 메커니즘을 유익하고 흥미진진하게 소개하고 있다.

_헨리 디아즈Henry F. Diaz, 미국 해양대기청 소속 기상학자

• 매력적인 나이테 이야기를 재치 있게 들려준다.

_닐 피더슨Neil Pederson, 하버드대학교 학술림 '하버드 포레스트' 연구원

• 이 책은 사람들의 과학적 호기심을 매우 자극한다. 트루에는 자신의 경험담을 토대로 매력적인 작품을 만들어 냈고, 나이테에 숨은 지혜와 과학을 알기 쉽게 설명함으로써 나무와 나이테를 새로운 시각으로 바라볼 수 있도록 도와준다. 이뿐 아니라 자신만의 언어로 여성 과학자로서의 삶, 연구와 발견에서 얻는 기쁨과 행복을 이야기한다.

_《라이브러리저널》

머리말

나는 나이테를 세는 과학자입니다

1939년, 영국 옥스퍼드대학교의 애슈몰린 박물관은 안토니오 스트라디바리 Antonio Stradivari의 전설적인 바이올린 '메시아'를 손에 넣었다. 가격이 2000만 달러 이상으로 추정되는 이 바이올린은 현존하는 가장 비싼 악기 중 하나로 런던의 유명한 악기 제작자이자 수집가 집안인 W. E. 힐 앤 선스W. E. Hill & Sons가 기증한 것이다. 과거에 이 집안은 자동차 거물 헨리 포드가 이 바이올린을 두고 제시한 백지 수표를 거절한 적이 있다. 힐 가문 사람들은 메시아가 돈 많은 숭배자의 개인 소장품으로 은닉되는 대신 대중이 편하게 감상하고, 미래의 악기 제작자들이 창조적인 영감을 얻을 수 있도록 세상에 공개되어야 한다고 생각했기 때문이다. 그러나 60년 후, 갑작스럽게 이 놀라운 선물에 대한 논란이 불거졌다. 1999년 뉴욕 메트로폴리탄 미술관의 악기 보존 전문가인 스튜어트 폴렌스Stewart Pollens가 메시아의 위작 가능성을 제기한 것이다. 이에 폴렌스와 힐 가문은 각각 연륜연대학자에게 메시아의 제작 연도를 의뢰했다.

스트라디바리는 그의 가장 훌륭한 작품으로 꼽히는 메시아를 1716년에 제작했고, 이 바이올린은 스트라디바리가 1737년에 사망할 때까지 그의 작업실에 있었다. 메시아는 1820년대에 무역상이자 수집가인 이탈리아 사람 루이지 타리시오Luigi Tarisio에게 팔렸다. 파리에 정기적으로 들렀던 타리시오는 이 명장의 작품을 파리의 무역상들에게 늘 자랑했지만 직접 가져와서 보여 주는 일은 없었다. 이를 두고 당대의 저명한 바이올리니스트 달팡 알라르Delphin Alard는 이렇게 비난했다고 한다. "당신의 바이올린은 진정한 구세주군요. 사람들은 강림을 염원하지만 절대 모습을 드러내지 않으니까요."

1855년에 타리시오가 세상을 떠난 뒤 메시아는 파리 무역상들 중 하나인 장 바티스트 비욤Jean-Baptiste Vuillaume에게 넘어갔다. 비욤은 누구나 인정하는 바이올린 장인이었는데 특히 과거에 제작된 악기를 잘 복제하기로 유명했다. 비욤은 메시아를 30년 이상 가지고 있었는데 여기에서 메시아의 진품 논란이 시작된다. 애슈몰린 박물관의 메시아는 정말로 스트라디바리가 제작한 명품인가? 아니면 비욤이 감쪽같이 복제한 19세기 작품인가?

이 의문에 답하기 위해 연륜연대학Dendrochronology(나이테에 생장 연도를 부여하고 나이테에 저장된 다양한 환경 정보를 밝히는 학문-옮긴이)이 동원되었다. 연륜연대학이라는 단어는 그리스어로 '나무'라는 뜻의 'Dendros', 그리고 '시간'이라는 뜻의 'Chronos'에서 유래했다.('연륜'은 나이테라는 뜻이다-옮긴이) 메시아를 제작한 목재의 나이테 폭(나이테와 나이테 사이의 너비-옮긴이)을 측정하면 바이올린의 제작 시기를 추정할 수 있다. 즉, 메시아를 만든 나무가 언제 숲에서 베어졌는지 알 수 있다는 말이다. 만약 가장 최근으로 보이는 나이테가 1737년 이후에 생성되었다면, 그 나무는 스트라디바리가 사망한 뒤에도 멀쩡히 생장하고 있었다는 뜻이므로 그가 이 바이올린을 만들었을 리 없다. 반대로 가장 최근 나이테가 스트라디바리가 메시아를 제작한 1716년을 앞선다면 이 바이올린은 진품임이 입증될 것이다.

안타깝게도 나이테를 사용한 연대 측정은 논란의 불길에 기름을 들이부었을 뿐이다. 폴렌스가 고용한 연륜연대학자들은 측정할 수 있는 나이테 중 가장 최근 것이 1738년을 가리킨다고 했다. 그것은 스트라디바리가 죽고 나서 1년 뒤에도 나무가 여전히 숲속에 뿌리를 내린 채 자라고 있었다는 뜻이다. 한편 힐 가문이 의뢰한 연륜연대학자들은 가장 최근 나이테가 1680년대에 생성되었다고 추정했다. 즉, 메시아의 제작 연도로 기록된 1716년을 앞서므로 메시아가 진품이라는 뜻이다. 하지만 연륜연대학자들의 추정은 바이올린을 직접 보지 못한 채 사진만 보고 한 것이기 때문에 모두 잠정적인 결과에 불과했다. 또한 둘 다 정식 과학 논문으로 발표되지 않았다.

이 싸움을 시작으로 나이테를 이용한 악기의 연대 측정, 특히 현악기의 연대 측정이 인기를 끌게 되었고 측정 기술도 더욱 정교해졌다. 나이테 측정과 이미지 분석 기술이 발전하면서 과학자들은 해당 악기를 직접 보고 작업할 수 있게 되었다. 독일 함부르크대학교의 나이테 연구실을 비롯한 몇몇 연구소에서는 악기 수천 대의 나이테 연대를 측정해 메시아의 나이테 측정치를 비교할 수 있는 대형 표준 나이테 연대기Reference Tree Ring Chronology(표준 연륜 연대기) 데이터베이스를 만들었다. 이처럼 넓은 범위의 수종樹種과 지역을 대상으로 제작한 표준 연대기 덕분에 악기용 목재의 연대를 정확히 밝힐 수 있게 되었을 뿐 아니라 나이테로 목재의 원산지를 결정하는 연륜산지학Dendro-provenancing 기술이 가능해졌다.

폴렌스-힐 분쟁이 시작된 지 거의 20년이 지난 2016년, 영국 연륜연대학자 피터 랫클리프Peter Ratcliff는 자신이 이탈리아 현악기를 대상으로 제작한 표준 데이터베이스를 사용해 메시아 논란에 종지부를 찍었다. 분석 결과 메시아의 나이테 패턴은 1724년에 제작된 스트라디바리의 또 다른 작품인 엑스-빌헬미Ex-Wilhelmj[1]와 정확히 일치했다. 고로 랫클리프는 두 바이올린이 같은 나무로 만들어졌다고 볼 수밖에 없다고 했다. 스트라디바리의 작업장에 있었던 엑스-빌헬미의 진품 여부는 누구나 인정했다. 그러므로 결국 애슈몰린의 메시아는 진짜임이 최종적으로 확인되었다.

1998년 봄, 나는 벨기에 겐트대학교에서 환경공학 석사 과정을 밟고 있었다. 학위 논문을 쓰기 위한 연구 프로젝트를 정해야 했는데 나는 한 학기 동안 독일에 교환 학생 프로그램을 다녀온 터라 결정이 많이 늦은 상태였다. 외국에서 연구할 흥미로운 주제들은 대학원 동기들이 먼저 가져가 버렸다. 여름 방학 전에 프로젝트를 결정하려고 열심히 알아보던 차에 식생생태학과 목재해부학을 가르치는 한스 빅만Hans Beeckman 교수를 찾아가게 되었다. 빅만 교수는 아프리카 탄자니아에서 나이테를 연구해 보는 게 어떠냐고 제안했다.

1 엑스-빌헬미의 가장 최근 나이테는 고음부가 1689년, 저음부가 1701년으로 둘 다 메시아가 제작된 1716년 이전이다.

연륜연대학이란 말은 그때 처음 들었지만 나는 별로 주저하지 않고 그러겠다고 했다.

그때까지 나는 나이테가 과학의 한 분야가 될 정도로 거기에 많은 정보가 담겨 있다고 생각해 본 적이 없었다. 그러나 개발도상국에서 일해 보고 싶은 강한 열망과 기후 변화에 관심이 있었기 때문에 연륜연대학으로 이 둘을 조합해 학위를 받을 수 있다면 나이테 연구를 마다할 이유가 없었다. 우리 쪽에서는 처음부터 연륜연대학자가 되겠다는 꿈을 안고 성장한 과학자는 거의 없다. 연륜연대학을 전공하는 사람들은 학부 때 어쩌다가, 또는 나처럼 대학원에 들어가 필드Field(실험실이 아닌 야외 연구 장소 – 옮긴이)나 실험실에 우연히 발을 들였다가 눌러앉은 경우가 대부분이다.

내가 걸어온 나무 연구의 길에서 만난 첫 장애물은 아프리카에서 나이테를 연구하는 일이 공학 학위를 받는 데 중요하다고 엄마를 설득하는 것이었다. "발레리, 이제 1년이면 학위를 받을 수 있어. 그리고 네 앞에 재밌고 돈벌이도 되는 기회가 활짝 열릴 텐데, 나이테라고? 그것도 아프리카에서? 그거 해서 직장은 구할 수 있겠니?" 돌이켜보면 엄마는 경험도 없고 아무 준비도 안 된 내가 아프리카까지 간다는 게 가장 걱정되었을 것이다. 사실 불안해하는 것도 당연했다. 하지만 그때로부터 20년이 지나 이제는 세계적인 연륜연대학자로서 성공적인 경력을 쌓았지만, 지금도 가끔 당시 엄마의 말이 생각난다.

내가 나이테에 꽂히게 된 것은 석사 학위 프로젝트를 진행하는 동안 실험실에서 나이테를 분석하면서였다. 탄자니아에서 직접 수집한 나무 시료들을 현미경으로 본 것이 결정적이었다. 나무들은 정말 근사했고, 나무들 간에 일치하는 나이테 패턴을 찾는 일은 퍼즐을 푸는 것 같은 중독성이 있었다. 나는 나이테가 보여 주는 세월의 흐름 속에서 시간이 어떻게 가는지도 몰랐다. 박사 과정에 진학했을 때 나이테 연구를 4년간 더 할 수 있는 기회 앞에서 나는 오래 고민하지 않았다. 스물다섯의 내가 선택할 수 있는 길은 사무실에 매여 지내는 40년간의 공무원 생활이냐, 아니면 과학자가 되어 아프리카로 떠나 돈을 받으면서 나이테 퍼즐을 푸느냐였다. 더 생각할 것도 없었다. "맘에 들면, 반지를 끼워 줘야지.(비욘세의 노래 〈싱글 레이디스Single Ladies〉의 가사 – 옮긴이)" 하지만 박사 논문을 쓰는 건 상상을 초월할 정도로 길고 지루한 과정이었다. 박사 과정 마지막 해에 나는 브뤼셀 시내의 엘리베이터 없는 아파트 6층에서 하루 종일 커피를 들이켜고 담배를 피우고 창밖 멀리 스카이라인을 내다보며 논문을 썼다.

나는 2004년 12월에 박사 학위를 받았다. 그리고 곧장 미국으로 건너가 펜실베이니아주 스테이트 칼리지에 있는 펜실베이니아주립대학교 지리학과에서 연구원으로 박사 후 과정을 시작했다. 미국에는 딱 한 번 뉴욕시에 가본 게 전부였던 나는 스테이트 칼리지가 가장 가까운 도시에서 3시간이나 떨어진 아미시(현대 문명을 거부하고 옛 방식을 고수하며 살아가는 종교 공동체-옮긴이) 농장 한가운데에 있는 소도시인 줄 몰랐다. 여행 가방 2개와 배낭 하나를 들고 스테이트 칼리지의 작은 공항에 내렸을 때, 지도 교수인 앨런 테일러Alan Taylor가 마중을 나왔다. 학교로 가는 길에 시내를 좀 둘러보고 싶다고 했지만 어쩐지 앨런은 주저하더니 곧장 캠퍼스로 향했다. 알고 보니 스테이트 칼리지에는 '시내'라는 게 없었다. 캠퍼스, 그리고 상점과 술집이 있는 거리 몇 개, 그게 다였다. 국제도시 브뤼셀에서 살다가 이런 시골에서 지내려니 문화적 충격이 이만저만 아니었다. 하지만 앨런의 식생 역학 연구실에서 캘리포니아 산불의 역사를 과거 기후와 연계하는 연구는 정말 좋았다. 나는 프로젝트를 위해 여행을 계속했고 캘리포니아 시에라네바다산맥에서 나이테에 대한 내 욕심을 채웠다.

나는 펜실베이니아주립대학교에서 일하면서 얀 에스퍼Jan Esper를 만났다. 얀은 유럽에서 가장 유명한 나이테 연구소인 스위스 연방 산림·눈·지형 연구소Swiss Federal Institute for Forest, Snow and Landscape Research 연륜연대과학부의 수장이었다. 얀이 연구소의 일자리를 제안했을 때 나는 펜실베이니아 촌구석에서는 살아 볼 만큼 살아 봤으니 다시 구세계 취리히로 돌아갈 때가 되었다고 생각했다. 산림·눈·지형 연구소에서 나는 나이테를 이용해 과거 기후를 재구성하고《네이처》나《사이언스》처럼 폭넓은 독자층을 가진 최고의 과학 저널에 논문을 게재하는 법을 배웠다. 그렇게 스위스에서 4년을 보낸 후 나는 미국 애리조나대학교 나이테 연구소Laboratory of Tree Ring Research, LTRR, 바로 연륜연대학이 기원한 나이테 연구의 모선母船에서 제안한 교수직을 수락하고 다시 한번 대서양을 건넜다.

애리조나대학교 나이테 연구소에서 처음으로 내 연구 팀을 꾸린 나는 지금까지 나이테가 과거의 기후에 대해 말할 수 있는 경계를 더 깊이 탐구해 왔다. 연구 팀에 합류한 능력 있는 박사급 연구원들, 대학원생들과 함께 나는 나이테를 이용해 캘리포니아 가뭄과 카리브해 허리케인과 같은 과거의 극한 날씨와, 제트기류처럼 대기의 상층부에서 일어나는 기후의 움직임을 살펴보고 있다.

나는 연륜기후학자다. 나이테를 이용해 과거의 기후를 연구하고 기후가 생태

계와 인간계에 미치는 영향을 조사한다. 지난 20년간 나는 내게 주어진 시간을 과거와 미래의 기후 변화에 대해 생각하고 쓰고 이야기하며 보냈다. 그것은 만만치 않은 일이다. 매년 우리는 기후에 대해, 그리고 우리가 태운 화석 연료가 기후에 초래한 대혼란에 대해 많은 것을 배우고 있다. 지구 차원에서 인간이 만든 이런 기후 변화가 인간 사회에(폭염! 허리케인! 스노마겟돈Snowmageddon!), 그리고 생태계에(산불! 불쌍한 북극곰!) 가져온 결과에 대해서도 마찬가지다. 그러나 해를 거듭해도 이산화탄소 배출량을 억제하거나 인간이 초래한 기후 변화가 가져올 최악의 결과를 완화하기 위해 정부 차원에서 이루어지는 일은 거의 없다. 심지어 196개국이 모여 기후 변화에 대응하기 위해 야심 찬 노력을 기울이기로 약속한 2015년 파리 기후 협약 이후에도 나아진 것은 별로 없다. 이산화탄소 배출량은 계속해서 사상 최고치를 기록하고 도널드 트럼프 대통령 집권하의 미국에서는 인간이 만든 기후 변화의 위협이 무시될 뿐 아니라 실제로 '가짜 뉴스'로 취급되었다.

2017년 초, 나는 지치고 좌절한 상태였다. 계속해서 쏟아지는 부정적인 기후 뉴스에 지쳐 버린 것이다. 내 전문 지식과 내가 지지하는 과학을 애써 변호해야 하는 상황과 지속적인 압박 속에서 좌절하고 말았다. 그래서 나는 안식년을 계획하며 기후 변화의 비관적인 전망을 곱씹고 글로 쓰는 대신, 과학적 발견의 흥분된 순간과 길고 복잡한 인간사가 어떻게 자연환경과 얽히고 나무에 새겨졌는지에 대해 쓰기로 했다.

연륜연대학은 2가지 이유로 이 목적에 아주 적합하다. 첫째, 많은 이가 어릴 적 나무 그루터기에 올라가 나이테를 세던 기억을 가지고 있을 것이다. 덕분에 나이테 과학이라는 개념을 편안하게 받아들인다. 연륜연대학은 손으로 만질 수 있는 과학이다. 우리는 손으로 나무를 쓰다듬고 맨눈으로 나이테를 볼 수 있다. 나이테 과학에는 정체 모를 나노 입자도, 닿을 수 없을 만큼 멀리 떨어진 은하도 없다. 둘째, 연륜연대학은 생태학, 기후학, 인류사가 교차하는 지점에서 인간과 환경의 역사 사이의 상호 작용을 밝힐 수 있는 독보적인 위치에 있다. 약 100년 전, 미국 남서부 지역에서 나이테 과학이 처음 탄생한 이후로 주욱 그랬다.

지난 세기에 연륜연대학은 진화를 거듭했고 시공간 속에서 꾸준히 확장하는 나이테 데이터망을 키워 왔다. 이제 세계 나이테 네트워크는 남극해의 캠벨섬에서 이웃과 270킬로미터 이상 떨어져 자라는, 세상에서 가장 외로운 나무까지 포함한다. 세계에서 가장 긴 연속적인 나이테 기록은 독일의 참나무-소나무 연대기로 지난 1만 2650년 동안 한 해도 건너뛰지 않았다. 이처럼 증가하는 나이테 데이터망은 우리에게 복잡한 문제를 해결할 능력을 주었다. 세계적 규모의 네트워크 덕분에 과학자들은 나무가 자라던 지구 표면의 과거 기후는 물론이고, 지표의 기후에 영향을 미치는 대기권의 과거 기후까지 연구할 수 있게 되었다. 또한 과거의 평균적인 기후뿐 아니라 극한 날씨, 폭염, 허리케인, 산불과 같은 특별한 사건까지 연구할 수 있다. 연륜연대학이 정확하게 밝혀낸 한 해 한 해의 나이테는 인류와 기후의 역사 사이에서 일어난 복잡한 상호 작용을 연구하는 데 필요한 발판과 정박지가 된다. 그렇게 우리는 기후와 인간 사회의 관계를 단순히 결정론적으로 정의한 과거에서 한 걸음 나아가 사회의 복원력과 적응력의 중요성까지 강조하는 전체론적 이해에 가까워졌다.

나는 이 책에서 초라하게 시작된 연륜연대학이 숲과 인간과 기후의 얽히고설킨 관계를 연구하는 핵심 도구로 진화하는 과정을 이야기한다. 그 여정은 결코 단순하지 않고 또 놀라움으로 가득 차 있다. 이 책의 나이테 이야기는 나무 한 그루 자라지 않는 소노란 사막에서 시작된 연륜연대학의 수수께끼 같은 기원에서부터, 역사 건축물에서 '나이테를 세다가' 밝혀진 고고학 비밀, 그리고 지난 밀레니엄에 기후가 만들어 낸 서사적 사건들로 전개된다. 또한 나는 지진, 화산 폭발 등 나이테에 기록된 자연재해와 인재에 초점을 맞추었다. 과거의 기후 변화가 유럽의 로마 제국, 아시아의 몽골 제국, 미국 남서부의 고대 푸에블로Pueblo 사람들 등 세계적으로 인간 사회에 어떤 영향을 미쳤는지 밝힐 것이다.

이 외에도 나는 인간의 머리카락 지름보다 작은 나무 세포와, 비행기가 날아다니는 높은 하늘에서 북반구 전체를 순환하는 제트기류에 대해 이야기하고 이 둘을 해적, 화성인, 사무라이, 칭기즈 칸과 연결했다. 물론 나를 사로잡은 나이테 이야기들도 들려줄 것이다. 이 이야기들은 나무 착취와 산림 파괴의 역사를 관통하면서 연륜연대학자들로 하여금 과거를 연구하게 만들고, 미래에도 지구를 살 만한 곳으로 만드는 데 기여할 것이다. 나는 과학 진보에 대한 불신과 무관심의 분위기가 팽배해진 오늘날에도 이런 발견 이야기가 끼어들 자리는 있다고 생각한다. 독자들이 이 책을 읽고 새로운 사실을 알게 되어 짜릿함을 느끼는 것이 내가 바라는 최상의 시나리오다. 그런 흥분이야말로 우리 과학자들을 계속해서 나아가게 만드는 힘이기 때문이다.

Contents

인생을 살아가는 법.

집중하라.

감탄하라.

그리고 표현하라.

-메리 올리버Mary Oliver , 1935~2019

1

사막 한가운데서 천문학자가 나이테 연구를 시작한 이유

우리는 나이테가 말하는 이야기를 번역함으로써 역사의 지평선을 넓혀 왔다.
- 앤드루 엘리콧 더글러스Andrew Ellicott Douglass, 1867~1962

2010년 7월, 당시 스위스 취리히에 살던 나는 미국 애리조나 투손으로 직장을 옮기겠다는 별난 결정을 내렸다. 취리히는 세계에서 경제적으로 가장 안정된 국가의 활기찬 심장부였지만, 투손은 2008년 금융 위기의 여파로 도시 전체가 쇠퇴하는 분위기였다. 또한 투손행은 자칭 스노보드광인 내가 눈 덮인 알프스산맥을 메마른 소노란 사막과 맞바꾸겠다는 결심이기도 했다. 하지만 가족과 친구들에게 내 결심을 알렸을 때 가장 많이 받은 질문은 경제나 스노보드와는 상관이 없는 것이었다. 사람들은 왜 나이테 과학자가 사막으로 가겠다는 것인지 궁금해했다. "나무 가지고 연구하는 것 아니었어?"

옳은 질문이다. 나는 과거의 기후가 자연 생태계는 물론이고 인간 시스템에 어떤 영향을 미쳤는지 알고 싶어서 나이 많은 나무들의 나이테를 연구한다. 그렇다면 상식적으로 연륜연대학자가 있어야 할 마땅한 장소는 울창한 산림, 산악 기후, 오랜 기록의 역사를 자랑하는 스위스이지, 선인장투성이인 애리조나 남부의 소노란 사막이 아니다. 그런데 세계 최초이자 최고의 연륜연대학 전문 기관인 애리조나대학교 나이테 연구소는 왜 멕시코 국경에서 북쪽으로 불과 160킬로미터밖에 떨어지지 않은 투손에 자리를 잡았을까?

연구소에서 제안한 자리를 수락했을 당시에는 나도 이 연구소가 사구아로 선인장과 아메리카독도마뱀으로 둘러싸인 곳에서 시작하게 된 배경을 다 알지 못했다. 내가 아는 것은 천문학자 앤드루 엘리콧 더글러스가 1930년대에 이 연구소를 세웠다는 것과 그 이후로 연구소가 애리조나대학교 미식축구 경기장 지하에서 운영되었다는 사실 정도였다. 내가 애리조나 투손, 천문학, 나이테의 역사적 관계를 상세히 알게 된 것은 이곳에 부임해 처음 학생들에게 일반 연륜연대학을 가르치면서였다.

투손에서 살게 된 데에는 나이테 연구의 메카에 몸담게 되었다는 사실 말고도 한 가지 더 좋은 점이 있었다. 바로 날씨다. 취리히는 연중 맑은 날이 열흘 중 나흘도 채 안 되는 곳이었지만, 투손은 열의 아홉이 화창한 날이고 연평균 강수량은 30센티미터 미만이다. 소노란 사막의 풍경은 이런 날씨 속에서 탄생했다. 구름과 비가 드문 덥고 쨍쨍한 기후는 숲을 키워 내지 못한다. 나무의 육중한 줄기가 자라려면 훨씬 많은 물이 필요하다. 하지만 이런 사막도 구름 한 점 없는 맑은 하늘을 필요로 하는 다른 과학 분야에는 최적의 장소다. 바로 천문학이다. 그래서 20세기 초에 나무가 드문 이 지역에서 연륜연대학이 시작된 것이다. 연륜연대학을 창시한 천문학자가 청명하고 고요한 하늘을 찾아 투손에 자리를 잡는 바람에 말이다.

천문학은 19세기 전반에 걸쳐 천체망원경이 개선되고 다양한 기구가 발명되면서 크게 발전했다. 그리고 과거에는 상상도 할 수 없던 수준으로 별과 성운을 조사하고 새로운 행성과 소행성을 발견했다. 천문학의 발전은 정확한 관측에 달렸는데 그러자면 현대식 장치와 숙련된 전문가뿐 아니라 안정적인 대기 상태가 필수였다. 그런 조건을 찾아 천문학자와 천문대 건설업체들은 미국 서부로 향했고, 1888년에 최초로 캘리포니아 한복판에 릭 천문대가 세워졌다.

천문학은 당대의 가장 매혹적인 과학이었다. 덕분에 빠르게 발전해 뛰어난 학자들은 물론이고 돈 많은 아마추어 천문학자들의 상상력에 불을 지폈다. 특히 19세기 말 천문학 후원자 중 한 사람인 퍼시벌 로웰은 하버드대학교 출신 기업가로 화성에 푹 빠져 자신의 시간과 돈을 전부 화성 연구에 쏟아붓기로 했다. 1892년, 로웰은 1894년으로 예정된 '화성충'에 대비해 이 붉은 행성을 조사할 천문대 건설에 돈을 댔다. 대략 2년에 한 번씩 지구가 태양과 화성 사이를 지날 때면 태양-지구-화성이 일직선 상태가 되는데 이것을 '충Opposition'이라고 부른다. 이때가 화성이 하늘에서 가장 크고 밝게 빛나고 연구하기에도 가장 좋은 시기다. 로웰은 당시 하버드 천문대에서 천문학자로 일하던 앤드루 엘리콧 더글러스를 고용해 미국 남서부에서 천문대 부지를 물색하고 건설하는 일을 맡겼다. 더글러스는 애리조나 북부의 플래그스태프를 최적의 장소로 보고 그곳에 로웰 천문대를 세웠다. 천문대는 화성충이 일어나는 시기에 딱 맞춰 1894년 5월 말에 완공되었다. 더글러스는 장기간 곪아온 로웰과의 천문학 논쟁 때문에 그의 종신 재직권이 종료된 1901년까지 실질적인 책임자로서 천문대를 운영했다. 그런데 두 사람이 갈라서게 된 이유는 무엇일까? 그놈의 화성인 때문이었다.

로웰은 화성을 연구하면서 이탈리아 천문학자 조반니 스키아파렐리로부터 큰 영감을 받았다. 스키아파렐리는 1877년 화성충 기간에 화성 표면에 긴 직선으로 연결된 그물망을 관찰하고 그것을 '카날레Canale'라고 불렀다. 그런데 이 명칭은 다양하게 해석될 수 있었다. 이탈리아어로 카날레는 작고 긴 골짜기 같은 자연 지형을 이르는 '걸리Gully'와 인공 구조물인 '운하'라는 2가지 뜻을 가졌기 때문이다. 스키아파렐리의 논문을 영어로 옮길 때 '카날레'가 '운하'로 번역되어 화성에 인공적인 운하가 존재하는 것처럼 알려지는 바람에 그때부터 다른 행성에 존재하는 지적 생명체에 대한 수많은 가설을 낳게 되었다. 로웰은 지능이 높은 외계 문명이 건조한 화성 환경에서 물을 대는 목적으로 운하를 건설했다는 가설에 집착했고, 이 가설을 뒷받침하기 위해 로웰 천문대에서 수많은 관측을 수행했다. 또한 로웰은 화성 생명체의 존재를 일반 대중에게 전파하는 데에도 헌신했다. 그의 열성적인 활동은 1897년, 화성인들이 자기네들의 건조하고 죽어 가는 행성을 버리고 지구를 침공한다는 H. G. 웰스의 소설 《우주 전쟁》이 출간되면서 더 심화되었다.

화성의 지적 생명체에 대한 가설들은 대중에게 폭넓은 지지를 받았지만 천문학계는 회의적인 입장을 고수했다. 애초에 화성의 운하는 상대적으로 해상도가 낮은 망원경으로 관측된 데다가 사진이 아닌 그림에 근거한 것이라 오류와 주관적 해석의 여지가 충분했다. 그러므로 화성의 운하 가설은 로웰이 관여하기 이전부터 이미 논란의 대상이었다. 하지만 로웰이 화성의 운하는 지적 문명의 존재로만 설명할 수 있다며 노골적으로 옹호하는 바람에 과학계도 크게 반발하고 나섰다. 더글러스는 로웰 천문대의 주요 관측자였기 때문에 불가피하게 이 논쟁에 연루되고 말았다.

로웰 천문대가 세워진 목적이었던 1894년 화성충 기간에 더글러스는 화성의 모양, 대기 상태, 카날레를 수없이 관찰했고 그러면서 로웰의 화성인 가설을 뒷받침했다. 그러나 이 가설의 정당성이 도마 위에 오르자 더글러스는 혹시 모를 관측기구의 결함과 착시 가능성을 조사하기 시작했다. 더글러스는 관측소로부터 다양한 거리에 구체와 원판으로 만든 '인공 행성'을 세우고 화성을 연구하듯 망원경으로 조사했다. 그는 이 인공 행성의 표면에서 관찰할 수 있었던 긴 직선 등 세부적인 특징이 사실은 착시 현상에 의한 것임을 알아냈다. 결국 더글러스는 이 실험을 통해 화성에서 관찰되었다는 직선, 즉 '운하' 역시 착시에 불과하며 고도로 발전된 화성 문명이 존재한다는 로웰의 가설은 궁극적으로 자기기만의 산물임을 밝혔다.

이러한 깨달음으로 인해 더글러스와 고용주의 관계에 금이 가기 시작했다. 로웰의 열망에 대한 더글러스의 환상은 '화성에서 온 메시지' 사건 이후 완전히 박살 났다. 1900년 12월, 더글러스는 화성을 관찰하면서 유난히 빛나는 돌출부를 발견하고 그 결과를 로웰에게 전보로 보고했다. 로웰은 상황을 정확하게 파악하기도 전에 하버드와 유럽의 동료들에게 화성에서 온 밝은 빛에 대한 뉴스를 전했다. 며칠 지나지 않아 이 소식을 입수한 유럽과 미국 언론들이 이 빛은 화성 거주민이 보낸 메시지라며 떠들썩하게 보도했다. 더글러스와 동료 천문학자들은 사실은 그것이 화성 표면의 구름이었다고 몇 주 동안이나 해명하고 다녀야 했다. 이 어처구니없는 사건 이후 더글러스는 자기 고용주가 과학을 연구하고 전파하는 방식에 대한 경멸을 굳이 감추지 않았다. 1901년 3월에 한 동료에게 보낸 편지에서 더글러스는 "로웰 씨는 문학적 본능만 살아 있을 뿐 과학적 본능은 전혀 없는 것 같다"라고 썼다. 또 다른 편지에는 "(로웰을) 과학적인 사람으로 만들기는 그른 것 같아 두렵다"라고 썼다. 그는 편지를 보내면서 아무에게도 말하지 말라고 강조했지만 4개월 후 로웰이 더글러스를 천문대에서 해고했을 때 아마 그 이유를 짐작하고도 남았을 것이다.[2]

그로부터 5년 뒤인 1906년, 더글러스는 투손의 애리조나대학교 물리학과와 지리학과 조교수로 부임했다. 당시 대학에는 학생 215명, 교수진 26명이 있었고 천문학과는 없었다. 더글러스는 애리조나 남부의 천문학 발전을 장려하기 위해 기금을 모으고 결국 1923년에 스튜어드 천문대를 성공적으로 건립하고 감독했다. 이 외에도 더글러스는 마치 르네상스 시대 사람처럼 다재다능한 면모를 드러냈다. 그는 연륜연대학이라는 새로운 과학 분야를 개척했고, 천문학뿐 아니라 고기후학과 고고학 분야에서도 큰 발전을 이루었다.

더글러스는 천문학에 대한 야망을 품고 찾은 애리조나에서 연륜연대학 연구를 시작했다. 그는 애리조나 플래그스태프 벌목장에서 베어 낸 통나무의 양 끝과 나무 그루터기의 윗부분을 원판형으로 잘라 처음으로 나이테 표본 25개를 수집했다. 사실 더글러스가 나이테를 수집한 이유는 나무의 나이테를 이용해 과거 태양의 활동 주기를 추적할 수 있다는 가설을 검증하기 위해서였다. 천문학자였던 더글러스는 태양 활동 주기가 지구의 기후에 미치는 영향에 깊은 관심이 있었고 그 분야의 최신 동향을 잘 파악했다. 당시 천문

2　출처: 앤드루 엘리콧 더글러스가 윌리엄 H. 피커링에게 보낸 서신, 1901년 3월 8일, Box 14 앤드루 엘리콧 더글러스 논문들, 특별 컬렉션, 애리조나대학교 도서관; 더글러스가 윌리엄 L. 퍼트넘에게 보낸 서신, 1901년 3월 12일, Box 16, 동일 문헌.

학계에서는 먼저 태양의 흑점(태양 표면의 색이 짙고 온도가 낮은 부분으로 망원경으로 볼 수 있다) 발생이 11년 주기를 보이는 것을 알아냈다. 그리고 흑점의 주기와 태양이 보내는 에너지양의 변화 주기가 유사함을 밝혔으며, 마지막으로 그것이 지구의 기후에 영향을 미치거나 특정 기후 주기를 생성할 가능성을 제기했다. 예를 들어 19세기 영국의 천문학자 노먼 로키어(과학 저널《네이처》의 창립자이며 여성 참정권 운동가인 메리 브로드허스트Mary Brodhurst와 결혼했다)는 태양의 흑점 주기와 인도의 몬순 강우 사이의 연관성을 주장했는데, 이 가설은 한 세기 이상이 지난 지금까지도 여전히 연구되고 있다. 태양 에너지와 지구 기후의 복잡성 때문에 흑점 주기와 몬순 강우 사이의 관계를 해독하려면 긴 시계열Time Series, 즉 장기간에 걸쳐 연속적인 지점에서 기록되고 연대순으로 나열된 일련의 데이터가 필요했다. 더글러스는 수명이 긴 나무의 나이테가 이 시계열을 제공할 것이라고 생각했다.

더글러스는 나이테 폭으로 나무의 생장 정도를 측정할 수 있다고 판단했다. 매년 한 나무의 둘레가 늘어나는 정도는 나이테 폭이 증가하는 정도와 같은데, 이는 나무가 받는 식량 공급에 따라 결정된다. 여타 반건조 기후 지역에서처럼 미국 남서부에서 나무의 식량 공급은 대개 눈이나 비가 생성하는 강수량을 통해 나무가 얼마나 많은 물을 받느냐에 달렸다. 이 두 사실을 조합해 더글러스는 특정 해의 나이테 폭은 그해에 나무가 받은 강수량을 반영한다는 가설을 세웠다. 여기에 노먼 로키어의 가설대로 강수량과 태양 에너지양 사이에 연관성이 더해진다면, 나이테는 강수량은 물론이고 더 나아가 과거 태양 활동의 기록으로도 사용할 수 있을 것이다. 또한 나이가 많은 나무에서 얻은 나이테 데이터를 바탕으로 만든 나이테 시계열Tree Ring Series은 수 세기 분량에 해당하는 태양 에너지 변화량을 제공할 것이다. 이 가설을 연구하면서 더글러스는 애리조나 북부에서 폰데로사소나무*Pinus ponderosa* 나이테 표본 수백 점을 수집했다. 1915년 무렵에 더글러스는 이미 기원후 1463년까지 거슬러 가는 나이테 연대기(연륜연대기)[3]를 제작했고, 그 데이터를 이용해 나무의 성장 과정 동안 일어난 450년짜리 주기적 변화를 연구했다.

더글러스는 더 오래된 나이테의 재료를 찾아 캘리포니아주 시에라네바다산맥에 있는 거삼나무*Sequoiadendron giganteum* 숲까지 다다랐다. 이 나무의 태곳적 특징은 오래전부터 잘 알려져 있었다. 더글러스가 수집한 표본 중에서 가장 수령이 많은 나무의 가장 오래된 나이테는 기원전 1305년에 생긴 것이었다. 그러니까 그는 나이가 3200살도 더 된 나무에서 나이테를 추출한 것이다! 애리조나 북부의 폰데로사소나무는 그렇게 긴 수령에 도달한 적이 없으므로(더글러스가 수집한 표본 중 2그루만 500년을 넘었다) 애리조나의 기록을 더 먼 과거로 확장하려면 다른 나이테 재료가 필요했다. 얼마 지나지 않아 그는 콜로라도, 뉴멕시코, 애리조나, 유타 등 4개 주가 만나는 포 코너스Four Corners 지역에 위치한 많은 고고학 유적지를 찾았다. 그리고 이곳의 건축 목재에서 새로운 나이테 재료를 찾아냈다.

미국 남서부 지방에서 고고학은 더글러스의 연륜연대학 진보와 발맞춰 전성기를 맞이했다. 차코 캐니언Chaco Canyon, 메사버드Mesa Verde, 캐니언 드 셰이

3 일반적으로 단일 표본에서 도출된 나이테 데이터를 말할 때는 '나이테 열'이라고 하고, 다수의 나무 또는 조사 구역에서 얻은 나이터 데이터를 말할 때는 '나이테 연대기'라고 부른다.

Canyon de Chelly, 카사 그란데Casa Grande, 아즈텍 루인스Aztec Ruins 등 오늘날 국립 기념물과 국립 공원으로 보존된 포 코너스의 많은 고대 푸에블로 유적과 절벽 주거지는 1800년대 말과 1900년대 초에 발굴되었다. 이 인상적인 고대 구조물은 일반인들의 상상력을 자극했지만, 고고학자들에게는 건축물의 제작 시기나 거주인들의 철수 시점을 두고 답보다는 질문을 더 많이 남겼다. 20세기 초에 미국 남서부 고고학자들은 이 지역에서 가장 독특하고 풍부한 유물인 토기의 제작 양식을 바탕으로 상대적인 연대를 추정했고 이를 토대로 차코 캐니언이 아즈텍 루인스보다 앞서 지어졌는지 나중에 지어졌는지 등의 질문에 답을 구했다. 그러나 유적의 절대연대Absolute Age(구체적인 수치로 나타내는 연대의 근삿값-옮긴이)는 알 수 없었다.

당시 뉴욕의 미국 자연사 박물관에서는 포 코너스 선사 유적지의 절대연대를 추적하고 있었다. 더글러스의 연륜연대학 연구를 읽은 한 인류학 큐레이터가 더글러스에게 편지를 썼다. "어쩌면 귀하의 연구가 미국 남서부 고고학 유적 조사에 도움이 될지도 모르겠습니다… 우리는 이 유적들이 얼마나 오래전에 만들어졌는지 모릅니다. 그러나 나무의 생장 곡선과 관련해 귀하가 보유한 현재 및 과거의 목재 표본을 유적 건축에 사용된 목재들과 연계하는 것이 가능할 수도 있을 것 같습니다. 고견을 들려주시면 감사하겠습니다."[4] 이 편지를 시작으로 더글러스는 고고학자들과 협업하기 시작했다. 플래그스태프에서 처음으로 나이테 표본을 수집한 지 11년 만인 1915년의 일이었다. 더글러스의 목표는 포 코너스 지역의 유적지 목재 샘플에서 추출한 나이테 패턴을 애리조나 북부의 450년 된 살아 있는 나무의 나이테 연대기의 나이테

4 출처: 클라크 위슬러가 앤드루 엘리콧 더글러스에게 보낸 서신, 1914년 5월 22일.

패턴과 결합할 수 있는지 확인하는 것이었다. 만약 둘 사이에 중첩된 나이테 패턴을 찾을 수 있다면 살아 있는 나무의 연대를 유적 건설에 사용된 목재에 적용해 정확한 연도를 밝힐 수 있을 터였다. 당시에 주로 사용된 다른 연대 측정법이 모호한 범위를 제시한 것에 비하면 이는 한참 발전한 것이었다.

곧바로 더글러스는 포 코너스 유적들의 목재 들보와 숯[5]에서 조사한 나이테 시계열의 연대기들을 비교했다. 하지만 살아 있는 나무의 연대기와 겹치는 게 하나도 없었다. 결국 유적지의 목재 연대기는 어디에도 정박하지 못하고 '표류하는' 유동 나이테 연대기Floating Chronology(유동 연륜연대기)가 되었다. 현재와 연계할 수 없으므로 푸에블로 유적들의 정확한 절대연대는 여전히 미지수였다. 그러나 더글러스가 절대연대까지 밝히지는 못했어도 상대연대를 추정할 수 있는 것만으로도 유동 나이테 연대기는 유례없이 유용한 도구가 되었다. 이렇게 연륜연대학을 고고학에 접목하면서 미국 남서부에서 꾸준히 발굴된 유적지의 상대적인 연대 측정이 이루어졌고, 최초로 포 코너스 지역 선사 유적지들의 정확한 연대적 순서가 밝혀졌다. 예를 들어 더글러스의 나이테 연구로 차코 캐니언의 5개 주요 유적이 20년에 걸쳐 건설되었고 그중 푸에블로 보니토Pueblo Bonito 단지는 아즈텍 루인스보다 40~45년 먼저 세워졌음이 밝혀졌다.

더글러스의 나이테는 고고학 발전에 크게 기여했지만, 그가 절대연대라는 성배를 차지하기까지는 14년이 더 걸렸다. 고대 푸에블로 건축물이 세워진 달력상의 정확한 연도를 밝히려면 표류 중인 유적지 목재의 나이테 연대기와, 현재의 시간에 닻을 내리고 있어 절대연대가 밝혀진 '살아 있는 나무'

5 숯은 보통 일반적인 나무보다 보존 상태가 좋고 나이테를 더 명확하게 보여 준다. 나이테 수가 충분히 많은 커다란 숯이라면 나이테 연대 측정이 가능하다.

의 연대기를 이어 주는 잃어버린 고리를 찾아야 했다.(그림 1) 더글러스는 살아 있는 나무의 연대기를 최대한 과거로 연장하고 표류 중인 연대기를 최대한 현재로 끌어오는 방식으로 양방향에서 간극을 좁혀 나갔다. 그러다 보면 언젠가 틈이 메워지고 두 연대기가 중첩되는 순간이 오지 않겠는가. 1929년, 더글러스는 살아 있는 나무의 연대기를 기원후 1260년까지 연장했다. 한편 포 코너스의 유적지 75곳에서 수집한 표본에서 얻어 낸 유동 나이테 연대기는 585년을 아울렀다. 그러다 마침내 애리조나 동부의 쇼 로Show Low라는 유적지에서 찾은 들보 하나가 두 연대기 사이의 간극을 메우며 돌파구를 제시했다. 'HH-39'라는 이 들보에는 총 143개의 나이테가 있는데 더글러스가 찾아낸 살아 있는 나무의 나이테 연대기 맨 앞쪽 120년(1260~1380년)과 중첩되었다. 더글러스는 이 들보의 가장 오래된 안쪽 나이테를 기원후 1237년으로 측정했다. 그런데 HH-39는 유동 나이테 연대기의 최근 49년과도 겹쳤다. 이를 바탕으로 유동 나이테 연대기의 가장 최근 나이테를 기원후 1286년이라고 확실히 못 박을 수 있었다. 이어서 HH-39는 쇼 로(1174~1383년), 아즈텍 루인스(1110~1121년), 푸에블로 보니토(919~1127년), 그리고 기타 유적지들의 절대연대 문제를 단번에 해결했다. 더글러스의 '로제타석Rosetta Stone(어려운 문제의 결정적인 실마리 – 옮긴이)'이 된 HH-39는 1년 만에 75개 고대 푸에블로 유적에 대한 정확한 역사적 시야를 제공했다.

나는 박물관에서 수백 년, 심지어 수천 년까지 연대가 추정된 유물들을 볼 때마다 더글러스가 고고학사에 얼마나 크게 기여했는지 새삼 감탄한다. 나이테 과학자로서 나는 정확한 날짜에 익숙하다. 돌과 금속으로 만들어진 선사 시대 유물들의 불확실한, 심지어 알려지지도 않은 연대를 보다 보면 고고학계에 나이테 연대 측정법이 없었다면 어쩔 뻔했나 싶다. 내가 박사 과정 중

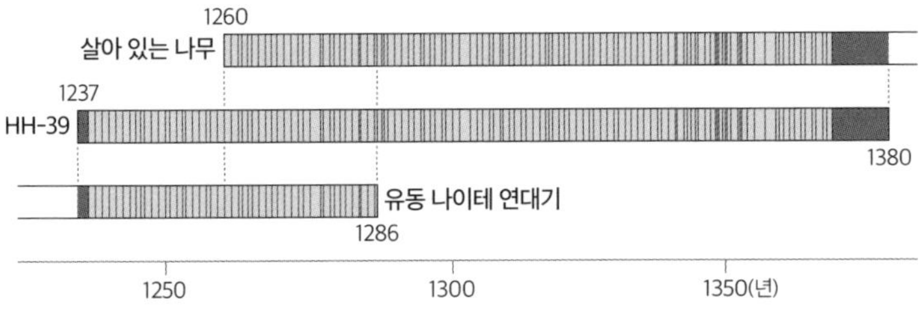

그림 1. 들보 HH-39에는 총 143개의 나이테가 있는데 살아 있는 나무 연대기의 앞부분 120년(1260~1380년)과 겹쳤다. 더글러스는 HH-39의 가장 안쪽 나이테를 1237년으로 추정했다. 한편 HH-39는 유동 나이테 연대기의 마지막 부분과도 중첩되어 마침내 과거 1286년까지 이어지는 견고한 연속적인 기록을 생성했다.

에 일했던 벨기에 테르뷔랑의 왕립 중앙아프리카 박물관에서는 나무로 만든 유물에도 '연대 미상'의 딱지가 붙는다. 박물관에 전시된 가면, 조각품, 목걸이, 목 받침대, 의자들 대부분이 중앙아프리카에서 제작되었는데, 그 지역은 아직까지 20세기에 만들어진 현대 작품의 연대를 추정할 나이테 연대기조차 없는 실정이다. HH-39를 찾아내 다리를 놓은 더글러스 연구 팀의 노력이 없었다면 미국 남서부와 그 외의 여러 지역에서 고대 푸에블로 문화의 연대기 역시 여전히 미상으로 남았을 것이다.

더글러스는 살아 있는 나무의 나이테 연대기를 유동 나이테 연대기와 결합해 포 코너스 지역의 나이테 기록을 과거로 500년 이상 앞당긴 기원후 700년까지로 확장했다. 연대가 정확하게 측정된 이 연속적인 기록 덕분에 더글러스는 흑점 주기와 기후 변동을 연구할 1200년 이상의 데이터를 확보한 셈이다. 그리고 이후에 더 많은 노력을 기울인 끝에 1934년에는 기독교 달력 전체(기원후 11~1934년)를 아우르는 데 성공했다. 이윽고 1937년에 더글러스는 고고학과 기후학에서 이룩한 30년 이상의 연륜연대학 위업을 바탕으로 애리조나대학교에 나이테를 전문적으로 연구하는 최초의 기관인 나이테 연구소를 설립했다. 대학 측은 미식축구 경기장 서쪽의 옥외 관람석 지하에 임시 연구소를 세우고 곧 적당한 부지를 마련하겠노라 약속했다. 그러나 2011년에 내가 투손에 도착했을 때도 나이테 연구소는 여전히 미식축구 경기장 지하에 있었다. 애리조나대학교 미식축구 홈경기를 보러 가면 경기장 서편에 내 이름이 적힌 문이 보일 것이다. 애리조나대학교는 2013년이 되어서야 75년 전 약속을 지켜 연구소를 신축 건물로 이전했다.

과학 분야의 하나로서 연륜연대학은 1930년대에 애리조나 남부에서 보잘것없이 시작한 이래로 크게 성장했다. 미국 남서부에서 초기 문명의 타임라인을 확정한 것 외에도 연륜연대학은 수많은 고고학 및 예술사학 프로젝트에서 정확한 연대 측정 도구로 활약했다. 덕분에 방사성 탄소 연대 측정법의 정밀도를 검증하고, 지난 2000여 년의 기후를 탐구했으며, 20세기와 21세기의 가뭄과 다우기Pluvial를 역사적 맥락에서 해석할 수 있었다. 또 지진, 화산 활동, 산불 등의 과거 자연재해를 조사하고, 산림 역사를 연구하는 데 사용되었다. 이처럼 나이테가 다방면에서 적용될 수 있었던 것은 애리조나에서 나이테 연구소가 출발한 이후 전 세계에 많은 나이테 연구소가 세워졌기 때문이다. 나이테 데이터를 생산하는 나이테 연구소가 세계 곳곳에 100군데 이상 있고, 그중 많은 곳에서 경험이 풍부한 나이테 연구원들이 일한다. 예를 들어 애리조나대학교 나이테 연구소에만도 현재 15명의 교수진이 있는데 모두 나이테를 전문으로 연구하는 과학자들이다. 이들 외에도 약 50명의 행정직, 기술직 직원과 큐레이터, 대학원생, 박사급 연구원, 자원봉사 도슨트Docent들이 일하고 있다. 남북 아메리카(뉴욕시 컬럼비아대학교, 아르헨티나의 멘도사대학교, 캐나다의 빅토리아대학교 등), 유럽(스위스 연방 산림·눈·지형 연구소, 웨일스의 스완지대학교, 네덜란드의 바헤닝언대학교 등), 러시아(크라스노야르스크의 시베리아연방대학교 등), 아시아(베이징의 중국 과학원 등), 오스트랄라시아(뉴질랜드의 오클랜드대학교 등)에 여러 대형 나이테 연구소가 위치하고 있다.

연륜연대학이 세계적으로 번성하면서 연대가 정확하게 측정된 나이테 연대기가 급증했다. 다행히 연륜연대학자들은 협력 정신이 강한 편이다. 우리는 전체가 부분의 합보다 낫다는 신념 아래 각자 어렵게 얻은 나이테 데이터를 연륜연대학자들끼리는 물론이고 미국 해양대기청 고기후 프로그램이 제공하는 온라인 데이터베이스인 국제 나이테 데이터 은행International Tree Ring Data Bank[6]을 통해 누구나 접근할 수 있도록 기꺼이 공개하고 폭넓게 공유한다. 거의 한 세기에 걸친 연륜연대학 연구 결과를 집대성한 나이테 데이터 은행에는 4000여 개 조사 구역에서 얻은 데이터가 보관되어 있다. 나이테 연대

6 www.ncdc.noaa.gov/paleo/treering.html

기들은 지구의 지표 상당 부분, 특히 북반구의 대부분을 포괄하며 기간도 과거 수백 년에서 수천 년까지 아우른다.

그러나 한 세기의 연륜연대학 역사는 이 분야가 직면한 도전과 한계도 보여 주었다. 나이테 연구의 면면을 통해, 더글러스가 자리 잡은 미국 남서부 지역이 사람들의 통념과는 다르게 나이테 연구소가 들어설 천혜의 장소였음이 분명해졌다. 예를 들어 폰데로사소나무는 더글러스를 비롯해 오늘날까지 나이테 과학자들이 제일 많이 이용하는 종인데, 나이테가 매우 뚜렷하고 미국 남서부 전역에 풍부하게 서식하며 상대적으로 수령이 길다. 미국 남서부 지역에서는 수령이 350~400년 되는 폰데로사소나무를 쉽게 찾을 수 있다. 애리조나에서 가장 나이가 많다고 알려진 폰데로사소나무는 1984년 기준으로 수령이 742년이었다. 이 지역의 다른 대부분의 나무처럼 폰데로사소나무의 생장은 그해 공급되는 물의 양으로 결정된다. 이 나무는 연간 강수량의 변동을 대단히 잘 기록했다. 비나 눈이 많이 온 다우 해Wet Year에는 나무가 더 잘 자라 나이테 폭이 넓다. 반면 건조한 가뭄 해Dry Year에는 나이테가 좁다. 미국 남서부의 강수량은 해마다 크게 다르고, 또 다우 해와 가뭄 해가 교대로 나타나면서 지역의 모든 나무가 좁고 넓은 나이테 순서를 공유하는데, 그건 나무들이 다우 해와 가뭄 해를 똑같이 겪었기 때문이다. 이처럼 나무들이 공유하는 나이테 패턴은 긴 모스 부호(넓음-넓음-좁음-좁음-넓음)처럼 뚜렷이 구분되고 미국 남서부 지역의 모든 나무에서 식별할 수 있다. 그 덕분에 살아 있는 나무와 죽은 나무, 역사 건축물과 고고학 유적지의 건축 목재, 심지어 숯과 반화석Subfossil(호수 바닥에서 발견되는 나무처럼 아직 완전히 화석화되지 않은 나무) 목재를 대상으로 연대 교차 비교Crossdating라는 대조 과정을 통해 나이테 패턴을 일치시킬 수 있다.(그림 2) 예를 들어, 우리는 1580년에 미국 남서부 전역이 엄

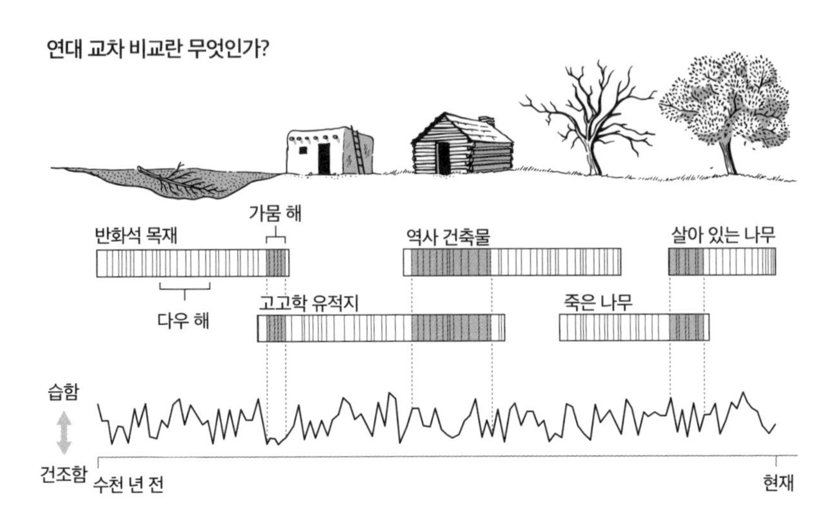

그림 2. 다우 해와 가뭄 해가 교대로 반복되면서 동일 지역에 사는 나무들이 공유하는 특유의 나이테 순열(좁고 넓은 나이테 폭의 순서)이 생성된다. 이를 토대로 살아 있는 나무와 죽은 나무, 역사 건축물과 고고학 유적, 심지어 숯과 반화석 목재도 연대기를 서로 교차 비교하여 연대를 결정할 수 있다.

청난 폭염을 겪었다는 사실을 알고 있다. 이 지역 대부분의 나무와 목재는 물론이고 캘리포니아의 거삼나무에까지 기록된 극도로 좁은 나이테가 그 증거다. 그러므로 1580년은 연대 미상인 목재의 연대를 측정하거나 살아 있는 나무의 나이테 순열을 검증하기 위한 이상 생장 연도Pointer Year 또는 기준점으로 사용될 수 있다.

미국 남서부 지역에는 나이테 연구에 최적(풍부도, 수령, 가뭄 민감도)인 폰데로사소나무가 자란다는 사실 말고도 추가적인 이점이 있다. 고대 푸에블로인들이 주거지를 건설할 때 소나무 목재를 주로 사용한 덕분에 유적지에서 오랜 세월 잘 보존되었다는 점이다. 이 고고학 목재들은 더글러스가 살아 있는 나무에서 측정한 나이테 연구 결과를 미국 남서부 고고학 분야와 연결해 주는 매개체 역할을 했고, 발견에 발견을 거듭하면서 많은 관심을 받게 되었다. 나이테가 뚜렷하고 수령이 길며 가뭄에 민감한 나무와 잘 보존된 유적지 목재의 조합이야말로 연륜연대학이 애리조나 사막에서 시작된 진정한 이유일 것이다. 19세기 후반 미국 천문학의 본거지가 남서부 지역보다 생물 다양성이 높고 나이테가 덜 특이하며 가뭄에 덜 취약하고 선사 유적이 드물고 형편없이 보존된 곳이었다면, 연륜연대학이라는 학문은 전혀 다른 경로로 탄생했을 것이다. 그리고 내가 알프스산맥에서 소노란 사막까지 올 이유도 없었을 테고 말이다.

연륜연대학에 유리한 미국 서남부의 특징은 미국 중서부에서는 대개 드물다. 이 지역은 최초의 여성 연륜연대학자인 플로렌스 홀리 엘리스Florence Hawley Ellis가 나이테 연구를 개척한 곳이다. 홀리는 1930년에 애리조나대학교에서 더글러스의 첫 연륜연대학 강의를 수강했다. 차코 캐니언에서 수년간 나이테 연구를 하고 박사 학위를 받은 다음 홀리는 1934년에 뉴멕시코대학교의 교수가 되었고 그곳에서 1971년에 은퇴할 때까지 머물렀다. 홀리가 미시시피강 동쪽 지역에서 연륜연대학을 개척했다는 사실은 반박의 여지가 없다. 이 지역의 표준 나이테 연대기를 제작하기 위해 홀리는 미시시피 문화(기원후 900~1450년)의 매장지 및 의례용 둔덕에서 발견된 목재와, 미국 중서부 지역의 살아 있는 나무 수천 그루에서 나이테를 추출했다. 홀리 연구 팀도 개척자들이 흔히 겪는 다양한 기술적 어려움에 직면했다. 이들이 작업한 지역은 나이테가 불분명하고 연대 비교조차 시도하기 어려운 활엽수가 우점優占할 뿐 아니라 기후도 다양했다. 게다가 미국 동부 및 중서부 지역의 숲은 대부분 18~19세기에 유럽인들이 개척하면서 모조리 잘려 나갔다. 그래서 긴 연대기를 제작하는 데 필요한 오래된 숲과 나이 많은 나무들이 부족했다. 또한 나무로 지은 고고학 유적지도 풍부하지 않았다. 건조한 남서부와 달리 동부와 중서부 고고학 유적들의 습한 둔덕 퇴적물에서는 나무 같은 유기 물질이 잘 보존되지 않기 때문이다.

1930년대 후반이 되면서 홀리 연구 팀은 기술적인 어려움을 많이 극복했지만 대신 1940년대 초반까지 시대적 문화와 관련된 시련에 부딪혔다. 제2차 세계 대전 당시 홀리 연구 팀 중 한 명이 켄터키 서부에서 독일 스파이로 기소된 것이다. 땅 주인들이 자기네 땅에서 나무 표본을 채취하던 연구 팀을 수상쩍게 여기던 차에 마침 그 연구원의 차 안에서 독일어로 된 참고서를 발견했다. 또 한 번은 홀리 연구 팀의 한 남성이 홀리의 자리를 차지하기 위해 과학계에서 여성의 지위가 위태롭다는 점을 악용해 일종의 쿠데타를 일으켰다. 자신의 성차별적인 행동을 정당화하고 감추기 위해 그는 홀리의 상관에게 편지를 썼다. "루이스는 그 일에 남자를 원합니다. 제발… 모든 일은 비밀에 부쳐 주세요. 작년에 홀리가 이 일에 연루되었다는 걸 아는 사람은 몇 명밖에 안 되고, 밖으로 새어 나가 봤자 그녀에게 상처만 줄 테니까요. 제가 모든 일을 정상으로 돌려놓을 테니 저한테 맡겨 주세요."[7] 나는 나에 관해서도 비슷한 내용이 담긴 이메일이 어디선가 돌아다닐 거라고 장담한다. 홀리가 최초

7 출처: 로이 래시터(Roy Lasseter)가 시드 스톨링스(Sid Stallings)에게 보낸 서신. 1936년 3월 5일, 《시간, 나무, 선사 시대: 나이테 연대 측정과 북아메리카 고고학의 발달(Time, trees, and prehistory: Tree-ring dating and the development of North American archaeology), 1914~1950》의 원본에서 강조, Stephen E. Nash (Salt Lake City: University of Utah Press, 1999), 227쪽.

의 여성 연륜연대학자가 된 후로 80년이 넘게 흐르면서 많은 것이 변했고 다행히 상황은 나아졌지만, 안타깝게도 과학계에서 여성들이 처한 어려움은 여전하니까.

나무를 베지 않고도 안전하게 나이테를 세는 방법

몇 년 전 어느 추수감사절 주말, 나는 친구 둘과 함께 투손에서 뉴멕시코의 산타페를 향해 달렸다. 우리 셋 다 애리조나대학교에서 과학 하는 사람들이었는데 학기 중반의 광기에서 잠시 벗어나 휴식이 필요했다. 무료한 장거리 운전을 즐기려고 우리는 당시 트위터에서 유행하던 놀이를 변형한 '#sciencesongs' 게임을 했다. 노래 가사를 상대의 연구 분야에 맞게 개사해서 부르는 것이다. 나는 식물-토양 미생물학을 연구하는 레이철과 육상 탄소 순환을 연구하는 데이브에게 어울리는 가사를 찾느라 애를 먹었다. 하지만 레이철은 록 밴드 토토Toto의 1982년 히트작 〈아프리카〉를 연륜연대학으로 개사해 우리 둘을 가뿐히 이겼다. 지금도 가끔 농담 삼아 이야기하지만 "나는 아프리카에서 나이테를 센다네I count the rings down in Africa"[8]는 정말 예술적인 개사였다. 비록 내 절친이 내가 나이테 개수나 세면서 먹고산다고 생각한다는 걸 알게 되었지만.

레이철의 기발한 가사는 1998년 7월, 엄마의 걱정을 뒤로하고 석사 과정 동기였던 크리스토프 하네카Kristof Haneca와 함께 아프리카로 떠나 탄자니아 북서부에서 내 첫 번째 나무 샘플을 수집한 아주 대단했던 나이테 원정을 말한다. 당시 탄자니아는 세계 나이테 지도의 채워지지 않은 빈자리였고, 우리는 겁도 없이 그걸 채울 수 있을 것이라고 생각했다. 탄자니아의 건기 계절림에서 표본을 수집해 그 지역 나무들이 나이테를 만드는지 살펴보고, 만약 나이테가 있다면 그것이 동아프리카 기후 연구에 적합한지 확인하는 게 우리의 과제였다.

크리스토프도 나도 태어나서 한 번도 유럽을 떠난 적이 없었다. 우리는 어떤 수종의 샘플을 수집해야 할지, 샘플링할 나무를 어떻게 찾을지, 샘플을 어떻게 채취할지, 어떻게 현지 기관의 협조를 요청할지, 어떻게 샘플을 벨기에로 보낼지 아는 게 하나도 없었다. 그러나 우리는 부족한 전문성을 열정으로 채웠다. 크리스토프와 나는 나이테 측정기Increment Borer(생장추) 몇 개, 쇠톱 몇 개, GPS 한 대를 챙긴 다음 탄자니아의 가장 큰 도시인 다르에스살람으로 가는 비행기에 야심 차게 올랐다.

당시 우리가 확실히 아는 것이라고는, 우리가 아프리카에서 유일하게 아는 사람(벨기에·아프리카 박물관에서 온 과학자)을 만나 도움을 받으려면 일주일 안

8 원곡의 가사는 "나는 아프리카에 내리는 비를 축복해(I bless the rains down in Africa)"이다.

에 키고마에 도착해야 한다는 사실이었다. 키고마는 다르에스살람에서 서쪽으로 1200킬로미터 떨어진 탕가니카 호수 근방의 도시였다. 여행은 비행기 출발이 20시간 지연되는 사고로 시작했다. 탄자니아에 도착해서는 폭우에 철교가 쓸려 나가는 바람에 기차를 타고 36시간을 가는 대신 3일 동안 버스를 타고 키고마까지 가야 한다는 소식을 들었다. 이 여행에서 나는 필드 연구의 제1원칙을 배웠다. "일정은 반드시 짜야 한다. 단, 그대로 진행되는 적은 없음." 우여곡절 끝에 키고마로 가는 기차에 올라탄 우리는 긴장을 풀고 배낭을 벗어 기차 바닥에 내려놓고는 잠시 창문 밖 경치를 감상했다. 그리고 다시 자리에 앉았을 때 배낭 하나가 사라진 것을 알았다. GPS와 나이테 측정기도 함께. 천만다행으로 여권과 여행자 수표는 몸에 지니고 있었다. 우리는 이내 두 번째 교훈을 얻었다. "장비를 시야에서 벗어나게 하지 말 것, 단 1초도." 우리는 천신만고 끝에 일주일 뒤에 키고마에 도착했다. 그러나 우리의 유일한 연락책은 우리가 도착하기 직전에 이 도시를 떠나 버렸다. 우리는 GPS와 나이테 측정기가 없으면 아무 소용이 없는 부속 장비만 지닌 채 낯선 도시에 홀로 덩그러니 남겨지고 말았다.

키고마는 탕가니카 호수 북동쪽 제방에 위치한 작은 도시로, 남쪽으로 부룬디와의 국경에서 약 64킬로미터 떨어진 곳이었다. 키고마와 부룬디 사이에는 바로 제인 구달이 침팬지를 연구했던 곰베 스트림 국립 공원이 있었다. 키고마에서 가장 큰 도로는 우리가 도착한 호숫가 기차역에서 옆 도시인 우지지Ujiji[9]까지 이어졌다. 도로를 따라 8킬로미터 정도 떨어진 우지지는 고대

9 우지지는 1871년 11월, 헨리 스탠리가 선교사 데이비드 리빙스턴을 만나 "리빙스턴 박사님, 맞으시죠?"라고 처음 말을 건넨 곳이다.(미국 기자이자 탐험가인 헨리 스탠리가 실종된 데이비드 리빙스턴을 찾아 나섰다가 그를 발견하고 처음 건넨 말이다–옮긴이)

노예 무역의 중심지였다. 키고마의 도심 큰길에는 작은 식당과 상점들이 즐비하고 호텔, 마트, 은행, 버스 정류장이 있었다. 도시의 크기와 외진 위치에 비해 키고마에는 놀랄 정도로 많은 비정부 기구NGO가 있었고 현지인들이 음중구mzungu라고 부르는 외국인도 많이 살았다. 크리스토프와 나는 음중구 중에서도 튀는 편이었는데, 돈이 없어서 8킬로미터 떨어진 우지지나 6킬로미터 거리의 기상 관측대가 있는 공항까지 어디든 걸어 다녔기 때문이다. 아마도 사람들 눈에는 음중구라는 토속어의 원뜻인 '정처 없는 나그네' 그 자체로 보였을 것이다.

하지만 크리스토프와 나는 정처 없는 나그네가 아니었다. 우리는 키고마에 나이테를 수집하러 간 과학자였다. 나이테가 새겨진 목편Core(생장편)은 대부분 천공기를 사용한 코어링Coring(나무에 구멍을 뚫고 안쪽의 내용물을 꺼내는 과정-옮긴이) 방식으로 채취한다. 나이테 측정기는 연륜연대학자들이 살아 있는 나무나 목재에서 목편을 추출할 때 사용하는 속이 빈 천공기다.(그림 3) 체인톱으로 나무줄기를 통째로 베는 대신 코어링 방식으로 몸통에 작은 구멍을 뚫고 목편을 추출하면 나무에 해를 주거나 죽이지 않아도 되고, 오래된 역사 건축물의 경우도 손상을 최소화하면서 나이테 정보를 얻을 수 있다. 불행히도 크리스토프와 나는 키고마에 오는 길에 기차에서 나이테 측정기를 잃어버렸다. 하지만 우리의 일 때문에 살아 있는 나무를 베고 싶지는 않았다. 그래서 차선책으로 최근에 벌목한 나무들을 찾아 이미 베어 낸 통나무나 나무 그루터기에서 표본을 얻기로 했다. 다행히 연륜연대학적 측면에서는 우리도 운이 나쁜 편이 아니었다. 숯을 만들기 위해 키고마 주변 지역에서 상당한 면적의 숲이 잘려 나간 바람에 샘플을 수집할 그루터기가 아주 많았던 것이다.

키고마에 본부를 둔 제인 구달 비영리 단체들 중 한 곳의 도움으로 우리

그림 3. 옐로스톤리버 범람원의 미루나무(*Populus deltoides* ssp. *monilifera*)에서 나이테 표본을 추출하고 있다. 나이테 측정기를 사용해 몸통에 구멍을 뚫고 목편을 추출한 다음 흰색 종이 빨대 안에 보관한다. 사진 출처: 데릭 슈크(Derek Schook)

는 근처에서 최근에 벌목된 장소를 찾았고 그곳에 가서 숯 제작자들을 만났다. 그들이 자기네 말로만 이야기했기 때문에(탄자니아에서 사용되는 124개 언어 중 하나) 우리가 이곳에서 뭘 하려는지, 특히 왜 하려는지를 전달하기가 어려웠다. 우리는 쇠톱을 사용해 시범을 보이고 손짓, 발짓을 해 가며 가까스로 사정을 설명했다. 나무 베는 일로 먹고사는 벌목꾼들에게는 우리가 가지고 간 톱보다 자신들이 사용하는 도끼나 마체테Machete가 훨씬 편하고 능률적이었다. 하루가 끝날 무렵 우리는 원판형으로 대충 잘라 낸 나무줄기(둥근 과자처럼 생겼다고 해서 이쪽 용어로는 '쿠키'라고 부른다)들을 배낭 2개에 잔뜩 쑤셔 넣고 키고마로 돌아왔다.

키고마에서의 마지막 주는 기상 데이터를 수집하고 나무 표본을 벨기에로 보내느라 바빴다. 우리는 70년 분량의 월별 온도와 강수량 데이터를 일일이 손으로 베꼈다. 어렵게 수집한 쿠키 30여 개를 커다란 짐 가방 2개에 꽉꽉 채워서 기차역으로 가져가자 한 덩치 큰 아저씨가 마치 가방에 나무 대신 깃털이 채워진 것처럼 번쩍 들더니 어두운 구석으로 내던졌다. 이 짐들은 기차를 타고 다르에스살람으로 운송되고 거기에서 다시 벨기에로 보내질 예정이었다. 하지만 그때만 해도 우리는 몇 주에 걸친 고된 노동의 산물이 벨기에까지 오는 건 고사하고 한동안 키고마 기차역도 빠져나오지 못할 거라고는 상상도 하지 못했다.

6개월이 지나도 우리 표본은 오지 않았다. 공황 상태에 빠진 크리스토프와 내가 어쩔 수 없이 플랜 B를 가동한 어느 날, 쿠키로 가득 찬 2개의 짐 가방이 아프리카 박물관 계단에 나타났다. 졸업을 불과 몇 달 앞둔 우리에게는 샘플을 다듬어 나이테 너비를 측정하고 나이테 패턴을 비교해 연대를 추정하고 데이터를 분석하고 마지막으로 논문까지 쓸 시간이 턱없이 부족했다. 어떻게 저 일들을 다 해냈는지 기억은 나지 않지만, 어쨌든 우리 둘 다 키고마 모험에서 돌아온 지 1년 만에 무사히 졸업했다. 필드에서의 첫 경험은 우리 둘에게 깊은 인상을 주었고, 이 일을 계속하면서 경험을 더 쌓고 싶다는 동기가 생겼다. 크리스토프와 나는 사이좋게 연륜연대학 박사 과정에 들어갔다(크리스토프는 성공한 연륜연대학자가 되어 현재 벨기에 브뤼셀의 플랜더스 문화유산 기관에서 일한다).

우리의 키고마 나이테 연구는 개척적이고 탐구적이었다. 우리는 탄자니아에서 처음으로 나이테 표본을 수집하고 탄자니아 숲 지대에서 연륜연대학의 가능성을 타진했다. 가능성이 인정되면 나이테 데이터는 기상 관측 이전의 과거 기후를 알아내는 데 사용되고, 우리 연구는 결국 '과거 기후 재구성Climate Reconstruction'(기온이나 강수량 등 기상 관측이 이루어지지 않은 과거의 기후 상태를 대체 자료로 추정하여 정량적으로 나타낸 것을 말한다. '기후 복원'이라고도 한다-옮긴이)으로 이어질 것이다. 기후를 재구성하려면 해당 지역에서 가장 오래되고 가장 기후에 민감한 나무를 대상으로 해야 한다. 하지만 이 탐험적 원정에서 크리스토프와 나는 나이가 많은 나무를 찾고 고를 형편이 못 되었다. 우리는 그저 부족한 예산과 제한된 시간 안에서 어떤 나무도 죽이지 않고 최대한 많은 표본을 수집했다. 다행히 운이 좋았다. 우리가 샘플을 수집한 나무는 나이테가 뚜렷했고 덕분에 우리는 38년의 나이테 연대기를 제작하는 데 성공했다.

물론 38년 분량의 데이터는 기후를 재구성하는 데 큰 도움이 되지 않는다. 하지만 새로운 기후 지역에서 날씨의 변동성을 반영하고 나이테의 연대 교차 비교가 가능한 나무를 찾아내는 이런 탐색 과정은 연륜기후학Dendroclimatology 연구에 중요한 밑바탕이 된다. 정확하게 측정되고 교차 확인까지 마친 나이테 너빗값은 연륜기후학 연구에 필수적인 요소이며 우리를 과거로 한 해 한 해 인도할 측정점Data Point이 된다. 일단 사전 작업이 끝나면 그때부터는 살아 있는 오래된 나무와 죽은 목재 수집에 집중해 최대한 먼 과거의 기후까지 재구성하는 것을 목표로 삼을 수 있다.

수령이 많은 나무의 샘플을 수집할 때는 마체테나 체인톱보다 나이테 측정기를 이용한 코어링을 선호한다. 그 방식이 나무를 죽이거나 해를 주지 않기 때문이다. 나무는 안에서 바깥으로 자란다. 가장 최근에 생긴 나이테가 나무껍질에서 가까운 가장 바깥에 있고, 맨 처음에 만들어진 가장 오래된 나이테는 중심에 있다. 나무에서 부피 생장이 일어나는 곳은 나무껍질과 목질부 사이의 '부름켜Cambium(형성층)'라는 섬세한 부위다. 새로운 나무 세포는 부름켜에서 만들어진 다음에 먼저 형성된 더 오래된 세포 바깥에 축적된다. 한 나무의 줄기를 통틀어 나무껍질 바로 안쪽의 이 얇은 부름켜만이 실질적으로 살아 있는 부분이다. 그 외의 목질부와 나무껍질은 죽은 물질로서 일차적으로는 나무에 안정성과 보호를 제공하고 지하의 뿌리와 위쪽의 나뭇잎 사이에서 물과 영양분을 수송한다. 목질부는 크게 변재Sapwood와 심재Heartwood로 나뉘는데, 물은 줄기의 바깥쪽 부분인 변재에서만 이동하고 안쪽의 심재나 나이테의 정중앙인 수심樹心에서는 이동하지 않으며 목편을 추출해도 그 영향이 극히 미미하다. 또한 코어링을 할 때는 살아 있는 부름켜 부위를 대개 젓가락 굵기인 지름 0.5센티미터 정도로 작은 면적만 추출하므로 나무에 거의 영향이 없다.

나이테 측정기로 살아 있는 나무의 목편을 추출하는 일은 육체적으로 힘든 작업이다. 특히 참나무처럼 목질부가 조밀한 나무들은 더 그렇다. 작업자들은 나이테 측정기를 나무 몸통에 대고 손으로 손잡이를 비틀어 구멍을 뚫는다. 그리고 손잡이를 반대로 돌려 나이테 측정기를 제거하면서 목편을 추출한다. 이 작업은 상체에 힘이 많이 들어간다. 하루에 10여 개씩 추출하려면 보통 힘이 드는 게 아니다. 이 분야 신참들은 처음 필드에 나갔다가 당황하는 경우가 많은데, 노련한 전문가들이 시범을 보일 때는 그렇게 힘들어 보이지 않기 때문이다. 초짜들을 데리고 나가 보면 영락없이 누군가는 나이테 측정기가 불량이라고 불평한다. 나이테 측정기에 문제가 있는 것이 아니라 자기 힘이 부족하다는 걸 모르고 하는 말이다.

하지만 육체적 고단함은 나무에서 목편이 나오는 순간 싹 사라진다. 나이테 측정기가 속에 박혀서 나오지 않는다든지 안쪽이 썩은 나무를 고르지 않은 한, 목편을 추출하면 바로 나이테를 볼 수 있다. 이 고리들이 수백, 수천 개의 측정점이 되어 내 연구에 쓰인다고 생각하면 기운이 난다. 게다가 나무에게 해도 주지 않으면서 말이다. 목편에 보이는 나이테의 폭이 좁고 수가 많다면, 그건 재수 좋게 수령이 오래된 나무를 잘 골랐다는 뜻이다. 운이 진짜 좋으면 나무의 중심까지 똑바로 뚫고 들어가 '수심을 치게Hit the Pith' 되는데, 그건 이 나무가 제공할 수 있는 가장 오래된 나이테를 추출했다는 뜻이다(적어도 목편을 추출한 높이에서는 말이다).

숙련된 연구 팀에게 하루에 100~200개 목편 수집은 식은 죽 먹기다. 물론 나무의 크기, 팀의 규모, 서식지 지형의 난이도에 따라 편차는 있다. 팀에서 누가 수심을 가장 많이 치는지 기록하면 다들 자극을 받아 열심히 또 신중히 작업하게 된다. 일이 수월한 날에는 목편이 금방금방 쌓여 수백 개의 목편을 팔이 떨어지도록 들고 산에서 내려가야 한다. 하지만 이 과정조차 의미가 있다. 밖에서 온종일 고생한 노동의 결과물을 내 눈으로 보고 느끼는 순간이기 때문이다. 이 목편들은 한 장짜리 종이도 숫자 가득한 표도 아닌, 내가 오늘 하루 열심히 일했다는 실질적이고 물리적인 증거다. 과학에서 유레카의 순간은 드물다. 과학자가 하는 일들은 대부분 느리고 점진적으로 진행된다(논문을 쓰고 연구 계획서를 쓰고 학위 논문을 쓰고 책을 쓰는 일이 그렇다). 과학을 하는 과정 중에 즉각적인 만족을 주는 일이 드물다는 걸 고려하면, 나무에서 목편을 추출한 뒤 느끼는 뿌듯하고 보람된 기분은 매우 가치 있는 것이다.

세상의 모든 나무에게는 각자 하고 싶은 말이 있다. 키가 큰 나무의 어두운 그늘에서 평생 살아온 하층부 나무들이라면 날씨보다는 빛을 가리는 제 이웃을 두고 투덜댈 것이다. 들판에 자라는 나무들에게는 잎을 피워 내는 족족 먹어 치우는 염소나 사슴이 불만의 대상이다. 지중해 숲의 나무는 이 지역의 유난히 우울한 봄보다는 몇 년마다 한 번씩 삶을 괴롭게 만드는 산불 때문에 불평한다. 그러나 기본적으로 나무들은 사람들 못지않게 날씨 이야기를 좋아한다. 미국 남서부 지방의 나무들은 가뭄이 오면 툴툴대면서 폭이 좁은 나이테로 불만을 표시한다. 그러나 스위스 알프스나 알래스카의 나무들이라면 가뭄보다는 추운 날씨에 화를 내고, 비가 덜 내리는 여름보다는 서늘한 여름 기온을 나이테에 기록할 것이다. 나무의 성장을 제한하는 이 '불만들'을 나이테 세계에서는 제한 요인Limiting Factor이라고 부른다.

연륜기후학자들의 목표는 과거의 기후를 최대한 신뢰할 수 있는 수준으로 재구성하는 것이므로, 샘플을 수집할 나무와 장소를 선별할 때 이 제한 요인들을 특별히 신경 쓴다. 우리는 한 해의 생장이 그해의 날씨 변동에 좌우되고(또는 제한되고), 상대적으로 다른 조건들에는 영향을 덜 받는 나무를 고른다. 그리고 울창한 숲보다는 나무가 성긴 숲의 상층부 나무들을 선택하는데, 이 나무들은 이웃 나무와의 경쟁에서 오는 복잡한 요인들에 시달리지 않기 때문이다. 또한 접근이 힘들어 사람의 손을 타지 않는 오지의 나무와 숲을 선호한다. 인간 자체가 제한 요인으로 작용할 수 있기 때문이다. 예를 들어 우리가 버지니아주 남서부에서 과거 강수량의 변화를 재구성하기 위해 애팔래치아산맥에서 나이테를 수집할 때 등산로와 가까운 곳에 있는 나무들은 되도록 피했다. 등산객들이 등산로 근처의 나뭇가지를 잘라 땔감으로 쓰는 일이 빈번했기 때문이다. 나무에게는 가지를 잃는다는 게 산불에 화상을 입거나 나뭇잎이 뜯어 먹히는 것 못지않은 스트레스 요인이 된다. 그리고 이는 기후라는 일차적 제한 요인보다 더 큰 영향을 준다.

기후가 보내는 가장 강력한 신호를 포착하려면 기후 조건이 혹독한 지역으로 가야 한다. 이런 곳에서는 1년에 나무가 생장하는 양, 즉 나이테의 너비가 그해의 날씨에 의해 제한된다. 만약 과거에 일어난 가뭄을 연구하고 싶다면, 추위가 아닌 강수량의 부족이 문제인 건조한 지역에서 표본을 수집한다. 반대로 과거의 기온 변화를 재구성하고 싶다면 추운 환경에서 자라는 나무를 선택한다. 그런 환경에서는 여름 기온조차 나무의 생장에 최적이 아닐 수 있기 때문이다. 과거의 기온을 재구성하는 연구가 대부분 시베리아, 캐나다 북부, 스칸디나비아처럼 고위도 지방, 또는 유럽의 알프스처럼 고도가 높은 지역의 나무들을 중심으로 이루어지는 이유가 여기에 있다. 반면 가뭄의 경우는 강수량이 제한되고 계절 변화가 뚜렷한 지중해나 몬순 기후 지역에서 주로 연구된다.

외진 곳에서 혹독한 날씨를 감내하며 자라 온 오래된 나무를 찾아다니는 나이테 과학자들은 종종 경외심을 일으키는 아름다운 풍경을 만난다. 가파른 경사를 따라 산을 오르다 보면 인적이 드문 어느 곳에서 숨 막히는 경치와 마주치곤 하는 것이다. 나이테 과학자들에게 이 일을 하면서 제일 좋은 게 뭐냐고 물으면 대부분 필드라고 답한다. 애초에 이들을 이런 연구로 끌어들인 게 필드 작업이고 또 계속해서 돌아오게 만드는 것도 그것이니까.

3

수천 년을 살아온 나무는 외모부터 다르다

수령이 많은 나무들은 겉에서 보았을 때, 심지어 사진으로만 봐도 알 수 있는 공통된 특징이 있다. 덕분에 연륜연대학자들이 일하기에 수월한 면이 있다. 노목老木을 찾겠다는 희망으로 숲에 있는 나무에 모조리 구멍을 뚫는 대신 가장 눈에 띄는 표본을 타깃으로 삼으면 고생도 덜하고 나무도 아껴 줄 수 있다. 실력 있는 감정가라면 오래된 나무들의 공통된 특징을 금세 파악한다. 나무줄기가 꼭대기로 올라가도 가늘어지지 않는 기둥 형태이며 가지가 거의 달리지 않았지만 남은 가지는 묵직하다. 큰 뿌리가 밖으로 노출되었고, 나무 윗부분은 죽었다. 어떤 노목은 꽈배기처럼 자라면서 수피가 가늘고 긴 형태로 자란다. 인간도 그렇지만 수령이 250년 이상인 고령의 나무는 50~250년 된 중년의 나무와는 외모가 다르고, 중년의 나무 역시 수령이 50년 미만인 어린 나무와 또 다르다. 게다가 나무도 사람처럼 키는 어렸을 때만 자라고 나이가 들면 둘레만 늘어난다. 한 나무가 얼마나 높이 자랄 수 있는지, 또 키가 다 자라는 데 얼마나 걸리는지는 유전자로 결정된다. 세쿼이아*Sequoia sempervirens*는 뒷마당의 벚나무*Prunus cerasus*보다 더 크게 자랄 것이다. 히페리온이라는 이름의 세쿼이아는 높이가 120미터에 달하는 세계에서 가장 키가 큰 나무인데, 벚나무 8그루를 높이 세워야 얼추 키가 맞는다. 나무의 키는 더 나아가 다른 나무와의 경쟁은 물론이고 나무가 자라는 토양에 의해서도 영향을 받는다. 그렇더라도 해당 종의 생장 범위를 벗어나지 않는다.

나무는 최대 높이까지 도달하고 나면 그때부터 둘레만 커지기 때문에 아직 한창 키가 크는 어린 나무는 위로 올라갈수록 모양이 뾰족하다. 나무줄기의 맨 꼭대기는 만들어진 지 몇 년밖에 되지 않아 나이테와 둘레를 키울 시간이 없지만, 밑동 부분은 충분한 시간 동안 나이테를 늘리고 굵게 자란다. 나이 든 나무에서 길이 생장이 멈추고 나면 줄기의 위쪽 부분이 열심히 굵기를 따라잡기 시작한다. 매년 둘레가 늘어나고 그러면서 점점 줄기는 위로 갈수록 뾰족한 형태보다 기둥 형태에 가까워진다. 추가로 나이 든 나무는 꼭대기 부분이 먼저 죽고 수관Crown(가지와 잎이 달린 나무의 윗부분-옮긴이)의 위쪽이 납작해져 분재용 소나무와 생김이 비슷해진다. 나뭇가지들도 시간이 지나면서 계속 굵어진다. 보통 오래된 나무의 가지와 뿌리는 꽤 크다. 높은 가지에 햇빛이 가려 광합성과 나무의 생장에 큰 도움을 주지 못하는 낮은 가지들은 나무가 알아서 떨어내기도 한다. 수백 년간 침식이 일어나면서 오래된 나무의 뿌리가 드러나면 뿌리는 더 이상 지하에 감춰져 있지 않게 된다. 일부 나이 든 침엽수들은 배배 꼬인 형태로 자란다. 새로운 나무 세포가 비스듬히 자라기 때문에 위를 향해 곧장 뻗어 올라가는 대신 나선형의 결이 생긴다. 나선형 생장Spiral Growth은 다양한 스트레스 요인(비대칭적인 수관, 바람, 비탈면)뿐 아니라 유전자에 의해서도 일어나는데 이는 상업용 목재 생산에 장애가 된다. 나이테 측정기가 나선형의 타래를 따라가는 것은 불가능하므로 나선형 생장은 나이테 과학자들에게도 달갑지 않다. 그러나 가장 오래되고 목편을 추출하기 어려운 표본을 찾아다니는 나무 사냥은 분명 유혹적이다. 추적의 스릴은 연륜연대학자들이 겪는 필드에서의 어려움을 잊게 만들고, 가끔은 성공의 길로 안내하기도 한다.

2015년 7월, 우리는 고지대에 서식하는 고령의 나무를 찾아 그리스 북부의 핀두스산맥에서 열흘짜리 필드 작업을 계획했다. 이번 핀두스 원정은 나이테를 이용한 과거 제트기류 패턴을 재구성할 목적으로 국립 과학 재단NSF에서 연구비를 지원받은 프로젝트의 일부였다. 나는 그동안 나이테와 기후 시스템 사이의 연관성을 조사해 오면서 유럽의 최고령 나무들을 샘플링할 필요성을 느꼈다. 그 목적을 달성하기 위해 당시 발칸반도에서 아주 오래된 나무들을 수집한 적 있는 폴 크루식Paul Krusic에게 연락했다. 폴은 케임브리지대학교의 저명한 나이테 과학자로 필드 작업에는 도가 튼 베테랑이었다. 원숙한 맥가이버(동명의 미국 드라마 주인공-옮긴이) 타입인 폴은 느긋하고 독창적인 사람으로 독보적인 체인톱 기술을 보유했고 랜드로버에 대한 열정이 남달랐다. 몇 해 전, 폴은 핀두스산맥 최고봉인 스몰리카스산에서 아주 특별해 보이는 보스니아소나무*Pinus heldreichii*의 사진을 우연히 보게 되었다. 그는 이 소나무가 아주 늙었다는 데에 의문의 여지를 가지지 않았다. 노목의 정형화된 특징이 모두 보였기 때문이다. 게다가 이 소나무는 가파른 바위투성이 지대에 살고 있었다. 폴은 직접 가서 그 나무를 봐야 직성이 풀릴 사람이었다.

폴이 첫 번째 스몰리카스 원정에서 돌아왔을 때, 그는 놀랍게도 한 표본에서 나이테를 무려 900개나 세었다. 하지만 유감스럽게도 그가 들고 간 나이테 측정기는 900년을 넘게 산 나무의 수심까지 파고들기엔 너무 짧았다. 우리에게는 40인치(약 101센티미터)짜리 아주 긴 나이테 측정기가 있지만 보통은 아주 특별한 상황에서만 사용했는데, 거기에는 여러 이유가 있다. 첫째, 값이 비싸고 구하기도 힘들다. 둘째, 무겁기 때문에 가뜩이나 무거운 야외 조사 짐 보따리에 상당한 무게를 보탠다. 셋째, 16~24인치짜리 일반적인 나이테 측정기보다 지름이 커서 구멍을 뚫기가 어렵고 안에 들어갔다가 박혀서 나오지 않을 가능성이 크다. 이런 현실적인 문제 때문에 보통은 효율성을 높이고 위험 부담을 줄이기 위해 되도록 짧은 나이테 측정기를 사용해 나무의 수심에 도달한다. 그리고 실제로도 1미터짜리 나이테 측정기가 꼭 필요한 경우는 아주 드문데, 폴은 바로 그런 나무를 찾은 것이다! 이 할아버지 나무의 깊숙한 곳에는 아직 꺼내지 못한 오래된 나이테가 있다. 우리가 궁금한 것은 딱 하나였다. 나이테가 몇 개나 더 남았을까? 이 질문에 답을 찾기 위해 폴과 나는 스몰리카스산으로 두 번째 원정을 떠나기로 했다.

우리는 굳건히 결의를 다진 다음 단단히 무장을 하고 스몰리카스로 돌아왔다. 구체적으로 말하면 더 많은 사람을 끌고, 더 긴 나이테 측정기를 가지고, 가장 중요하게는 죽은 나무를 채취할 체인톱을 들고 갔다는 뜻이다. 스몰리카스 첫 원정에서 폴은 태양에 바랜 고사목Snag들이 주위에 널려 있는 것을 보았다. 이 나무줄기들은 수백 년 전에 수명이 다한 이후로 천천히 침식하며 자리를 지켜 온 나무 조상들의 유물과도 같았다. 이 재료를 가지고 스몰리카스 나이테 연대기를 아주 먼 과거로 확장시킬 수 있겠다고 생각하니 몹시 흥분됐다.

폴은 스톡홀름의 집에서 그리스까지 아들 요나스와 함께 랜드로버를 몰고 왔다. 요나스는 12살짜리 조숙한 바이킹의 후손으로 작업 기간 내내 우리 옆에서 메모를 받아 적고 샘플에 이름표를 붙이고 가끔은 직접 나무에 구멍도 뚫으며 제 몫을 톡톡히 했다. 나는 독일 마인츠대학교의 두 과학자와 동행했다. 내 예전 지도 교수 얀 에스퍼는 독특한 유머 감각과 193센티미터의 장신인 독일인이었고, 클라우디아 하틀Claudia Hartl은 귀여운 외모와 다르게 필드에서 엄청난 괴력을 발휘하는 강인한 여성이었다. 그녀는 항상 체계적이고 지칠 줄 몰랐으며 나는 생전 그녀가 불평하는 걸 본 적이 없었다.

우리는 스몰리카스산 기슭의 작은 마을 사마리나에 짐을 풀었다. 그리스에서 가장 고도가 높은 곳에 자리 잡은 마을이었다. 첫날에는, 아침을 먹자마자 가파른 산을 두세 시간 올라 스몰리카스산의 수목 한계선까지 가는 일정이 굉장히 버겁게 느껴졌다. 그러나 능선에 오르자 불모의 환경에서 우리를 기다린 고대의 나무들이 보였다. 하루하루 표본의 부피는 늘어 갔고 아침 산행도 점점 수월해졌다. 고도 2000미터의 수목 한계선의 날씨는 화창하고 온화했다. 게다가 감사하게도 이 숲에는 모기가 없었다. 그리고 이 산에서 어슬렁댄다던 야생 개, 늑대, 곰을 한 마리도 만나지 않았다. 무엇보다 우리가 있는 곳은 그리스였다. 음식은 맛있었고 사람들은 친절했으며 와인은 넘쳐 났다. 코어링 작업과 톱질의 긴 하루를 끝내면 우리는 산을 걸어 내려와 슬리퍼로 갈아 신고 거나하게 저녁을 즐긴 다음 그대로 침대 위에 쓰러져 잤다.

우리는 이 평온한 열흘 동안 폴이 처음 발견했던 사진 속 노목을 비롯해 50개 이상의 쿠키를 자르고 100그루 이상에서 목편을 수집했다. 그러나 미와 욕망의 그리스 신 아도니스가 1075살의 제 나이를 드러낸 것은 2016년, 훨씬 많은 사람과 함께 그리고 마침내 40인치짜리 나이테 측정기를 들고 떠난 세 번째 원정에서였다. 그 운명의 날에 우리는 아도니스로부터 길이가 90센티미터(!)에 이르는 목편을 추출했지만 여전히 나무의 수심에는 근처에도 닿지 못했다. 유럽에서 살아 있는 최고령 나무를 발견하는 것은 스몰리카스산 대원정에 어울리는 최고의 위업이고 그것을 달성하기 위해서라면 몇 번이고 다시 돌아올 것이다.

스몰리카스산에서 아도니스를 발견하고 이 1075세 어르신이 지금까지 알려진, 유럽에서 가장 오래 살아온 나무라는 소식을 세상에 전했을 때 우리는 두 조직으로부터 큰 반박을 받았다. '복제수Clonal Tree' 단체와 '보호수Heritage Tree' 단체였다. 두 단체 모두 나이가 훨씬 많은 나무들이 유럽에서 발견되었고 그 수령도 확실하다고 주장했다. 내 견해로는 이 논쟁의 핵심은 '나무'와 '연대 측정'을 어떻게 정의하느냐에 있었다. 복제수는 뿌리에서 돋아나는 싹인 근맹아Root Sucker를 통해 무성 생식으로 확산하고 산포하는 나무를 말한다. 이 나무들은 유전적으로 모두 동일하고 땅속에서 공동의 뿌리를 공유한다. 이 땅속뿌리는 방사성 탄소 연대 측정에 따르면 1만 년 이상 되었다. 그러나 개별 나무줄기의 수령이 수백 년을 넘는 경우는 드물다. 예를 들어 미국 유타주의 판도Pando라는 나무는 북미사시나무*Populus tremuloides* 한 그루에서 기원한 4만 개 이상의 나무줄기로 이루어진 복제수 군락으로, 그 뿌리는 무려 8만 년이나 되었다고 추정되지만 개별 나무줄기들은 수령이 130년을 넘지 못한다. 이러한 복제 뿌리 시스템을 한 그루의 '나무'로 정의할지 말지 여부에 따라 유럽의 최고령 나무는 스웨덴의 올드 티코Old Tjikko가 될 수도 있고, 우리가 나이테를 통해 1000살 이상 되었음을 확인한 개별 나무가 될 수도 있다. 올드 티코는 발견자가 기르던 개 이름을 딴 9550년 된 독일가문비나무*Picea abies*의 복제수이다.

한편 내가 처음으로 보호수 논쟁을 접한 것은 아도니스를 발견하기 여러 해 전 스위스에 살았을 때였다. 하루는 친구인 프랭크의 집에 초대를 받아 미술 교사이자 아마추어 사진작가인 새 여자친구와 함께 저녁 식사를 했다. 모든 것은 순조로웠다. 프랭크가 다가오는 휴가에 여자친구가 몇 년 동안이나 푹 빠져 있는 오래된 서양주목*Taxus baccata*을 보러 영국 교외로 갈 거라고 말하기 전까지는 말이다. 프랭크의 여자친구는 그중에 3000살이 넘은 나무들이 있다고 주장했고 그 근거로 오래된 주목들만 전문으로 다루는 웹사이트들을 댔다. 나는 만약 영국에 수령이 3000년이나 된 나무가 진짜로 있다면 나무에게 나이를 찾아 주는 일이 직업인 내가 모를 리 없다고 주장했다. 덕분에 분위기는 싸해졌다. 혈기 왕성한 연륜연대학자가 그녀의 주장에 의문을 품은 것이다. 그녀 역시 지어낸 이야기가 아니라며 격하게 맞받아쳤다. 저녁 식사는 생각보다 일찍 끝났다.

나는 집에 가서 프랭크의 여자친구가 언급한 웹사이트들을 훑어보았고 이내 이 열띤 논쟁의 핵심을 파악했다. 보호수들은 대개 나이가 많고 홀로 서 있으며 문화적, 역사적으로 특별한 가치가 있는 나무들이다. 브리튼 제도 전역의 교회 묘지 등에서 발견되는 주목이 대표적인 예다. 그 외에도 지중해 분지 곳곳에서 발견되는 오래된 올리브나무*Olea europaea*, 시실리아의 에트나산 비탈에 자라는 헌드레드 호스Hundred Horse라는 이름의 유럽밤나무*Castanea sativa*가 있다. 보호수의 문화적 중요성은 시실리아의 시인 주세페 보렐로Giuseppe Borrello, 1820~1894가 잘 설명했다. 보렐로는 헌드레드 호스라는 이름의 유래를 시로 표현했다.

> 밤나무 한 그루
>
> 어찌나 큰지
>
> 나뭇가지가 우산이 된다.
>
> 주반나 왕비가
>
> 100명의 기사들과
>
> 에트나산으로 돌아가는 길에
>
> 사나운 폭풍을 만나 놀랐으나
>
> 이 나무 아래에서
>
> 천둥이 치고 번개가 번쩍이는 비를 피했다.
>
> 그 이후로 이 나무는 이렇게 불리었다.
>
> 계곡을 따라 둥지를 튼
>
> 100마리 말의 거대한 밤나무라고.

보호수들이 고령의 나무인 것은 의심의 여지가 없지만 그 정확한 나이는 일반적으로 모호한 편이다. 둘레는 어마어마하지만 조각이 나 있고 줄기의 가장 오래된 부위는 썩었다. 그래서 나이테 연대 측정은 물론이고 방사성 탄소 연대 측정도 불가능하다. 따라서 나무의 나이는 크기를 기초로 추정되거나 생장률을 계산해 판단한다. 하지만 생장률은 나무마다, 또 한 나무 내에서도 수령에 따라 크게 달라지기 때문에(어린 나무가 나이 든 나무보다 훨씬 빨리 자란다) 이 방법은 정확도가 떨어진다. 그 결과 보호수의 수명은 종종 과대평가되어 격렬한 논쟁의 대상이 되기 쉽다. 예를 들어 영국의 주목은 600년, 또는 800년까지 사는 경우가 허다하지만, 노스웨일스 클루이드의 란저니우 주목Llangernyw Yew더러 4000~5000살이라고 하는 것이나 스코틀랜드 퍼스셔의 포팅걸 주목Fortingall Yew의 수령이 3000~9000년이라고 하는 것은 터무니없다. 이론적으로는 유럽의 일부 보호수가 1000년 이상 살았을 가능성이 있지만 아직 수긍할 만한 증거를 본 적은 없다. 그러나 나는 다른 이들이 열정을 쏟는 프로젝트에 대해 공감하는 법을 오랫동안 익혀 왔으므로 아도니스가 유럽에서 '나이테로 연대가 측정된' 나무 중에서 가장 나이가 많은 나무라는 안전한 결론을 내릴 것이다.

보호수의 나이를 논할 때 한 가지 추가로 고려해야 할 요소가 있다. 바로 장소다. 연륜연대학적 시각에서 세계에서 가장 오래 살았다고 알려진 나무들은 대체로 환경적 제한 요소가 강한 오지의 척박한 환경에서 자란다. 웨일스의 교외처럼 온화한 환경에서 생장했거나, 시실리아처럼 인간이 오랫동안 목재를 사용한 문화적 역사가 있는 지역에서 자란 나무들은 수령이 긴 경우가 드물다. 여기에는 이유가 있다. 혹독한 환경에서 서식하는 나무들은 생장에 심한 제약을 받으므로 천천히 자란다. 그것도 아주 천천히. 아도니스만 해도 매년 지름이 평균 1.5밀리미터 미만으로 자란다. 이처럼 느린 생장의 결과는 아주 좁은 나이테와 상대적으로 치밀한 목질이다. 천천히 자라는 나무들의 조밀한 목재, 특히 침엽수의 경우에는 나뭇진이 들어 있는 경우가 많으므로 곤충, 균류, 세균의 침입에 저항성이 크고 따라서 잘 썩지 않는다. 반면에 유칼립투스*Eucalyptus*류나 사시나무*Populus*류처럼 생장이 빠른 나무들은 봄 날씨를 최대한 활용해 목질부를 빨리 생산해 내도록 프로그램되었다. 이런 개척종Pioneer Species(개척종이라고 부르는 이유는 갓 개방된 공간에 제일 먼저 자리를 잡기 때문이다)들은 봄에 생산되는 가벼운 목질부를 뜻하는 춘재Earlywood를 많이 생산한다. 춘재의 커다란 물관Vessel은 뿌리에서부터 위쪽의 한창 자라는 나뭇잎까지 물을 운반하는 데 최적화되어 나무가 빨리 무럭무럭 자라게 한다. 예를 들어 미루나무*Populus deltoides*는 1년에 지름이 최대 2.5센티미터씩 자란다. 개척 정신이 강한 이런 나무들의 목질부는 급하게 형성되어 가볍고 부드럽고 약하다. 그리고 해충에 쉽게 피해를 입는다. 이 개척종들은 열심히 일하고 열심히 놀다가 명예롭게 일찍 죽는다. 이 선구자들은 퇴색하느니 다 타 버리고 말겠다는 싱어송라이터 닐 영Neil Young의 신조를 충실히 따른다.

반면 퇴색하는 나무들은 긴 세월을 꾸준히 버틴다. 브리슬콘소나무*Pinus longaeva*는 인내의 화신이다. 성장이 저해되고 뒤틀린 이 나무들은 나이를 먹으면서 차츰 소멸한다. 나이테는 점점 옅어지고 가지에서 생장 에너지를 거둔다. 나이가 들어가는 브리슬콘소나무에서는 뿌리-줄기-가지의 연결성이 점차 약해진다. 아주 오래된 나무들은 불과 몇 개의 뿌리가 고작 몇 개의 가지에 연결된 채 그저 가늘고 긴 일부 살아 있는 나무껍질로 목숨을 유지한다. 이런 가늘고 긴 조각 수피Strip Barking는 나무가 에너지를 보존하도록 도와 화재, 번개, 극한의 날씨로 줄기나 나뭇가지가 손상되어도 나무가 쉽게 죽지 않게 한다. 미국 서부의 그레이트베이슨 지역에는 수령이 4000년도 넘는 소수의 브리슬콘소나무가 서식한다. 나이테로 연대를 측정한 살아 있는 최고령 브리슬콘소나무는 5000살이 넘어 지구에서 가장 오래 살았던 종으로 등극했다.

브리슬콘소나무는 건조하고 노출된 산비탈의 백운석 노두에서 고립된 작은 숲을 이루고 서식하는데, 웬만한 식물들은 살아남기 힘든 환경이다. 브리슬콘소나무들 자체도 수가 많지 않고 서로 멀리 떨어져 있다. 이 황량한 풍경 속에 나무들은 울퉁불퉁 뒤틀려 자라고, 나뭇잎도 거의 없이 수백 년 동안 바람과 물에 침식되기 때문에 표면이 만질만질하다. 건조한 산악 환경의 파란 하늘을 배경으로 서 있는 브리슬콘소나무는 금욕적이고 속세를 초월한 다른 세상의 존재로 거듭나 예술가와 작가들의 상상력을 불러일으킨다. 가장 오래된 브리슬콘소나무 군락지는 캘리포니아 동부의 화이트마운틴에 있는 고대 브리슬콘소나무 숲에 있다. 이 숲은 애리조나대학교 나이테 연구소의 에드먼드 슐먼Edmund Schulman이 이 장기 거주자들을 발견한 지 1년 후인 1958년에 보호 구역으로 지정되었다.

한껏 뒤틀린 줄기, 극히 일부만 살아 있는 세포 조직, 깊이 팬 죽은 목재, 자취를 감춘 나이테까지, 누가 봐도 브리슬콘소나무는 연대 비교는커녕 샘플 추출조차 쉽지 않을 것 같다. 애리조나대학교 나이테 연구소에서 1930년대부터 더글러스와 함께 일해 온 슐먼은 이런 종류의 어려움에 잘 대비된 사람이었다. 슐먼은 여름이면 노목을 찾아 미국 서부 지역의 산악 지대에서 살다시피 했다. 슐먼의 수색은 므두셀라의 발견으로 절정을 이룬다. 므두셀라는 발견 당시 4789살로 가장 나이 많은 나무가 되었다. 므두셀라라는 이름은 슐먼이 전설적으로 장수한 성경 속 족장의 이름을 따서 붙인 것이다. 기원전 2833년으로 연대가 추정되는 므두셀라는 여전히 고대 브리슬콘소나무 숲을 빛내고 있지만, 사람들의 고의적인 파손을 방지하기 위해 정확한 위치는 방문객이나 심지어 연륜연대학자들에게도 공개되지 않는다.

슐먼은 므두셀라를 발견한 지 1년 만에 49세를 일기로 세상을 떠났다. 사실 여러 브리슬콘소나무 연구자들이 비교적 젊은 나이에 유명을 달리했다. 애리조나대학교 나이테 연구소의 발 라마르쉐Val Lamarche, 1937~1988와 브리슬콘소나무 샘플을 채취하고 산에서 내려오다 심정지로 사망한 32세의 산림청 직원이 있다. 이런 불운한 우연 때문에 브리슬콘소나무의 목재에 저주가 걸렸다는 도시 괴담(아니, 나무 괴담이라고 해야 하나?)이 한동안 유행했고, 장수하기로 유명한 이 나무를 연구하는 사람은 단명한다는 소문이 돌았다. 다행히 이 미신은 내가 존경해 마지않는 동료들 덕분에 사실무근임이 입증되었다. 그러나 연륜연대학계에는 브리슬콘소나무와 관련해 현실이 된 악몽 같은 이야기가 하나 더 있다.

슐먼이 므두셀라를 발견하고 7년 뒤, 현재는 그레이트베이슨 국립 공원으로 지정된 네바다주 동쪽의 휠러피크에서 므두셀라보다 나이가 많은 브리슬콘소나무가 발견되었다. 현지 산악인들이 프로메테우스라고 이름 붙인 이 나무는 4862살로 므두셀라보다 나이가 73살 더 많아 살아 있는 최고령 나무의 자리를 넘겨받았다. 산악인 다윈 램버트Darwin Lambert에 따르면 살아 있는 프로메테우스를 본 사람은 50명이 채 되지 않았다. 비극적인 사실은 프로메테우스의 나이가 이 나무가 잘려 나간 다음에 밝혀졌다는 사실이다. 그렇다. 1964년, 세계에서 가장 오래 살아온 나무가 베어졌다. 그것도 나이테를 세기 위해서.

당시 노스캐롤라이나대학교의 지리학과 대학원생이었던 돈 커리Don Currey는 미국 남서부 지역의 홀로세Holocene(홀로세는 현재 우리가 속한 지질 시대로 약

1만 1650년 전에 시작되었다) 빙하 연구와 관련해 네바다 동부의 브리슬콘소나무 연대 측정과 분석에 관심이 있었다. 그가 나이테 측정기를 들고 휠러피크에 도착했을 때 제일 먼저 발견한 나무가 프로메테우스였다. 그다음에 어떤 일이 일어났는지는 여러 추측이 오간다. 누구는 나이테 측정기가 너무 짧았거나 안에 박혀서 나오지 않았다고 하고, 또 누구는 커리가 그렇게 크고 뒤틀린 나무를 어떻게 다뤄야 할지 몰랐다고도 하고, 또는 완전한 단면을 보는 것이 연구에 필요했다는 얘기도 있었다. 이유가 뭐였든 그는 산림청에 프로메테우스의 벌목 허가를 요청했고 허가를 받았다. 그날 밤 호텔 방에서 커리는 프로메테우스 단면에서 4862개의 나이테를 세었고 자신이 방금 지구상에서 가장 오래 살았던 나무를 죽였다는 사실을 깨닫고 공포에 질렸다.

커리의 용서할 수 없는 실수가 알려지자 대중은 분노했다. 1968년 매거진 《오듀본Audubon》에 '생물 종 순교자'라는 제목으로 실린 기사에서 다윈 램버트는 커리를 살인자라고 불렀다. 이후 커리는 전공을 바꿔 평생 소금 평원을 연구하며 살았다. 언론에 거의 모습을 드러내지 않던 커리가 2001년 PBS 다큐멘터리 프로그램 〈노바NOVA〉에 나와 프로메테우스의 나이를 알게 된 순간을 회상했다. "이런 생각이 들었죠. '아무래도 잘못 센 것 같아. 다시 세 보자. 아니, 한 번 더 세 봐야겠어. 고성능 확대경으로 다시 제대로 세 보자.'" 그러나 몇 번을 세어 보아도 커리는 세상에서 그 누구보다 많은 나이테를 세었다. 그러고 나서 프로메테우스보다 나이가 많은 나무가 발견되기까지 반세기가 더 걸렸다. 마침내 2012년 애리조나대학교 나이테 연구소의 톰 할란Tom Harlan이 가장 안쪽 나이테의 연대가 기원전 3050년으로 추정되는 5062살의 브리슬콘소나무를 찾았다. 이번에는 나이테 측정기를 사용했고 이 거인은 지금까지 무사히 살아 있지만 현재 이 나무의 정체와 정확한 위치는 비밀이다.

그레이트베이슨의 고도가 높고 건조한 환경은 브리슬콘소나무가 수천 년을 살아 있게 했을 뿐 아니라 죽은 후에도 고사목의 목재가 잘 보존되도록 도왔다. 이처럼 척박한 환경에서 살 수 있는 식물은 많지 않다. 또한 땅을 덮은 풀이나 낙엽이 거의 없다는 것은 산불이 드물다는 뜻이다. 이 나무들이 자라는 석회암 지대는 나무를 썩게 하는 균류나 곤충이 살 만한 환경이 아니다. 그래서 나뭇진이 들어 있는 목재는 죽은 후에도 수천 년 동안 풍경의 일부로 남아 있는 것이다.

2000년대 초, 몇 번의 여름에 애리조나대학교 나이테 연구소 연구원들은 익명의 브리슬콘소나무 마니아가 후원한 프로젝트를 수행하면서 자발적으로 화이트마운틴에 올라 나머지 브리슬콘소나무의 나이테를 수집했다. 남아 있는 나무들 중 일부는 8000여 년 전에 죽었고 그 이후로 주욱 그 모습 그대로 머무른 것으로 밝혀졌다. 이 죽은 나무의 연대기를 살아 있는 나무의 연대기와 교차 비교했고 브리슬콘소나무 연대기는 기원전 6827년까지 확장되었다. 총 8800년의 연대기는 북아메리카 서부 지역에서 일어난 기후 변화와 수천 년 동안 숲 생태계에 미친 장기적인 영향을 연구하기에 충분하다. 이처럼 수천 년의 길고 연속적인 나이테 연대기가 가진 고유한 정확도는 방사성 탄소 연대 측정법 같은 다른 연대 측정 기술이나 빙하 코어Ice Core처럼 다른 고기후 기록들을 교정하는 데에도 매우 중요한 역할을 한다.

므두셀라와 프로메테우스의 이야기로 미루어 보아 지구상에 가장 오랫동안 살았던 나무 종들이 북아메리카의 전 지역 중에서도 서부에 몰려 있다는 것은 놀랄 일이 아니다. 그보다는 이처럼 장수하는 나무들이 모두 브리슬콘소나무처럼 땅딸막하거나 볼품없는 것은 아니라는 사실이 더 놀랍다. 캘리포니아의 거삼나무나 세쿼이아처럼 미국 서부의 일부 노목들은 오래된 나무의 전형적인 시각적 특징을 거부하는 웅장한 거인들이다. 거삼나무는 더글러스가 1915년에 시에라네바다산맥의 킹스 리버 캐니언에서 최초로 샘플을 채취한 종의 하나였다. 그곳의 거삼나무 숲은 과거 수십 년 동안 과도하게 벌목되었기 때문에 더글러스는 남아 있는 그루터기에서 커다란 단면을 수집했는데, 지름이 900센티미터가 넘는 것도 있었다. 더글러스가 찾아낸 가장 오래된 그루터기는 3220년 된 것이었다. 그 지역에서 벌목이 심하게 이루어졌음에도 비슷한 수령이거나 심지어 더 오래된 거삼나무들이 여전히 시에라네바다산맥에 서 있었다. 폴 크루식이 아도니스 때 사용했던 40인치짜리 나이테 측정기로도 이 살아 있는 베헤모스(성경에 나오는 거대한 짐승의 이름-옮긴이)의 정확한 수령을 확인하기는 힘들 것이다. 미국 서부의 또 다른 거인 세쿼이아는 2200년 이상 살아 이 지역의 적어도 다른 3종, 시에라향나무*Juniperus occidentalis*, 로키마운틴브리슬콘소나무*Pinus aristata*(앞에서 말한 브리슬콘소나무와는 다른 종이다), 여우꼬리소나무*Pinus balfouriana*와 함께 2000살 클럽에 합류했다.

북아메리카 서부의 지리적 요건이 많은 나무가 장수하도록 이바지하는 것은 분명하다. 많은 노목이 건조한 산비탈을 선호하는 것도 사실이다. 그러나 인간과의 거리 역시 이 지역에 장수 나무가 많은 이유임을 알아야 한다. 미국의 남서부 지역은 연륜연대학의 발생지로 오랜 역사와 수많은 나이테 연구를 자랑한다. 여기에 덧붙여 미국 서부에서 대규모 산림 벌채는 1800년대 이후에야 시작됐기 때문에 다른 지역에 비해 벌목의 역사가 짧다. 예를 들어 유럽의 오래된 숲들은 대부분 로마 시대에 이미 다 잘려 나갔으므로 그보다 오래된 나무가 남지 않은 것이 당연하다. 마지막으로 북아메리카 서부의 잘 확립된 기반 시설 역시 연륜연대학자들이 오래된 나무를 잘 찾아낼 수 있도록 도왔다. 미국 서부에서 가장 오지라고 하는 곳조차 시베리아나 탄자니아보다는 쉽게 접근할 수 있으니까 말이다. 내 말을 믿어라. 난 경험자다(15장을 참고하라).

북아메리카에 살아 있는 최고령 나무는 5000살이 넘지만 유럽에서는 가장 오래된 나무들도 1000살을 넘기기 힘들다. 다른 대륙에서도 대략 이 범위 안에 해당하는 노목들이 발견된다. 오스트레일리아의 동남쪽에 위치한 섬 태즈메이니아의 휴온파인*Lagarostrobus franklinii*은 오세아니아에서 가장 오랫동안 살아 있는 나무다. 1991년, 연륜연대학의 대부로 알려진 에드 쿡Ed Cook은 컬럼비아대학교 러몬트 도허티 나이테 연구소에서 자신이 이끄는 연구 팀과 함께 이 나무가 2000살이 되기 직전 표본을 채취했다. 가장 안쪽 나이테는 기원전 2년으로 거슬러 간다. 아프리카 모로코의 아틀라스산맥에 서식하는 아틀라스개잎갈나무*Cedrus atlantica*는 1025살로 연대가 측정되었고, 나미비아의 바오밥나무*Adansonia digitata*는 1275살로 조금 더 앞선다. 하지만 이 바오밥나무의 나이는 약 50년의 오차 가능성이 있는데, 나이테를 세는 것이 아닌 나무의 수심에서 방사성 탄소 연대 측정을 했기 때문이다. 방사성 탄소 연대 측정법은 나이테 연대 측정만큼 정확하지 않지만 바오밥나무에는 뚜렷한 생장 나이테가 없기 때문에 이 방법으로 최선의 추정치를 찾았다. 아시아에서 가장 오래되었다고 알려진 살아 있는 나무는 파키스탄 북부의 카라코룸에서 수목 한계선 위쪽으로 자라는 향나무로 1990년에 채취되었을 당시 1437살이었다.

나는 각 대륙에 아직 우리가 인지하지 못한 고령의 나무들이 더 있을 거라는 사실을 의심하지 않는다. 다만 절대연대가 밝혀진 나무들 중에 수령이 많은 나무들은 주로 아메리카 대륙에서 발견되는 것 같다. 남아메리카에서는 칠레 엘 그랑 아뷰엘로의 알레르세 코스테로 국립 공원에서 자라는 측백나뭇과의 알레르세*Fitzroya cupressoides*가 1993년에 나이테 연대 측정법으로 3622세임이 밝혀졌다. 낙우송*Taxodium distichum*은 북아메리카 동부에서 가장 크고 장수한 나무다. 그중에서 지금까지 알려진 최고령 나무는 2018년, 아칸소대학교의 데이브 스테일Dave Stahle이 노스캐롤라이나주의 블랙리버를 따라가며 샘플을 채집한 나무로 최소 2624살로 밝혀졌다. 습지에서 높이 45미터, 지름 3.5미터에 달하는 거인의 목편을 채취한다는 것은 심약한 사람들로서는 꿈도 꿀 수 없는 일이다. 데이브는 신발에 등산용 아이젠을 장착하고서 낙우송 줄기의 기부를 둘러싼 3미터 높이의 판근Buttress 위로 올랐다. 이때 신발의 스파이크가 수피에 박히기는 하지만 나무에 해를 주지는 않는다. 한 번은 데이브가 내게 "아마 이런 식으로 한 1000그루쯤 올라갔을걸요"라고 말했다. 데이브는 밧줄로 몸을 잘 붙들어 매고 안전하게 목편을 추출했다. "자리를 잡고 밧줄로 몸을 묶은 상태에서 나이테 측정기를 밀고 당기기는 아주 힘듭니다." 그가 설명했다. "그나마 다행인 건 낙우송에 코어링 하는 일이 꼭 버터에 구멍 뚫는 것 같다는 거예요. 일단 나이테 측정기를 밀어 넣으면 실질적인 추출 과정은 그다지 어렵지 않으니까요."

낙우송은 습지의 축축한 환경 속에서도 습지의 수위 변화를 훌륭하게 기록한다. 수위가 높아지면 용존 산소량과 영양분이 풍부해져 나무는 잘 자란다. 수위가 낮아져 수질이 나빠지면 이는 여지없이 좁은 나이테로 반영된다. 안타깝게도 대형 낙우송은 잘 썩지도 않고 붉은색이 매력적인 목재를 대량 생산하기 때문에 19세기 말과 20세기 초, 미국 남동부에서 상업용으로 과도하게 벌목되었다. 현재 고령의 낙우송들이 적당한 규모로 분포한 지역은 사우스캐롤라이나주의 보호 구역, 플로리다주 남부의 보호 구역, 아칸소주의 개인 소유지, 이렇게 3곳밖에 남지 않았다.

따라서 나이 든 낙우송을 찾고 싶어 하는 연륜연대학자에게 남은 옵션은 별로 없다. 그중 하나가 '가라앉은 나무Sinker Wood'다. 19세기 말, 낙우송 벌목이 한창일 때 사람들은 베어 낸 통나무를 강물에 띄워 제재소까지 흘려보냈다. 그런데 중간에 갇히거나 가라앉는 바람에 목적지까지 가지 못한 나무가 많았다. 미국 남서부의 강바닥에는 그렇게 수백 년 된 통나무들이 쌓이게 되었다. 숲에는 더 잘라 낼 노목이 없는 관계로 이처럼 가라앉은 목재는 귀할 뿐 아니라 품질이 비할 데 없이 훌륭해 수천 달러를 호가한다. 악어나 늪살모사를 비롯해 강둑이나 강바닥에 가라앉은 나무를 꺼내야 하는 위험에도 불구하고 이 나무들을 회수하는 전문 업체들이 미국 남서부 전역에 우후죽순 생겨났다. 진정한 연륜연대학자라면 이런 회사들을 찾아가 이 통나무들이 탐나는 고급 가구로 변신하기 전에 나이테 연대 측정용으로 얇게 잘라 쿠키를 확보할 수도 있을 것이다.

강에 가라앉은 낙우송보다 더 야심만만한 옵션도 있다. 이 방법은 '영원히 변치 않는 나무'라는 낙우송의 별명에서 짐작할 수 있는데 대신 극강의 인내심이 요구된다. 미국 남동부에서 대서양 연안의 평야를 따라 퇴적층에 매장되었던 반화석 상태의 낙우송 그루터기와 통나무들이 대량 발굴되었다. 발굴지 중에 워커 인터글래시얼 습지Walker Interglacial Swamp는 워싱턴 D.C. 시내와 백악관에서 고작 네 블록 떨어진 곳에 있다. 워커 습지의 그루터기들은 아직도 뿌리가 붙은 채 수직으로 13만 년 동안 서 있었다. 그러나 현재까지 밝혀진 낙우송의 나이테 연대기는 2600년 정도에 불과하다. 여기에 세계에서 가장 긴 연속적인 나이테 연대기가 1만 년을 추가한다고 해도, 워커 습지의 그루터기까지 가기에는 채워야 할 간극이 참 길고도 멀다.

4

과거의 날씨를 알려 주는 넓고 좁은 모스 부호

이제 우리는 세상에 수천 년을 살아온 나무들이 있다는 것을 알았다. 그리고 그렇게 오랫동안 살아온 나무들을 눈으로 보아 구분할 수도 있고, 또 체인톱으로 나무줄기를 통째로 베어 내지 않고도 나이테를 확인하는 방법을 알게 되었다. 그렇다면 이 나무들로부터 어떻게 연륜연대학 정보를 추출할까? 어떻게 이 나무들의 긴 수명을 정보로 바꾸어 명품 바이올린의 제작 시기를 측정하고, 과거의 기온을 재구성할까?

1977년에 출간한《굶주림의 기후Climates of Hunger》에서 리드 브라이슨Reid Bryson과 토머스 머레이Thomas Murray는 이렇게 말했다. "자연은 기록을 남길 때 실수하지 않는다. 그것을 인간이 제대로 이해하지 못할 뿐이다. 문제는 거기에서 시작된다." 나무는 기억한다. 그리고 역사를 기록한다. 나무는 거짓말을 하지 않는다. 그러나 나무가 하는 이야기를 제대로 해석하려면 합당한 주의를 기울여 정확하게 나이테를 읽어야 한다. 그러자면 패턴을 인지하는 약간의 재능, 그리고 아주 많은 훈련과 집중력이 필요하다. 또 나무를 괴롭고 아프게 만드는 것이 무엇인지 잘 알아야 한다. 연륜연대학자들에게는 천만다행이게도 나무는 상대적으로 단순한 생물이다. 나무는 인간이 생겨나기 훨씬 전, 생명이 아주 단순하던 지질 시대에 기원했다. 인간과 비교하면 나무는 움직이는 부위도, 여분의 기관도 훨씬 적은 편이다. 나무에는 꼬리뼈도 수컷의 젖꼭지도 없다. 그러므로 나무가 공유하는 풍부한 정보를 찾아내려면 그저 잘 보기만 하면 된다.

연륜연대학자들이 필드에서 애써 수집한 나이테 샘플들을 실험실까지 잘 모셔 온 다음 제일 먼저 하는 일은 목편을 나무로 된 틀에 붙여 움직이지 않게 고정하고 필요하면 현미경으로 들여다볼 수 있도록 준비하는 것이다. 그런 다음은 사포질이다. 사포로 밀지 않은 거친 샘플에서는 가뜩이나 좁은 나이테들을 구분하고 또 나이테 폭을 정확하게 측정하기가 어렵다. 목공 일을 좀 해 본 사람이라면 우리가 탄자니아에서 수집한 쿠키들을 80방Grit짜리부터 1200방짜리까지 사포질한 노고를 인정할 것이다('방'은 사포의 거칠기를 나타내는 단위로 사포에 박혀 있는 마모성 입자의 크기를 말한다. 거친 사포일수록 방의 수가 작고, 곱고 미세한 사포는 방의 수가 크다). 사실 이렇게까지 곱게 문지를 필요는 없다. 웬만한 시료들은 400~800방짜리로 다 해결된다. 하지만 탄자니아 샘플들은 나이테의 경계가 고작 세포 몇 개 너비에 불과했기 때문에 나이테를 아주 선명하게 볼 수 있어야 했다.

곱게 사포질한 나무를 현미경으로 들여다보면(꼭 현미경으로 보길 권한다), 세포 하나하나는 물론이고 세포벽까지 자세히 보일 것이다.(그림 4) 나무들은 효율 높은 탄소 포집 기계로 생리적 기능과 목재의 해부 구조가 반영된 우아한 단순함을 지녔다. 나무줄기를 이루는 각 세포에는 전문적이고 필수적인 기능이 있다. 침엽수의 경우 목질 세포들은 로마 군대처럼 일직선으로 늘어서 있는데, 이는 힘과 기능성을 최적화하는 방식으로 배열된 것이다. 침엽수보다 나중에 진화한 활엽수에서는 세포가 나무마다 독특한, 아주 복잡하고 현란한 패턴을 만든다. 그래서 실력 있는 목재해부학자라면 목질부만 보고도 어떤 나무인지 알아맞힐 수 있다.

나무는 겨울의 긴 휴면을 준비하는 가을보다, 겨울잠을 푹 자고 일어난 봄에 더 힘차게 자란다. 봄에 형성되는 춘재는 나무의 왕성한 봄 생장을 나타낸다. 침엽수는 세포벽이 얇은 커다란 춘재 세포를 만든다(침엽수의 목질 세포를 헛물관[가도관]이라고도 한다). 활엽수의 춘재는 물을 운반하기 위해 특별히 설계된 물관으로 이루어졌다. 이렇게 침엽수와 활엽수의 춘재는 모두 봄철에 갓 생장을 시작한 나무의 상층부까지 물과 양분을 끌어 올리기 위해 최적화되었다. 생장철의 후반에는 물을 운반하는 일보다 구조적 지지와 탄소 저장이 더 중요해지므로, 늦은 여름과 가을에 형성되는 추재는 세포의 크기가 작고 세포벽이 더 두껍다. 일부 활엽수는(특히 참나무) 춘재의 물관이 추재보다 훨씬 크다. 춘재의 커다란 물관과 추재의 작은 물관이 적절히 배열되어 또렷한 나이테와 아름다운 환공성 목재Ring Porous Wood를 만든다. 참나무의 춘재 물관은

4-A

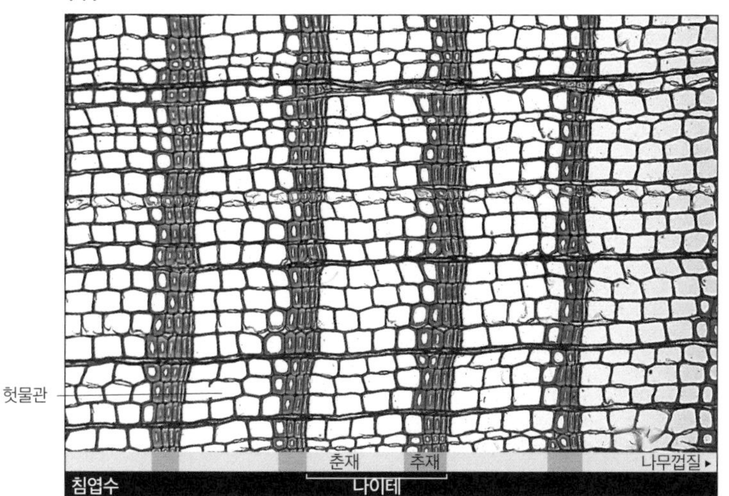

4-B

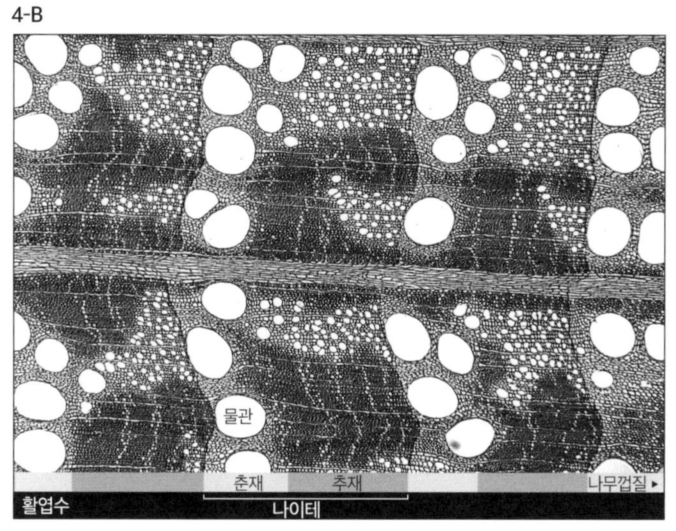

그림 4-A. 침엽수는 자라면서 정사각형의 헛물관을 형성하고 정돈된 선을 그린다. 춘재 세포는 벽이 얇고 크기가 크다. 추재 세포는 늦여름이나 가을에 만들어지며 더 작고 벽이 두껍다.

그림 4-B. 활엽수의 목질 세포는 종마다 고유하고 복잡한 패턴을 만든다. 사진 속 둥근 부분은 물을 운반하기 위해 설계된 물관 세포다. 참나무 같은 일부 종은 춘재의 큰 물관과 추재의 작은 물관이 또렷한 나이테와 아름다운 나뭇결을 만들어 낸다.

크기가 커서 맨눈으로도 볼 수 있는데, 예를 들어 참나무 원목 식탁에서(대개 식탁 상판의 짧은 쪽 높이 부분) 직접 확인할 수 있다.

전형적인 온대 수종에서는 봄철 춘재의 폭발적인 생장에 이어지는 가을철 추재 생장, 그리고 겨울철 동면기에 생장이 멈추는 과정이 매해 순서대로 반복된다. 전년의 작은 추재 세포에서 금년의 큰 춘재 세포로의 갑작스러운 변화 때문에 한 해와 다음해의 생장을 분리하는 뚜렷한 경계선이 생기는데 그것이 바로 나이테다. 그래서 우리가 나이테를 살피고 개수를 세고 폭을 측정할 수 있는 것이다. 열대 지방처럼 연중 낮의 길이와 온도의 변화가 없고 계절이 구분되지 않는 기후에서 자라는 나무에는 이렇게 뚜렷한 나이테가 생기지 않는다. 또한 열대 기후는 습도가 높고 따뜻해서 나무가 1년 내내 자라기 때문에 많은 열대 나무가 해마다 꼬박꼬박 휴면할 필요를 느끼지 못한다. 결과적으로 열대 수종들에는 춘재, 추재, 나이테 경계가 명확히 구분되지 않아 연륜연대학자들에게는 큰 도전 과제가 된다. 온대나 한대 지방과 비교했을 때 탄자니아 같은 열대 지방은 나이테 연대기가 표시된 세계 지도에서 텅 빈 공간이나 마찬가지다. 마치 용이 사는 미지의 세계처럼 말이다.

열대 지방의 나이테 연대기가 부족한 데에는 침엽수가 별로 없다는 점도 한몫했다. 보통 침엽수의 나이테가 더 읽기 편하기 때문이다. 그러나 모든 훌륭한 법칙이 그렇듯이 '열대 지방에는 나이테 연대기가 없다'는 법칙에도 예외는 있다. 예를 들어 동남아시아의 티크*Tectona grandis*는 온대 지방의 참나무처럼 커다란 춘재 물관과 작은 추재 물관이 번갈아 나오는 환공성 목재로서 아름다운 나이테를 형성한다. 티크는 1930년대부터 일찌감치 나이테 과학자들의 눈에 들어 지금까지 수백 년의 나이테 연대기가 개발되었다. 브라질 아마존의 범람원에 서식하는 콩과 식물인 아라파리*Macrolobium acaciifolium*에도 확연하게 구분되는 나이테가 있다. 그러나 이 나무에서 나이테가 형성되는 계절 조건은 완전히 다르다. 이 지역에는 아마존강이 범람하면서 매년 4~8개월 정도 침수되는 기간이 있다. 이 시기에는 토양이 무산소Anoxic 상태가 되어 생장이 중지되고 휴면 상태가 된다.

나는 나무를 사랑하지만 극렬한 환경 운동가는 아니다. 내가 나무를 감정이 있는 존재로 언급할 때가 딱 2번 있는데, 조카에게 《아낌없이 주는 나무》를 읽어 줄 때와 나이테 연대 교차 비교에 대해 설명할 때이다. 연대 교차 비교는 한 나무의 나이테 패턴을 다른 나무와 비교하는 과정이다. 나무는 식량과 물이 풍부할 때, 그리고 남과 경쟁하거나 공격받지 않을 때 행복하다. 행복한 해에 나무는 무럭무럭 자라 넓은 나이테를 만든다. 반면 가뭄이나 한파를 겪었거나 허리케인이 잎과 가지를 죄다 꺾어 놓는 바람에 행복하지 않은 해에는 생장에 투자할 에너지가 많지 않아 좁은 나이테를 만든다. 따라서 나무의 행복은 날씨에 크게 좌우된다. 나무는 계절적 정서 장애는 물론이고(어두운 계절에는 아예 동면하고 생장을 멈추니까) 연례 정서 장애도 겪는다. 즉, 날씨가 나쁜 해에는 나무가 우울해한다는 말이다. 여기에서 '나쁜 날씨'는 지역에 따라 추위가 될 수도 있고 가뭄이 될 수도 있다. 미국 남서부 같은 반건조 지역에 사는 나무는 가뭄이 든 해에 우울해져 나이테가 좁아진다. 한편 고산 지대나 극지방에서는 건조한 해보다 추운 해에 좁은 나이테를 만들 것이다. 그러나 동일한 지역 안에서는 건조하든 춥든 그해의 나쁜 날씨가 그 지역에 사는 거의 모든 나무에게 같은 방식으로 영향을 미치므로 전반적으로 좁은 나이테를 남긴다.

예를 들어 미국 남서부에서 가뭄이 든 해에는 대부분의 나무에서 좁은 나이테가 만들어진다. 반면 비가 흠뻑 내린 해에는 그 나무들이 모두 넓은 나이테를 형성한다. 습해서 행복한 해와 건조해서 불행한 해가 교대로 주욱 이어지면서 나무에도 넓고 좁은 나이테가 번갈아 나오는 패턴으로 기록된다. 이것이 내가 1장에서 모스 부호라고 부른 것이다. 이 긴 코드 열이 우리가 여러 샘플 사이에서 대조하고 비교하려는 패턴이다. 이 패턴은 시각적으로 또는 통계적으로 비교될 수 있는데, 보통은 둘을 조합해서 사용한다. 비교하려는 샘플의 모든 개별 나이테 폭을 측정한 다음, 다른 나이테 열과 대조해 통계적으로 가장 일치하는 부분을 찾는다. 이때 측정의 정확도를 높이기 위해 디지털 측정 장비를 사용하는데, 컴퓨터에서 마우스를 클릭하면 자동으로 나이테 너비를 측정하고 기록한다.(그림 5) 그러나 나이테 너비를 측정하는 일은 시간과 노동이 많이 드는 작업이다. 기후를 재구성하는 연구와 달리 유물의 연대 측정이 주목적인 연륜고고학Dendroarcheology에서는 애써 나이테 너비를 측정하고 통계 프로그램까지 동원해 비교하지 않아도 된다. 경험 많은 과학자들은 디지털 장비 없이도 기억력과 패턴 인지 기술에 의존해 시각적으로 나이테 패턴을 비교할 수 있기 때문이다.

시각적 나이테 비교 과정은 일반적으로 앤드루 엘리콧 더글러스가 '나이테 서명Tree Ring Signature'이라고 부른 지점에서 시작한다. 나이테 서명은 나이테 열 중에서도 나이테 패턴이 독특한 특정 구간을 말한다. 그 안에는 나이테가 두드러지는 이상 생장 연도가 포함된다. 더글러스는 미국 남서부 고고학 유적지 목재 표본들의 연대를 측정하면서 자신이 기억하고 쉽게 알아볼 수 있는 나이테 서명이 있는지 제일 먼저 확인했을 것이다. 대표적으로 기원

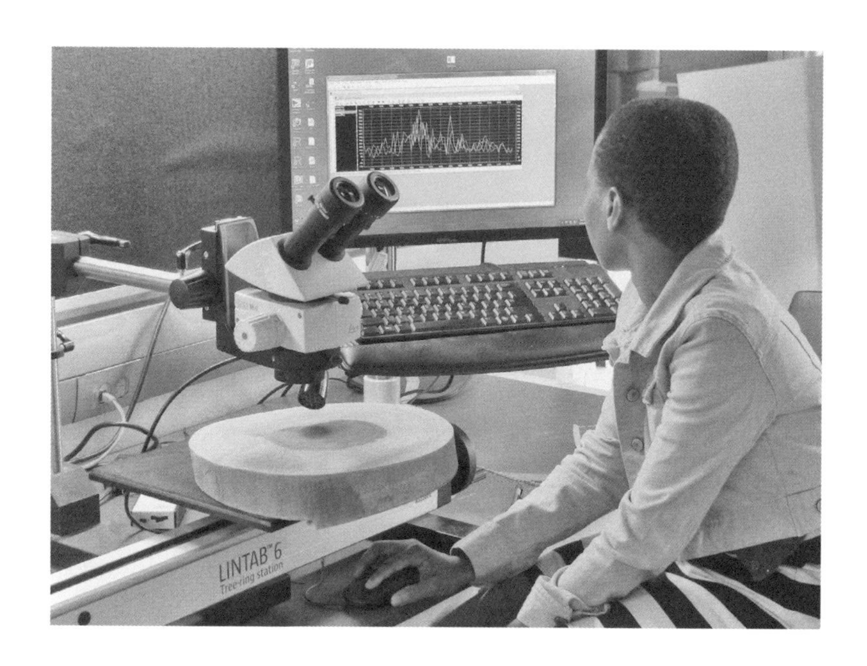

그림 5. 연대연륜학자 자키아 하산 카미시(Zakia Hassan Khamisi)가 탄자니아에서 수집한 콩과 식물 브라키스테기아 스피키포르미스(*Brachystegia spiciformis*) 쿠키에서 나이테 너비를 측정하고 있다. 데스크톱 컴퓨터에 연결된 디지털 측정 장비를 사용하면 측정과 동시에 도표가 생성된다. 사진 출처: 애리조나대학교 나이테 연구소

후 611년(좁음)-기원후 615년(좁음) – 기원후 620년(좁음) 구간이 있다. 만약 표본에 이 610년대 나이테 서명 구간이 있다면 그곳을 기점으로 비교를 시작해 이 연대 미상의 표본을 절대연대의 시간에 '정박시키게' 될 것이다.(그림 6) 더글러스의 이 나이테 서명 구간을 인류사 관점에서 보면, 무함마드가 신의 계시를 받아 메카에서 코란을 전파하고 세상에 이슬람교를 알린 것이 기원후 610년이었다. 숙련된 연륜연대학자는 나이테 서명은 물론이고 특정 지역에서 공통으로 나타나는 수백 년짜리 나이테 패턴을 모두 외운다. 그래서 연대 미상의 나이테 샘플을 현미경으로 들여다보기만 해도 머릿속에 생생하게 저

장된 패턴과 바로 매치시킬 수 있다.

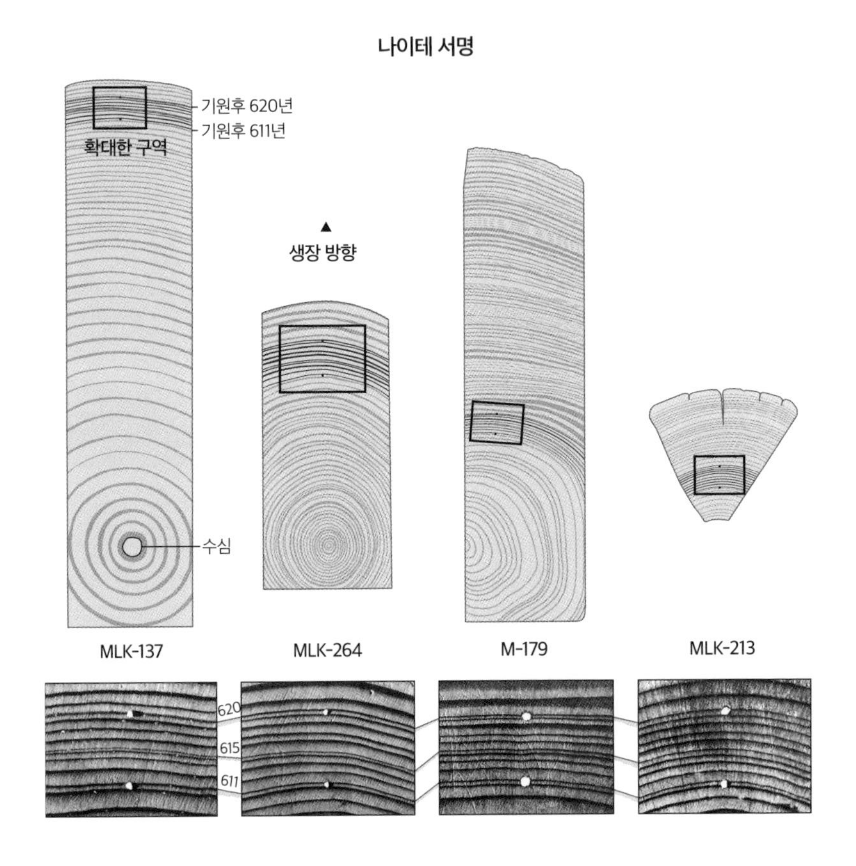

그림 6. 나이테 서명은 좁고 넓은 나이테의 연속된 패턴이 마치 사람의 서명처럼 고유하게 두드러지는 부분을 말한다. 그림 속 4개의 표본에서 나타난 나이테 서명은 앤드루 엘리콧 더글러스가 미국 남서부 고고학 유적지 연대 측정에서 사용한 기원후 611년(좁음)-기원후 615년(좁음)-기원후 620년(좁음) 구간이다.

내가 캘리포니아의 시에라네바다산맥에서 작업할 때, 18세기 후반과 19세기 초반의 나이테 서명은 다음과 같았다.

1783년: 좁음

1792년: 넓음

1795년: 좁음

1796년: 매우 좁음

1809년: 넓음

1822년: 좁음

1829년: 매우 좁음

위에서 나열한 이상 생장 연도 사이에 있는 나이테들은 나이테 너비가 평범하여 크게 눈에 띄지 않는다. 이 나이테 서명 중에서 가장 두드러지는 이상 생장 연도는 1796년으로 조지 워싱턴 대통령의 임기 마지막 해였다. 이 해에 시에라네바다는 가뭄이 극심했던 것으로 보이는데, 내가 확인한 거의 모든 표본에서 이 해의 나이테가 아주 좁게 나타났기 때문이다. 그래서 연대를 모르는 새로운 표본을 분석할 때 나는 제일 먼저 가장 좁은 나이테를 찾는다. 대부분의 표본에서 1796년의 나이테가 가장 좁다는 걸 알기 때문에 새로운 표본에서도 가장 좁은 나이테가 1796년 나이테인지 확인하려는 것이다. 우리가 시에라네바다산맥에서 수집한 표본들은 1850년에서 1900년 사이의 어디쯤, 캘리포니아에서 채굴 붐이 일었던 시기에 베어 낸 나무에서 추출한 것이다. 따라서 나는 표본의 가장자리, 즉 가장 바깥쪽이자 가장 최근에 생긴 나이테에서 약 50~100개쯤 안쪽으로 들어간 위치에 1796년의 좁은 나이테가 있을 것으로 예상한다.

1796년 나이테로 추정되는 가장 좁은 나이테를 찾으면, 다음 단계는 그 바로 앞 나이테가 나이테 서명의 1795년 나이테처럼 좁은지 살핀다. 그게 확인되면 더 과거로 가서 이번에는 1792년 나이테가 넓은지 확인한다. 그리고 9년을 더 거슬러 올라가 1783년 나이테가 좁은지 보고, 그런 식으로 계속 과거로 거슬러 올라간다. 1796년을 기점으로 미래도 확인한다. 바깥 방향으로 나이테 13개를 건너 1809년 나이테가 넓은지, 1822년 나이테는 좁은지 등을 계속 확인한다. 결국 이 표본의 나이테 패턴이 나이테 서명과 일치하는지, 처음에 찾은 아주 좁은 나이테가 1796년 나이테라는 가정이 참인지 금세 확실해진다. 그렇다면 잘된 일이다.

이제 표준 나이테 연대기에 나타난 모든 이상 생장 연도를 따라 과거로 올라가면서 나무의 가장 안쪽 나이테까지 일치시켜 나간다. 그러다 보면 1400년대, 혹은 그보다 과거로 갈 때가 많다. 반대로 이상 생장 연도를 19세기를 향해 대조해 가면서 마침내 가장 바깥 나이테의 연도가 결정되면 비로소 이 표본은 연대가 측정되었다고 볼 수 있다. 1783~1829년 시에라네바다 나이테 서명은 그것만으로 한 표본의 연대를 확정 짓기에는 부족하지만 적어도 내게 출발점을 주었다. 만약 내가 고른 가장 좁은 나이테가 이 서명과 맞지 않는다면 처음부터 다시 시작해 1796년 나이테일 가능성이 있는 다른 나이테를 찾아 확인한다. 이러한 방식으로 서명의 나이테 패턴과 일치하는 구간을 찾을 때까지 수색을 계속한다. 때때로, 특히 수색 초반에는 이 과정이 길고 절망스럽게 느껴졌지만 결국 시에라네바다산맥에서 채집한 2000개의 표본 중 약 90퍼센트의 연대를 측정할 수 있었다.

1783~1829년 시에라네바다 나이테 서명처럼 특정 지역의 나이테 서명을 찾아내고 암기하는 방법은 간단하다. 그 지역에서 수집한 표본을 많이 보고, 그런 다음 더 보고, 또 더 보는 것이다. 완전히 똑같은 나이테 열은 없다. 심지어 한 나무에서 채취한 2개의 표본도 서로 다르다! 그러나 같은 지역에서 수집한 표본이라면 적어도 공통된 몇 개의 이상 생장 연도가 있게 마련이다. 이 이상 생장 연도는 표본을 많이 연구할수록 확실해진다. 표본을 끝도 없이 보다 보면 어느 순간 많은 나무에서 비정상적으로 좁거나 넓은 나이테를 가지는 해가 눈에 들어오기 시작한다. 그리고 그 사실을 의식하기도 전에 이미 머릿속에 또는 종이에 그 이상 생장 연도의 순서가 나열된다. 2년짜리 시에라네바다 프로젝트를 마무리 지을 무렵, 나는 2000개에 달하는 표본을 비교한 끝에 1796년 나이테를 찾는 법을 확실하게 알았다. 실험실에 쌓여 있는 연대 미상의 표본 더미에서 아무거나 집어 들어도, 그걸 현미경까지 가져가기도 전에 이미 1796년 나이테를 손가락으로 짚을 수 있게 되었다.

연대 미상의 새 표본을 비교할 표준 나이테 연대기를 제작할 때도 동일한 반복의 원리가 적용된다. 표준 나이테 연대기는 현재에 닻을 내리고 있다. 가장 최근 나이테의 연도(나무에서 목편을 추출한 해)가 확실히 밝혀진 살아 있는 나무를 토대로 만들기 때문이다.

또한 표준 나이테 연대기는 지역별 모스 부호를 해석할 수 있는 열쇠를 제공한다. 표준 나이테 연대기에 표본이 많이 입력될수록 개별 표본의 특이성이나 비이상 생장 연도의 무작위성이 상쇄된 평균값이 도출되므로 결과적으로 표본의 공통적인 패턴을 더 잘 반영한다. 새로운 지역에서 표준 연대기를 개발할 때는 공통된 나이테 패턴을 충분히 대표할 수 있도록 최소 20그루에서 표본을 추출하고, 보통은 더 많이 수집한다.

연대 교차 비교 결과의 신뢰도를 높이기 위해서는 표본의 수가 많이 필요한 것처럼, 각 표본이 아우르는 연도도 많을수록 좋다. 표본 나무나 건축 목재의 수령이 길수록 나이테 패턴을 비교할 나이테도 더 많아질 것이다. 오래 살아온 나무일수록 날씨나 생장 패턴이 비정상적인 해를 많이 경험했을 테고, 따라서 표준 나이테 연대기와 대조할 이상 생장 연도도 더 많아진다. 비교할 이상 생장 연도가 많을수록 표본이 표준 나이테 연대기와 일치하는 구간의 정확도가 높아지고, 더 나아가 확증된 절대연대의 오류나 불확실성의 여지는 줄어든다. 이것을 직소 퍼즐을 푸는 과정이라고 생각해 보자. 퍼즐 조각의 가장자리가 불규칙하게 들쭉날쭉할수록 퍼즐이 맞춰지는 장소는 한정된다. 실제로 모든 퍼즐 조각이 들어갈 자리는 하나밖에 없고, 표본과 표준 나이테 연대기가 일치하는 패턴도 하나뿐이다. 모든 나무는 태어나서 딱 한 번 생장하므로 나이테 패턴도 연대기상에서 딱 한 지점과 일치한다. 퍼즐 조각을 제자리가 아닌 곳에 맞춰 볼 수는 있으나 힘을 주어 억지로 밀었다가는 결국 밖으로 삐져나오게 된다. 이는 결국 자신을 속이는 행위일 뿐이다. 나이테는 거짓말을 하지 않는다.

나이테의 패턴만으로 연대를 밝힐 수 있다는 흥분 또한 퍼즐을 푸는 것과 비슷하다. 둘 다 집중력이 필요하다. 전날 잠을 충분히 자지 못했거나 실험실 동료가 틀어 놓은 시끄러운 잼 밴드 음악을 들으며 일해야 한다면 나이테를 비교하는 과정이 효율적이지도, 성공적이지도 않을 것이다. 나이테 연대 교차 비교는 연륜연대학의 요체다. 연륜연대학이 그저 나이테 개수나 세는 일이 아니라 과학인 이유가 여기에 있다. 일단 뇌가 훈련되면 나이테 열을 비교하는 작업은 대단히 만족스러운 활동이 될 것이다. 비록 가는 길이 험난하고 학습 곡선은 가파르더라도 말이다.

나이테 패턴 비교 과정 중 맞닥뜨리게 될 또 다른 장애물은 실종된 나이테Missing Ring(실연륜)와 헛나이테False Ring(위연륜)다. 스트레스를 잘 견디지 못하는 나무들은 가뭄이 극심한 해에 아예 생장을 포기한다. 좁은 나이테를 만들 힘조차 없어 아예 나이테 생성 과정을 건너뛰어 버리는 것이다. 그건 나무의 심장이 고동치지 않는 것과 같고 그 결과는 나이테 실종이다. 이런 식으로 사라진 나이테는 극도로 건조한 환경에서 자라는 나무나 나이 많은 나무에서 더 자주 나타난다. 예를 들어 기원후 1585년에 미국 남서부와 캘리포니아 전역에는 매우 극심한 가뭄이 들어서 소수의 나무만 가까스로 나이테를 만들었다. 노련한 과학자들은 나이테 교차 비교를 통해 잃어버린 나이테를 간단히 찾아낼 수 있다. 특정 나이테 패턴에 익숙해지면 패턴이 끊어지는 지점도 금방 눈에 들어온다. 현미경 아래의 나이테 패턴을 머릿속 패턴과 비교하면 이내 한 박자 건너뛰었다는 것을 알아챌 수 있는 것이다.

실종된 나이테와 반대 경우도 생길 수 있다. 나무가 한 해에 하나 이상의 나이테를 만들 때도 있기 때문이다. 이런 가짜 나이테는 몬순 기후 지역의 여름에 흔하다. 이 지역에서 늦봄에 가뭄이 일어나면 나무는 가을이 되었다고 믿고 여름 몬순이 시작되기 전에 어설프게 추재 세포를 만들어 내는 경우가 왕왕 있다. 그러다가 실수를 깨닫고는 다시 커다란 춘재 세포를 형성하다가 진짜 가을이 오면 또 한 번 추재 세포를 만드는 것이다. 현미경으로 보면 몬순 전에 형성되는 미성숙한 가짜 추재는 진짜 추재와 쉽게 구분할 수 있다. 가짜 추재와 몬순 춘재 나이테 사이의 전이는 점진적이지만, 진짜 추재와 이듬해 만들어진 춘재는 경계가 칼로 자른 듯 명확하다. 헛나이테는 향나무 같은 특정 수종에서 유독 많이 만들어진다. 그리고 행방불명된 나이테처럼 교차 비교를 통해 찾아낼 수 있다. 그러나 실종된 나이테나 헛나이테가 미처 걸러지지 못한 채 연대기에 포함되면 시간에 큰 혼란이 오고 나이테 연대기의 정확도에도 치명적인 영향을 미칠 것이다.

일반적으로 나이테 연대 교차 비교는 단일한 기후 제한 요인이 대다수의 나무에 동일하게 영향을 주는 지역에서 가장 쉽고 성공적이다. 한 지역의 나무들이 모두 하나의 제한 요인을 공유한다면 그들이 보내는 모스 부호는 일치하고, 연대 비교도 순탄하게 진행될 것이다. 시에라네바다 프로젝트에서 내 최초의 연대 비교 작업은 비교적 순조로웠는데, 캘리포니아는 거의 모든 나무에 표식을 남긴 대단히 심한 가뭄을 겪었기 때문이다(예를 들면 최근 2012~2016년 가뭄, 또는 1796년 가뭄). 미국 남서부 지역의 폰데로사소나무 역시 지독한 가뭄을 수시로 경험했는데 그래서 더글러스가 연대 교차 비교라는 개념을 개발하고 적용하는 게 가능했던 것이다.

나이테 연대 교차 비교가 신기하게 적용되는 경우도 있다. 나이테 열의 비교가 가능한 환경 조건이 미국 남서부 소나무의 경우처럼 언제나 명백한 것은 아니다. 현재까지 세계에서 가장 긴 연속적인 나이테 연대기는 독일의 자갈 구덩이에서 발견된 유럽참나무*Quercus robur*와 페트라참나무*Quercus petraea*의 반화석을 기초로 만들어졌다. 이 반화석의 나무줄기는 한때 독일의 라인강, 마인강, 다뉴브강을 따라 자랐지만 시간이 지나면서 침식되어 밑동이 잘려 나갔다. 나무가 물이나 토탄층 위로 쓰러지면 그 목질부는 무산소 환경 속에서 보존된다. 산소가 없는 환경에서는 나무를 썩게 하는 생물이 호흡하지 못해 살아남을 수 없다. 한때 이 숲에 살았던 참나무와 소나무들은 죽었을 당시 수령이 300살 미만이었는데 그 이후 오랫동안 퇴적층에 묻혀 있으면서 오늘날 우리에게 1만 년이 넘는 과거를 비교할 수 있는 잔해를 선물로 주었다. 독일 참나무 연대기는 6775점의 표본으로 구성되었고, 현재부터 기원전 8480년까지 단 1년의 공백도 없이 이어져 총 1만 500년 이상을 아우른다. 이 연대기는 심지어 같은 지역에서 발견된 더 오래된 구주소나무*Pinus sylvestris*와의 연대기 비교를 통해 연대기를 약 2000년 더 연장했다.

살아 있는 최고령 나무가 1000살을 겨우 넘는 대륙에서 이 정도 길이의 연대기를 개발한 것은 그 자체로도 대단한 업적이지만, 이야기를 확장해 벨파스트대학교의 연륜연대학자 마이크 베일리Mike Baillie가 브리튼 제도에서 수행한 연구를 끼워 넣으면 더욱 상상할 수 없는 일이 된다. 베일리는 아일랜드의 토탄 습지에 보존된 고대 참나무(유럽참나무와 페트라참나무)를 가지고 7272년짜리 나이테 연대기를 개발했다. 그런데 독일과 아일랜드 참나무 연대기를 교차 비교해 보니 놀랍게도 7000개 이상의 나이테가 서로 중첩되었다. 그 이유는 아직 모른다. 어떻게 독일 참나무와 아일랜드 참나무의 심장이 동시에 뛰었는지, 또 무엇이 나이테 형성의 공통된 제한 요소인지 알지 못한다. 독일과 아일랜드의 여름은 습하고 따뜻해 참나무가 대체로 행복하게 지내기 때문에 이상 생장이 일어난 나이테를 많이 생산하지 않지만, 그렇다고 두 지역의 여름 날씨가 그렇게 비슷했던 것은 아니다. 독일에서 여름에 비가 많이 왔던 해에 아일랜드의 여름이 반드시 습했던 것은 아니었다. 그리고 가문 여름도 마찬가지였다. 그럼에도 불구하고 적어도 지난 7000년에 걸쳐, 두 지역 참나무의 넓고 좁은 나이테 패턴은 명확하게 인지할 수 있을 만큼 일치해 왔다. 유럽참나무는 연륜연대학에서 가장 많이 연구되는 종 중 하나지만, 지금까지 40년 이상 연구되었음에도 이 대규모 동시 생장의 원동력은 아직 밝혀지지 않았다.

독일과 아일랜드의 강 퇴적물, 호수, 토탄 습지에서 발견된 참나무 반화석은 석화 과정의 첫 단계로 수백만 년이 걸린다. 놀라울 정도로 많은 고대의 나무들이 줄기와 그루터기가 석화된 규화목Petrified Wood(목화석) 상태로 보존되었다. 그 좋은 예가 애리조나 동부에 위치한 페트리파이드 포레스트 국립 공원이다. 규화목은 나무의 유기 물질이 석영이나 칼슘 같은 광물성 침전물로 대체되면서 나무의 원래 구조가 유지되는 일종의 화석 나무다. 나무가 그런 돌이 되려면 모래나 실트 퇴적물, 또는 화산재 아래에 묻혀 있으면서 산소에 노출되지 않은 채 보존되어야 한다. 시간이 흘러 광물을 잔뜩 포함한 물이 이 퇴적물 속으로 흐르면 광물의 일부가 목질 세포에 침전된다. 이윽고 침전된 광물이 세포 안에서 틀을 형성하면 이후에 세포벽이 썩어서 사라지더라도 세포와 목질부 내부의 3차원적 틀은 온전히 유지된다. 목질 세포의 구조와 함께 나이테 또한 그 틀에 보존되는 것이다. 그러면 놀랍게도 수백만 년 전이 아닌 바로 작년에 만들어진 것처럼 나이테가 선명하게 보인다. 규화목의 나이테는 일반 나무의 나이테처럼 측정이 가능할 뿐 아니라 연대의 교차 비교까지 가능하다. 그러나 규화목이 수백만 년 전 것이라는 가정을 고려하면, 현재 가장 긴 나이테 연대기가 고작 1만 2000년을 아우르는 정도이기 때문에 두 자료실의 나이테가 시간을 가로질러 연결되는 일은 없을 것이다.

그러나 규화목의 나이테를 연구하는 고연륜연대학Paleodendrochronology은 우리에게 이 고대의 나무들이 생장하던 숲과 기후, 환경에 관해 많은 이야기를 들려준다. 남극에서 발견된 규화목을 예로 들어 보자. 빙하가 경관의 대부분을 차지하는 현재의 남극 환경은 너무 춥고 건조해서 나무가 살 수 없다. 하지만 남극이 늘 그렇게 추웠던 것은 아니다. 후기 페름기와 트라이아스기(약 2억 5599만 년 전에서 2억 년 전까지), 좀 더 최근에는 백악기와 고제3기(약 1억 4500만 년 전에서 2300만 년 전까지)에 남극 반도의 기후는 충분히 습하고 축축해서 다양한 식물 군집이 서식했는데, 침엽수뿐 아니라 후기에는 활엽수까지 포함된다. 훨씬 더 과거에 남극은 고대의 초대륙 곤드와나의 일부로서 현재의 다른 남반구 대륙과 붙어 있었다. 판 구조 때문에 곤드와나는 1억 8000만 년 전부터 쪼개지기 시작했지만, 가장 최근에 형성된 대륙인 남아메리카는 약 3000만 년 전까지도 남극과 분리되지 않았다. 이렇게 지질학적 역사를 오래 공유한 결과, 오래전에 멸종한 남극 식물들의 친척인 남극너도밤나무*Nothofagus antarctica*와 나한송속*Podocarpus*, 아라우카리아속*Araucaria* 등이 남아메리카 남부, 아프리카 최남단, 오세아니아에서 발견된다.

남극의 규화목은 과거 초대륙에 서식했던, 지금은 존재하지 않는 나무에서 기원했다. 그러나 1억 4500만 년 전에서 2300만 년 전까지 존재했던 규화목의 잔해는 이 시기의 남극이 더 따뜻했고 대규모 빙상이 부재했다는 반박할 수 없는 증거가 된다. 이 화석의 나이테가 명확하다는 점으로 미루어 보아 과거 남극의 기후는 계절 구분이 뚜렷했다고 짐작할 수 있다. 또한 이렇게 따뜻할 수 있었던 이유는 과거에 제시된 것과 달리 지구 자전축의 기울기 감소로 인한 것이 아니다. 기후 모델에 따르면 백악기와 고제3기에 남극과 북극의 기온 상승은 대기 중에 이산화탄소 농도가 증가한 것으로만 설명될 수 있다. 그러면서 극지의 기온을 상승시켰을 뿐 아니라 동시에 나무의 생장도 촉진한 것이다. 따라서 규화목에서 발견된 넓은 나이테는 과거의 온실 기후 덕분에 남극에서도 숲이 자랐다고 설명한다. 이는 오늘날 우리가 엄청난 양의 온실가스를 배출함으로써 형성하는 현대의 기후 조건과 유사한 자연 상태다. 이처럼 석화된 고대 나무의 나이테는 고연륜연대학자들의 연구를 통해 수백만 년 전 지구의 기후 변동에 대한 새로운 통찰을 준다. 그러나 사실 나이테 과학은 최근의 기후와 역사를 연구하고, 인간이 무대에 등장한 후 어떤 활동을 해 왔는지 연구하는 데 더 자주 이용되었다.

나무로 만든 타임머신을 타고 1만 년을 거슬러 오르다

과거 1만 2650년에 걸친 독일의 장대한 참나무 연대기는 기원전 1만 644년까지 한 해도 빠지지 않고 측정되었다. 그것은 각 나이테의 정확한 절대연대를 제공할 뿐 아니라 방사성 탄소 연대 측정법처럼 정확도가 떨어지는 기술을 교정하는 매우 유용한 도구가 된다.

방사성 탄소 연대 측정법(또는 탄소 연대 측정법, 탄소14 연대 측정법)을 사용하면 동식물에서 유래한 물질로 만든 고고학 유물의 연대는 5만 년 전까지 측정할 수 있다. 방사성 탄소는 우주선(빛의 속도에 가까운 속도로 우주를 가로지르는 고에너지 입자)의 영향으로 지구 대기에서 형성된 방사성 탄소 동위 원소를 말한다. 방사성 탄소는 5730년의 반감기(방사성 탄소량이 원래의 반으로 줄어드는 데 걸리는 시간)로 붕괴한다. 대기 중의 방사성 탄소는 광합성을 거쳐 살아 있는 식물의 세포 조직에 흡수되고, 다시 이 식물을 먹는 동물의 세포로 들어간다. 그러나 동물이나 식물이 죽으면 그 안에 들어 있던 방사성 탄소는 더 이상 환경과 교환되지 않고 세포에 머물러 있으면서 붕괴하여 양이 서서히 줄어든다. 앤드루 엘리콧 더글러스가 나이테 연대 측정법을 확립하고 몇 년 뒤인 1940년대에 화학자 윌러드 리비Willard Libby는 우리가 방사성 탄소의 반감기를 알기 때문에 나뭇조각이나 뼛조각 같은 동식물의 유해에 남아 있는 방사성 탄소량을 측정하면 그 동식물이 언제 죽었는지 알 수 있다고 주장했다. 리비는 이것으로 1961년에 노벨 화학상을 수상했고, 이 발견은 고고학계에 혁명을 일으켰다. 그러나 탄소 연대 측정은 나이테 연대 측정과 비교해 훨씬 오래된 물체의 연대를 측정할 수 있지만 정확도가 떨어진다. 방사성 탄소 연대 측정의 결과는 보통 수십 년에서 수 세기의 범위로 결정되므로 모호하다. 하지만 나이테는 구체적인 연도까지 짚어 준다.

방사성 탄소 연대 측정의 원리는 방사성 탄소의 반감기를 알고 한 물체에 들어 있는 방사성 탄소의 양을 측정할 수 있으므로 물체의 나이를 결정할 수 있다는 것이다. 하지만 이는 대기 중의 방사성 탄소량이 일정할 때만 유효하다. 그리고 우리는 대기 중의 방사성 탄소량이 일정하지 않다는 것을 알고 있다. 예를 들어 19세기 말, 인류가 엄청난 양의 화석 연료를 연소시킨 이후로 대기 중의 방사성 탄소량은 눈에 띄게 감소했다. 석탄, 석유, 천연가스는 동물과 식물의 유해로부터 수백만 년에 걸쳐 형성된 것이다. 살아 있는 물질에서 화석 연료가 만들어지기까지 수백만 년의 전환 과정은 방사성 탄소가 붕괴하는 속도보다 훨씬 느리기 때문에, 그 시간 동안 화석 연료는 안에 들어 있던 방사성 탄소를 거의 잃게 된다. 화석 연료를 태워 방사성 탄소가 포함되지 않은 이산화탄소를 대량 방출했기 때문에 대기 중 방사성 탄소의 비율은 상당히 낮아졌다. 반면 1950년대와 1960년대에는 핵 실험으로 인해 대기 중 방사성 탄소량이 급증하면서 반대 현상이 일어났다. 마지막 지상 핵 실험이 있었던 1963년에는 대기의 방사성 탄소 수치가 치솟으며 핵 실험 전보다 2배 가까이 높아졌다.

대기 중의 방사성 탄소량은 인간에 의해서만 달라지는 게 아니라 시간이 지남에 따라 자연적으로도 변한다. 그 결과 방사성 탄소의 양으로 계산된 연대가 실제 달력상의 연도와는 일치하지 않는다. 그러므로 방사성 탄소 연대 측정법은 절대연대가 정확히 밝혀진 물체와 방사성 탄소 연대 측정값을 비교해 시대별로 보정할 필요가 있다. 나이테 표본은 이 보정 과정에 완벽하게 적합하다. 교차 비교를 통해 각 나이테의 진짜 나이를 알 수 있기 때문이다. 나무는 해마다 오직 가장 바깥 나이테에만 새로운 물질을 추가하므로 모든 과거의 나이테는 그 나이테가 형성된 해의 대기 중 방사성 탄소량만 반영한 채 그대로 유지된다. 하지만 나무가 살아 있는 동안에도 오래된 나이테의 방사성 탄소는 계속해서 붕괴하기 때문에, 가장 최근에 생긴 바깥쪽 나이테에서 오래된 안쪽 나이테로 갈수록 방사성 탄소량은 줄어든다. 예를 들어 5000년 된 브리슬콘소나무의 가장 안쪽 나이테의 방사성 탄소 함량은 5730년이라는 반감기 공식에 따라 맨 바깥쪽 나이테의 절반 정도밖에 안 될 것이다. 개별 나이테의 방사성 탄소 함량을 측정하면 나이테 하나에 든 방사성 탄소 함량과 절대연대를 연결한 방사성 탄소 검정 곡선Calibration Curve을 만들 수 있다. 그런 다음 이 검정 곡선을 이용해 고고학 유물의 방사성 탄소 함량으로부터 실제 달력상의 연도를 추정할 수 있다(단, 해당 물체의 연대가 과거 5만 년을 넘지 않는 한에서). 리비는 1960년대부터 이러한 보정 작업을 시작했고 방사성 탄소 검정 곡선은 오늘날까지도 활발하게 업데이트되고 있다. 가장 최근에 개정된 검정 곡선은 독일 참나무-소나무 연대기의 나이테 표본에서 측정한 방사성 탄소량을 바탕으로 보정한 것으로 최근 1만 3900년에 해당되고(참나무-소나무 연대기는 독일과 스위스의 나무 232그루에서 추출한 유동 나이테 연대기로 보충되어 1만 3900년까지 확장되었다), 1만 3900년~5만 년까지는 일본 스이게츠호의 얇은 퇴적층에 보존된 대형 식물 화석을 이용했다.

1만 2000년 이상 된 독일 참나무-소나무 연대기는 방사성 탄소 연대 측정법의 정밀도를 높였을 뿐 아니라, 나무로 된 고고학 유물의 절대연대를 제공해 유럽의 7000년 임업 역사를 재구성하게 했다. 유럽에서 나무를 사용해 지은 가장 오래된 정착지는 기원전 약 6000년에 시작된 신석기 시대로 거슬러 올라가는데, 이 시기에 맨 처음 농업이 대륙 전체로 퍼져 나갔다. 나무는 어디서나 쉽게 구할 수 있고 정교한 도구가 없어도 가공할 수 있는 재료이므로 초기 신석기의 많은 농경 공동체가 수자원을 개발하고 다양한 건축물을 짓는 데 나무를 두루 사용했다. 신석기 시대 공동체는 방어하기 쉬운 호수나 습지대에 말뚝이나 기둥을 세우고 그 위에 소규모 주거지를 지었다. 이런 호상 가옥Pile Dwelling은 유럽 전역에 건설되어 신석기 시대 후반에서 기원전 500년경의 청동기 시대 말까지 사람들이 살았다. 이때 집을 지탱했던 말뚝은 습지의 젖은 땅이나 호수의 퇴적물 속에 깊이 박혀 긴 시간 동안 물에 잠긴 채 보존되었다. 미국 남서부 지역에서 고고학이 부흥하던 1854년에 스위스 취리히호에 이런 주거지가 발견된 것을 시작으로 유럽과 브리튼 제도 전역에서 호상 가옥들이 발굴되었다. 1960년대에 스위스의 호숫가 정착지 두 군데가 방사성 탄소 연대 측정 결과 기원전 약 3700년의 것으로 밝혀졌다. 이 보잘것없는 호상 가옥이 이집트 피라미드보다 1000년이나 먼저 지어졌다는 사실은 고고학계를 발칵 뒤집어 놓았다(가장 오래된 것으로 알려진 이집트 피라미드는 조세르 피라미드이다. 방사성 탄소 연대 측정법을 통해 기원전 2630~2611년으로 측정되었다). 나이테로 연대가 측정된 호상 가옥 중 가장 오래된 집은 스위스의 무르텐호에 위치한 것으로 기원전 3867~3854년에 베어진 참나무로 지어졌다.

브리튼 제도의 이탄지에 묻힌 참나무를 토대로 제작된 7000여 년짜리 나이테 연대기는 수많은 선사 시대 습지 거주지와 크라노그Crannog(스코틀랜드나 아일랜드의 호수나 강에 지어진 인공 섬)의 나이테 연대는 물론이고, 고대 영국인들이 주거지 사이를 오가기 위해 만든 수상 통행로의 연대도 밝혔다. 이런 목조 도로 중 가장 오래된 것이 스위트 트랙Sweet Track인데, 나무로 말뚝을 박고 그 위에 참나무 널빤지를 올려서 만든 다리이다. 스위트 트랙은 700제곱킬로미터에 걸쳐 펼쳐진 서부 유럽의 평원인 서머셋 레벨스를 가로지르며 1.6킬로미터 이상 이어졌다. 나이테 연대 측정 결과 스위스 무르텐호의 호상 가옥과 같은 시기인 기원전 3807~3806년의 겨울과 봄에 지어진 것으로 추정된다. 스위트 트랙은 약 10년 정도 사용되다가 물과 갈대에 침수된 것으로 보이는데, 그 절대연대가 밝혀지면서 주위 습지에서 발견된 수많은 신석기 시대 유물(질그릇 조각, 부싯돌, 돌도끼)의 연대를 추정할 수 있었다.

그러나 나이테로 측정된 것 중 절대적으로 가장 오래된 목조 건축물은 무르텐호의 정착지나 스위트 트랙을 1300년 이상 앞선다. 2012년, 독일 프라이부르크대학교의 연륜연대학자 빌리 테겔Willy Tegel은 독일 동부에서 나무로 만든 우물 4곳을 발굴했다. 지하에 침수된 상태로 발견된 이 목조 우물은 중유럽 최초의 농부들이 지은 장옥長屋, Longhouse에 유일하게 남아 있는 유물이다. 지상 건축물은 집터에 윤곽으로만 남았다. 초기 정착민들은 지름 90센티미터의 300년 된 참나무를 베어 낸 다음, 우물이 붕괴하지 않도록 우물 정자 형태로 잘 쌓아 올렸다. 빌리는 이 우물이 기원전 5206~5098년에 만들어진 것을 알고 놀랐다. 이 시기는 최초의 농부들이 발칸반도에서 유럽 중부로 이주한 기원전 5500년 무렵에서 멀지 않다. 이 우물에는 발전된 목공 기술이 필요한 정교한 모퉁이 이음법과 통나무 건축 방식이 사용되었다. 빌리가 2012년에 발표한 논문에 썼듯이 "최초의 농부들은 최초의 목수였다."

청동기 시대 이후로 철기 시대(중유럽에서 기원전 800~100년), 그리고 로마 시대(기원전 100~기원후 500년)에 만들어진 참나무 우물도 보존되어 나이테로 연대가 측정되었다. 취리히에 있을 당시 나는 빌리 테겔과 협업해 그가 수집한 로마 시대 표본에서 추출한 나이테 데이터로 지난 2500년에 걸친 중유럽 기후를 재구성했다. 나는 프로젝트를 의논하러 가끔 독일에 있는 빌리의 연구실에 가곤 했는데, 한 번은 연구실에서 굴러다니는 참나무 조각 하나를 무심코 집어 들었다가 기원후 14년에 만들어진 로마 우물에 사용된 널빤지 조각이라는 말을 들었다. 색은 검은색에 가까웠고 생각보다 무거웠다. 빌리는 그 조각을 기념품으로 주었다. 나는 2000년 된 나뭇조각을 배낭에 넣었다가 부서지기라도 할까 봐 그냥 얌전히 품에 끼고 갔다. 집에 가는 기차 안에서 한 소년이 이 나무를 빤히 쳐다보았다. 나는 "나는 나이테 과학자고 이 나뭇조각은 2000년 된 유물이란다!"라고 설명해 주었다. 아이는 나를 마치 다른 행성에서 온 사람처럼 보았다.

우리가 유럽의 초기 정착민들에 대해 아는 것은 많지 않다. 인구는 얼마나 되었을까? 무슨 언어를 사용했을까? 어떻게, 그리고 왜 스톤헨지 같은 거석을 세웠을까? 그러나 연륜연대학 덕분에 그들이 6000년 전에 참나무와 소나무를 잘라 호상 가옥, 수상 도로, 우물을 지은 정확한 연도와 계절을 알 수 있게 되었다. 이것은 시작일 뿐이다. 연륜연대학은 역사적으로 지상 목조 건축물이 보존된 시기부터 본격적으로 활약한다. 중세 시대 이후 '마른' 건축물에 사용된 목재는 연륜연대학자들이 갖고 놀 수많은 퍼즐 조각을 제공했다. 나이테를 이용한 연대 측정은 성과 대성당, 대학과 시청 건물은 물론이고 소박한 역사 건축물의 연구에도 크게 한몫했다. 독일의 바이킹 정착촌, 베네치아의 팔라치Pallazzi, 영국의 솔즈베리 성당, 이스탄불의 소피아 대성당까지 연륜연대학은 전 세계 문명의 건축물뿐 아니라 문화에 대한 새로운 해석을 제공했다.

실제로 연륜연대학이 인류사적 지식을 바꾼 사례가 있다. 세계에서 가장 오래된 목조 건물은 일본 나라현의 호류지로 8세기 초에 지어졌다고 알려졌다. 호류지는 아시아에서 가장 오래된 불교 성지인데 기록에 따르면 기원후 607년에 처음 지어졌다가 63년 만에 큰 화재로 소실되었다. 현재 매년 수만 명의 방문객이 찾는 이 아름다운 탑은 기원후 711년경에 지어졌고 이후 내전, 지진, 태풍 속에서도 기적적으로 살아남았다. 그러나 2001년에 연륜연대학자 타쿠미 미쓰타니Takumi Mitsutani와 동료들이 탑의 중심 기둥에 사용된 편백*Chamaecyparis obtuse*이 기원후 594년에 베어진 목재라는 것을 발견했다. 이는 역사학자들의 추정보다 1세기나 앞선 것이다. 연륜연대학자가 제시한 594년과 역사학자들이 제시한 711년 사이의 공백을 설명하기는 힘들지만,

이 목재가 화재에서 살아남은 목재를 재활용한 것이거나 장기간 보관된 채 사용하지 않았던 편백이었을 가능성이 있다. 이런 발견은 종교학자와 역사학자들이 일본에서 불교가 부상하고 확산된 시기를 재평가하는 계기가 될 수 있다.

북아메리카에서는 미국 남서부 지역과 캐나다 밴쿠버섬의 19세기 전통 누차눌드Nuu-chah-nulth 판잣집 외에도 식민지 시대의 건축물 1000여 곳의 연대가 나이테 연대 측정법으로 확인되었다. 여기에는 필라델피아의 독립 기념관(1753년) 같은 역사적으로 중요한 건물은 물론이고 통나무집, 교회, 농가, 울타리, 교역소처럼 일상적인 건축물도 포함된다. 사실 이런 건축물들은 원래 기록된 것보다 한두 세대 어린 경향이 있다. 예를 들어 테네시주의 마블스프링스 역사 유적지에 있는 통나무집 한 곳은 테네시주 초대 주지사인 존 세비어John Sevier가 마지막으로 살았던 집으로 추정되었다. 그러나 테네시대학교의 제시카 슬레이턴Jessica Slayton과 동료들이 이 통나무집에서 추출한 목편을 조사했더니 이 집은 세비어가 사망한 1815년보다 20여 년 후에 지어진 것으로 밝혀졌다. 구술 역사가 문화유산을 실제보다 오래된 것으로 기록하는 경향은 인간의 본성 때문이기도 하다. 사람들은 자기들의 문화유산이 유서 깊은 곳으로 보이길 바란다. 물론 경제적 이유도 있다. 역사가 깊은 유적지일수록 지역 사회에 수익을 안겨 주는 관광객을 더 많이 유치할 수 있기 때문이다.

연륜고고학에 사용되는 목재 대부분이 역사 건축물에서 마련되지만 문짝, 가

구, 예술사 유물, 심지어 중세 시대에 만들어진 원목 책 덮개 같은 작은 목공품들도 나이테로 연대를 측정할 수 있다. 예를 들어 브리튼 제도에서 나이테로 연대가 측정된 가장 오래된 문은 11세기(1032~1064년)에 만들어졌다. 런던의 웨스트민스터 사원에서는 거의 1000년이나 된 문이 계단 밑 창고를 닫는 용도로 여전히 일상적으로 사용된다. 옥스퍼드대학교 나이테 연구소의 댄 마일스Dan Miles와 마틴 브리지Martin Bridge는 경첩을 제거하고 가장자리에 나이테 측정기로 구멍을 뚫어 이 문의 목편을 추출했다.[10]

패널화, 목각 공예품, 가구, 스트라디바리의 바이올린 '메시아' 같은 악기 등 역사적 예술품들은 겉으로 표가 나지 않도록 목편을 추출할 수 없다. 15세기 플랑드르파 화가가 그린 참나무 패널화를 나이테가 잘 보이도록 수술용 메스나 드레멜 절단기로 틀에서 제거하는 일은 나보다 배짱도 좋고 손놀림이 안정된 연륜연대학자들만 시도할 수 있다. 이런 종류의 준비 및 샘플 채취 과정은 레이저나 미세 마모 장비가 동원되기도 하고 반드시 예술품 보존 전문가나 큐레이터와의 협의하에 진행된다. 15~17세기에 활동한 거장(얀 반 에이크, 한스 멤링, 대 피터르 브뤼헐, 소 피터르 브뤼헐, 렘브란트, 루벤스 등)들이 참나무 패널에 그린 작품들의 진위가 대부분 연륜연대학을 통해 검증되었다. 참나무 패널의 가장 최근 나이테가 작품에 찍힌 날짜보다 나중의 것으로 판명되면, 그건 패널을 제작한 나무가 작품이 만들어진 시기에 여전히 살아 있었다는 뜻이므로 모작이나 위작일 가능성이 높다. 연륜연대학으로 누가 작품을 만들었는지까지 식별할 수는 없겠지만, 적어도 화가가 그림을 그릴 때 사용한 나무가 화가

10 이 연륜연대학자들은 나이테 측정기가 문과 평행하여 똑바로 들어가도록 만들기 위해 문의 한쪽 면에 클램프로 고정시킨 지그(jig)(절삭 공구를 정해진 위치로 유도하는 장치-옮긴이)를 이용했다. 이때 압축 공기로 드릴을 식히고 발생하는 먼지를 제거했다.

의 사후에도 여전히 숲에서 자라고 있었다면 그건 충분히 설득력 있는 반박 증거가 될 것이다.

플랑드르 화가인 로히어르 판데르 베이던Rogier Van der Weyden, 1400~1464이 그린 15세기 세 폭 제단화가 좋은 예다. 이 세 폭 제단화는 동일한 그림이 두 점 존재한다. 한 점의 오른쪽 패널은 뉴욕 메트로폴리탄 미술관에 전시되었고, 왼쪽과 가운데 패널은 스페인 그라나다 왕실 예배당에 있다. 다른 한 점은 독일의 베를린 국립 회화 미술관이 소장했다. 과거에는 예술사 연구에 기반해 뉴욕-그라나다에 소장된 작품이 원본이고 베를린에 있는 것은 나중에 그려진 모사본으로 알려져 있었다. 그러나 두 작품의 나이테를 측정해 보니 베를린 작품은 판데르 베이던의 활동 초기인 1421년경에 그려진 반면, 뉴욕-그라나다본은 그가 죽은 뒤 20년이 지난 1482년의 것으로 밝혀졌다. 베를린 국립 회화 미술관은 내내 판데르 베이던의 진품을 전시하고 있었던 반면, 메트로폴리탄의 관람객들은 능력 있는 무명 모방자의 작품에 열광하고 있었던 셈이다.

브리튼 제도의 문짝, 유럽 저지대 국가의 패널화, 이탈리아의 바이올린 등 다양한 지역에서 제작된 목조 공예품들의 연대를 모두 유럽참나무 연대기 하나와 대조해 측정할 수는 없다. 대신 작품이 제작된 광범위한 지역을 밀도 높게 포괄하고 수 세기 전에 만들어진 작품의 연대까지 측정할 수 있으려면, 먼 과거로 확장된 다양한 연대기로 이루어진 네트워크가 필요하다. 다행히 연륜연대학이 발전하고 나이테 과학자들이 더 많은 연대기를 추가하면서 다양한 나무 수종을 포함하는 네트워크가 구축되었다. 이 네트워크는 수십 년 동안 연륜연대학을 활용해 온 북아메리카와 유럽에서 가장 밀집했다. 이처럼 다양한 수종을 포함하고 지리적으로도 밀도가 높은 네트워크를 바탕으로 연륜고고학자들은 고고학 유적지와 전통 목조 건축물이 만들어진 시기뿐 아니라 목재가 어디에서 왔는지까지 알아낼 수 있다. 나무의 출처를 밝히는 연륜산지학은 나이테 열이 원산지에서 멀리 떨어진 지역의 연대기보다 가까이에 있는 연대기와 통계적 일치도가 높다는 원리에 기반한다. 목조 건축물의 기원을 추적하기 위해 연륜고고학자들은 해당 건축물의 나이테 열을 다양한 지역에서 개발된 연대기 네트워크와 대조해 통계적으로 일치도가 가장 높은 지역을 찾아 그곳을 원산지로 제시한다. 이 방법에도 오류가 없는 것은 아니고 지역 간의 편차도 있지만 특히 해양고고학에서는 주목할 만한 성공을 거두었다.

난파된 선박은 나이테 연구에 적합한 목재를 제공하지만, 난파선은 대부분 바다 한복판에서 발견되므로 배가 건조된 장소를 알 수 없는 경우가 많다. 연륜산지학은 독일 북부 피오르에서 발굴된 중세 선박인 카르샤우호가 1140년대에 덴마크에서 벌목된 나무로 만들어진 것임을 증명해 보였다. 또한 2010년, 뉴욕시 로우어 맨해튼의 세계무역센터 자리에서 발굴된 난파선은 1773년에 필라델피아에서 벌목된 참나무 목재를 사용했다고 추정했다. 작은 조선소에서 만들어진 이 배는 짧은 기간 동안 운항되다가 고의든 사고든 침몰된 후 1790년에 로우어 맨해튼에서 대지 확장을 위해 매립된 땅의 일부가 되었다.

난파선 연구는 연륜연대학으로 미국과 유럽의 오랜 목재 교역의 역사를 조명한 한 가지 사례다. 유럽 서부에서 참나무-너도밤나무 숲은 중세 시대에 성, 대성당, 선박, 궁전 등을 짓느라 집중적으로 벌목되었다. 그래서 고령의 질 좋은 참나무 목재는 희귀해졌고 값비싼 상품이 되었다. 기원후 1086년에 제작된 둠즈데이 북(정복왕 윌리엄의 명령으로 영국 전역과 웨일스 지방의 일부에서 토지의 규모, 가치, 소유권, 부채 등을 조사해 집대성한 기록)에 따르면 당시 영국의 전체 면적 중 숲이 차지하는 비율은 15퍼센트에 불과했다. 따라서 중세 서유럽의 건축 광풍을 뒷받침하기 위해 많은 양의 참나무 목재가 발트해 연안에서 수입되었다. 벌목된 나무는 발트해로 흘러드는 강에 띄워 항구까지 보낸 다음, 커다란 선박에 실려 서유럽 교역 중심지에서 팔려 나갔다. 중간 상인이 많이 끼어들었어도 수입된 발트 지역 목재 가격은 국내에서 자란 나무 가격의 5분의 1밖에 되지 않았다. 중세 패널화와 기타 서유럽 예술 작품들의 원산지를 나이테로 확인한 결과 빠르게는 13세기 후반부터 발트 지역에서 목재가 수입되었음을 알 수 있었다. 석사 과정에 있을 때 내 연구실 동기였던 크리스토프 하네카는 탄자니아 모험 이후 연륜고고학 분야에서 박사 과정을 시작해 벨기에 북부의 후기 고딕 제단 조각품을 연구했다. 그는 15세기 초기의 제단 목각 작품이 한자 동맹 항구 도시의 하나인 그단스크 인근의 숲에서 벌목한 나무로 만든 것임을 알아냈다. 그러나 시간이 지나면서 발트 지역 목재의 수요가 높아지다 보니 쉽게 접근할 수 있는 그단스크 지역의 숲이 과하게 착취되었다. 그 결과 16세기 후반의 제단 목각 작품은 내륙에 있는 숲에서 온 나무를 사용했다. 19세기 독일 산림 감독관 아우구스트 베른하르트August Bernhardt가 묘사한 것처럼 "목재 기근이 모든 이의 문을 두드리고 있었다."[11]

목재 교역의 역사는 연륜고고학 연구로 밝힐 수 있는 목재 사용과 건축 활

11 출처: 아우구스트 베른하르트, 《독일의 산림 소유주, 산림 관리, 산림자원학 역사(Geschichte der Waldeigentums, der Waldwirtshaft und Forstwissenschaft in Deutschland)》, vol. 1 (Berlin, 1872), 220.

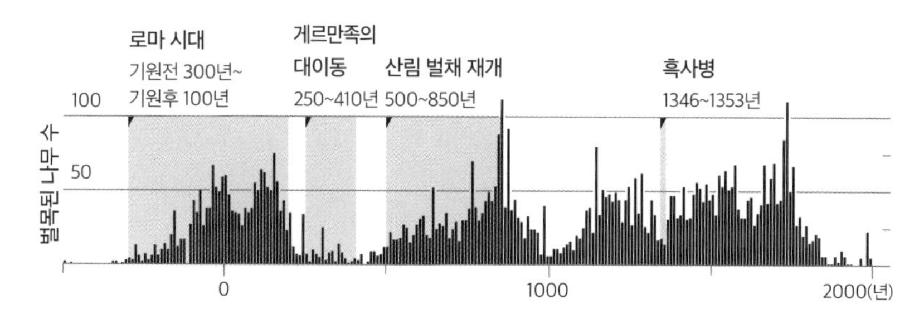

그림 7. 지난 2500년 동안 유럽에서 건축 자재로 베어진 약 7300그루의 수확 시기를 종합하면 역사적인 건축 활동의 단계를 확인할 수 있다. 기원후 1350년 즈음의 단기간 공백은 흑사병 때문으로 볼 수 있다.

동의 복잡한 역사의 한 측면일 뿐이다. 대규모 나이테 데이터에서 나무가 수확된, 즉 벌목된 연도를 수집하고 매년 벌목된 나무 수를 세면 산림 벌채와 건축 활동의 연대표를 구성할 수 있다.(그림 7) 중유럽 2500년 기후 재구성을 위해 나는 빌리 테겔과 함께 프랑스 동북부와 독일 서부의 반화석, 고고학 유적, 역사 건축물, 살아 있는 나무에서 얻은 7824개의 나이테 열을 종합했다. 2500년에 걸쳐 나무 수확량을 나열함으로써 우리는 건축 활동의 역사적 단계를 확인할 수 있었다. 철기 시대 후기와 로마 시대(기원전 300~기원후 200년)에 나무가 수확된 해가 많았고 광범위한 산림 파괴가 이루어졌는데, 이는 이 시기에 건축 활동이 활발했다고 해석할 수 있다. 게르만족이 이동한 시기(기원후 250~410년)는 야만족의 침략으로 로마 제국이 해체되고 정치적 사회적 혼란이 지속되던 때로 나무 수확과 건축 활동이 감소했다. 벌목 활동은 기원후 500~850년 사이에 사회 경제적 통합과 맞물려 다시 활발해졌다. 그림 7에서 볼 수 있듯이 1350년경 다시 한번 단기간의 공백이 있다. 이 14세기의 단절은 아일랜드와 그리스에서 수집된 고고학 유물의 나이테 데이터에도 반영되었다. 이처럼 비슷한 시기에 폭넓은 지역에서 건축 활동이 주춤해진 것은 둘 중 하나로만 설명할 수 있다. 게르만족의 대이동처럼 대륙 차원에서 일어난 사회적 경제적 붕괴, 아니면 전염병 대유행이다. 우리는 다른 출처를 통해 림프절 페스트(흑사병) 대유행이 1346~1353년에 유럽을 강타했고 인구의 45~60퍼센트가 사망했다는 사실을 알고 있다. 따라서 흑사병의 인구통계학적 영향이 유럽의 건축 활동 연대표에서 심각한 소강상태로 반영된 것이다. 앞서 기원후 664~668년에 브리튼 제도에서 발발한 전염병 역시 아일랜드 나이테 데이터에서 건축용 목재의 공백으로 보일 수 있다. 전염병 대유행은 유럽인들에게 큰 재앙이었지만 유럽의 숲에게는 무자비하게 진행된 산림 파괴에서 잠시나마 숨통이 트이는 계기가 되었다. 유럽의 전체 인구 중 50퍼센트 이상이 사라지면서 에너지와 나무 수요가 감소한 바람에 숲은 회복하고 버려진 땅을 되차지할, 짧은 생명의 기회를 얻게 되었다.

밀레니엄 사상 유례없는 온난화를 밝혀낸 하키 스틱 그래프

스위스 연방 산림·눈·지형 연구소(독일어로 'Wald, Schnee und Landschaft', 약자는 'WSL')는 취리히 외곽의 비르멘스도르프 언덕 꼭대기에 있다. 이 연구소에서 나이테 연구가 처음 시작된 것은 1971년, 식물학자이자 고고학자이며 세계 최고의 목재해부학자인 프리츠 슈바인그루버Fritz Schweingruber가 이곳에서 연구하면서부터다. 프리츠는 일찌감치 나이테에 매료되었고, 그가 이끄는 산림·눈·지형 연구소 연륜연대학 연구 팀은 투손의 애리조나대학교 나이테 연구소에 필적하는 수준으로 성장했다. 2007년, 내가 펜실베이니아주립대학교에서의 2년을 마치고 산림·눈·지형 연구소에서 일하기 시작했을 때 프리츠는 이미 은퇴한 지 몇 년이 지난 뒤였다. 하지만 여전히 일주일에 며칠은 나이테 연구실에서 지냈고 그의 영향력은 어디에나 미쳤다. 프리츠의 제자인 얀 에스퍼(3장에서 아도니스의 발견에 관여했던)가 프리츠의 뒤를 이어 연륜기후학 연구 팀을 생산적으로 운영하고 있었다. 산림·눈·지형 연구소에서의 첫 여름에 에스퍼와 나는 능력 있고 장래가 촉망되는 데이비드 프랭크David Frank, 울프 뷘트겐Ulf Büntgen과 함께 스페인 피레네산맥에서 나이테 표본을 수집했다(데이비드 프랭크는 현재 애리조나대학교 나이테 연구소의 연구소장이고, 울프 뷘트겐은 케임브리지대학교 지리학과 교수다). 우리가 표본을 수집한 장소는 아이구에스토르트테스 국립 공원의 거버호를 둘러싼 고도 2400미터에 달하는 산비탈이었다. 왜 여기를 골랐냐고 묻는다면 그건 프리츠가 추천했기 때문이다. 그는 피레네를 가로질러 여행하는 동안 수백 미터 아래의 도로에서 쌍안경으로 이 장소를 발견한 게 분명했다.

프리츠는 고령의 나무를 알아보는 귀신같은 안목으로 유명했다. 아니나 다를까 스위스산소나무*Pinus uncinata*를 토대로 제작된 거버호의 나이테 연대기는 1000년짜리로 밝혀졌다. 그해의 피레네 원정은 산림·눈·지형 연구소의 내 새로운 동료들이 얼마나 효율적인 일꾼들인지 알려 주었다. 우리는 취리히에서 바르셀로나까지 비행기로 이동한 다음, 그날 밤에 바로 3시간 반을 달려 비엘라의 작은 마을까지 갔다. 그리고 다음 날 아침 8시에 가게에 들러 먹을 것을 사 들고는 그길로 곧장 3시간을 걸어 호수까지 올라갔다. 투지 넘치는 울프와 데이비드는 산을 질주하다시피 올라갔고, 얀과 나는 좀 더 상식적인 속도로 뒤따라갔다. 호수에 도착했을 때는 이미 정오에 가까웠으므로 나는 점심을 먹고 본격적으로 작업에 들어가면 되겠다고 생각했다. 그러나 그건 이 남자들이 일하는 방식이 아니었다. 고령의 나무가 눈에 들어오자

마자 데이비드는 이내 나이테 측정기를 꺼내 들고 작업을 시작했고, 이에 질세라 얀이 바로 가세했다. 다음 몇 시간 동안 데이비드와 얀, 그리고 나는 각자 나무에 구멍을 뚫었고 울프는 우리 사이를 왔다 갔다 하면서 목편을 수거해 라벨을 붙이고 정리했다.

오후 3시, 나는 결국 주저앉아 밥을 먹지 않으면 더는 못 하겠다고 선언했다. 이에 세 동료는 마지못해 잠시 쉬었다. 그리고 바로 다시 작업에 들어가 계속해서 목편을 추출하다가 해가 저물 무렵, 어두워지기 직전이 되어서야 부리나케 산을 내려갔다. 이어지는 날들도 정확히 똑같은 일이 반복되었다. 내가 배가 고파 죽을 지경이 되어 일을 거부할 때까지 우리는 쉬지 않고 일했다. 그렇게 일주일을 보내고 마지막 날 저녁, 나는 이 남자들에게 도무지 멈춤이라는 게 없는 작업 방식에 대해 물었고 마침내 진실이 드러났다. 사실 이들은 내가 밥을 먹자고 우길 때마다 속으로 너무 좋았다고 했다. 셋 중 누구도 배가 고프다는 걸 먼저 말하고 싶지 않았을 뿐이다. 분명 나 이전에, 그러니까 이들의 필드 작업에 합류한 최초의 여성인 내가 끼니때를 챙기자는 지극히 정상적인 제안을 하기 전까지 이들은 하루 종일 먹지도 않고 이 강도 높은 노동을 계속했을 것이다. 그렇게 고백은 이어졌다. 누구도 밤에 춥다는 걸 먼저 인정하고 싶지 않아 지금까지 산속 기온이 영하로 떨어져도 숙소 창문을 활짝 열어 놓고 잤다는 사실이 드러났다. 그 순간 내가 여자인 게 참 다행스러웠다. 내게는 여성 과학자로서 99가지 문제가 있지만 적어도 자존심을 지키려다가 굶어 죽거나 얼어 죽는 일은 없을 테니까 말이다.

산림·눈·지형 연구소 연륜기후학 팀은 나이테를 이용해 지난 수 세기의 기후를 재구성하는 연구에 초점을 맞춘다. 20세기 초에 기상 관측 기록Instrumental Climate Record(전 세계 기상 관측소에서 매일 측정한 날씨 데이터)이 시작되기 전 과거의 기후를 연구하기 위해 우리는 '프락시'라 부르는 고기후 대체 자료Paleoclimate Proxy를 사용한다. 빙하 코어, 호수 퇴적물, 나무, 산호와 같은 생물학적, 지질학적 기록 보관소들은 과거의 날씨를 기록하므로 기후 정보를 제공하는 대체 자료로 사용할 수 있다. 이런 면에서 나이테 기록은 가성비가 매우 좋은 편이다. 나이테는 상대적으로 자료를 얻고 분석하기 쉽기 때문이다. 지구의 상당한 면적을 뒤덮고 있는 나무와 숲 덕분에 나이테 데이터는, 특히 연륜연대학 데이터가 가장 풍성한 최근 1000~2000년의 과거 기후를 연구하는 데 가장 흔하게 사용되는 기후 대체 자료다.

그런 맥락에서 우리의 거버호 원정은 피레네산맥의 밀레니엄 기후를 재구성하는 것이 목표였다. 1000년의 기간이 넘는 나이테 연대기를 손에 쥐었을 때는 이 목표를 달성할 가능성이 꽤 높아 보였다. 그러나 알고 보니 피레네산맥의 스위스산소나무는 한 가지가 아닌 여러 가지 제한 요소에 민감했다. 이 나무는 고도가 높은 곳에서 자라기 때문에 여름까지 이어지는 낮은 기온의 제약을 받는다. 한편 피레네 지방은 여름이 건조한 지중해 지역이라 여름철 강수량이 부족한 것도 제한 요인이 된다. 결과적으로 스위스산소나무는 날씨가 추울 때도 건조할 때도 모두 좁은 나이테를 형성한다. 즉, 이 나무의 좁은 나이테는 여름이 추웠다는 뜻으로도, 건조했다는 뜻으로도 해석될 수 있다는 말이다. 그렇다면 이 나무의 나이테 너비를 사용해서는 과거의 기온과 강수량 중 어느 것도 신뢰할 수준으로 재구성할 수 없다. 꽤 고생스럽게 수집한 이 나이테 자료는 피레네 기후 재구성에 쓸모가 없는 것처럼 보였다. 그러나 다행히 우리는 나이테에서 나이테 너비와는 별개로 다른 변수를 측정할 수 있었다. 예를 들어 방사 에너지 측정법Radiometry을 이용하면 개별 나이테의 나무 밀도를 측정할 수 있는데, 이 값은 여름철 온도 변화를 나이테 너비보다 더 잘 포착한다. 특히 추재의 최대 밀도는 생장철이 끝날 때까지 나이테의 세포벽이 얼마나 두꺼워졌는지를 나타내는데, 그것은 생장철에 나무가 겪은 기온에 크게 좌우된다. 즉, 나무는 더운 여름보다 추운 여름에 더 조밀한 추재를 형성한다. 그러므로 최대 추재 밀도Maximum Latewood Density는 나이테가 형성된 해의 여름 기온에 대한 훌륭한 기록물이며 목재의 밀도 측정치는 과거의 여름 기온을 나타내는 대체 자료로 사용될 수 있다. 나이테 밀도 측정값은 나이테 너비 측정값처럼 절대연대와 연계되어 매해 측정점을 제공한다. 피레네 나이테 연대기에서 최대 추재 밀도를 측정, 분석했더니 이 수치는 여름철 기온에만 크게 영향을 받았음을 알 수 있었다. 따라서 우리는 마침내 이 연대기를 사용해 지난여름 기온을 재구성할 수 있게 되었다.

나이테를 사용해 과거 기후를 재구성하는 원리는 간단하다. 매년 생성되는 나이테의 너비나 밀도를 측정해서 절대연대를 추정한 다음, 관측소의 기상 데이터와 한 해 한 해 비교한다. 피레네 프로젝트에서 우리는 2006년 여름에 나이테를 수집했으므로 목편에서 가장 마지막으로 완성된 나이테는 2005년의 나이테다. 피레네산맥 나이테 연대기에서 가장 오래된 표본은 기원후 924년, 그리고 적어도 5개 표본은 기원후 1260년으로 연대가 측정되었다. 다수의 표본이 주는 정보의 정확도가 더 높으므로 우리는 기원후 1260년을 기후 재구성의 시작점으로 정했다. 다행히 피레네산맥에서는 기상 관측이 일찌감치 시작된 덕분에 1882년 이후로는 가까운 산악 기상 관측소인 픽 두

미디에서 측정한 기온 데이터를 사용할 수 있었다. 우리는 우리가 측정한 각 연도의 최대 추재 밀도를 1882~2005년까지 기상 관측소에서 수집한 여름철 기온 데이터와 비교했다. 이 측정값이 여름철 기온을 반영한 기록이라는 전제하에 우리는 최대한 단순하게 매년 최대 추재 밀도값MXD을 그해의 여름철 기온Tsummer과 연결해 선형 방정식(또는 모델)으로 만들었다.

$$Tsummer(t) = a \times MXD(t) + b$$

이 방정식은 t 해의 여름 기온을 그해에 형성된 나이테의 최대 추재 밀도의 함수로 나타낸 것이다. 밀도값의 단위는 세제곱센티미터당 그램(g/cm^3)이지만 우리는 섭씨 단위의 여름 기온으로 재구성하고 싶었기 때문에 상수 a와 b를 이용해 g/cm^3을 섭씨온도로 바꿔야 했다. 우리에게는 1882~2005년의 최대 추재 밀도값과 실측한 여름철 기온 데이터가 있으므로 그걸 사용해 a와 b 값을 계산했다. 다음으로 최대 추재 밀도값과 여름철 기온 사이의 상관관계가 얼마나 높은지 보기 위해 우리는 1882~2005년까지 총 124년 중에 더운 여름(높은 Tsummer 값)이 높은 밀도(높은 MXD 값)와 상응하는, 또는 그 반대인 경우가 몇이나 있는지 계산했다. 만약 상관관계가 크다면 이 방정식에 우리가 측정한 최대 추재 밀도값을 이용해 여름 기온을 계산할 수 있다. 특정 해의 최대 추재 밀도값에 앞에서 구한 상수 a를 곱하고 상수 b를 더하면 그해의 여름 기온에 대한 추정값이 나오는 것이다. 이제 1882년 이전의 최대 추재 밀도값을 포함한 모든 나이테 데이터를 식에 넣어서 계산하면 기상 관측이 시작하기 전 여름 기온을 1260년까지 재구성할 수 있다.

방금 설명한 것처럼 가장 간단한 모델(또는 방정식)은 한 개의 나이테 연대기를 사용해 인근 지역에서 하나의 기상 관측 시계열을 예측하고 재구성한다. 보통 저런 간단한 모델은 여러 지역에서 제작된 나이테 연대기를 추가해 개선할 수 있다. 예를 들어 피레네산맥의 거버호 최대 추재 밀도 데이터는 서쪽으로 70킬로미터 정도 떨어진 소브레스티보 수목 한계선 근처에서 추출한 나무의 최대 추재 밀도 데이터와 조합했을 때 실제 관측된 여름 기온을 더 잘 나타냈다. 또한 나무의 생장에 가장 큰 영향을 미치는 기후 변수를 선택함으로써 모델을 최적화시킬 수 있다. 예를 들어 스위스산소나무의 최대 추재 밀도는 6~7월보다 5월과 8~9월의 기온 변화에 더 민감하다. 다시 말해 우리의 나이테 데이터는 6~7월 기온보다는 5~9월 기온에 대해 보다 신뢰할 만한 추정치를 준다는 말이다. 따라서 다양한 기후 변수(예를 들어 강수량 vs. 기온, 월 vs. 월, 단일 관측소의 기상 데이터 vs. 해당 지역 여러 관측소의 평균 데이터 등)를 방정식의 좌변에 사용하고, 다양한 나이테 데이터(나이테 폭과 밀도, 단일 종 또는 다수 종에서 얻은 데이터, 단일 장소 또는 여러 장소에서 얻은 데이터 등)는 방정식의 우변에 사용해 식을 만든다. 연륜기후학자가 하는 매우 중요한 일 중 하나가 재구성에 가장 적합한 나이테 데이터와 기후 데이터를 선별하고, 통계 분석을 통해 어떤 조합이 가장 신뢰할 만하고 탄탄한 결과를 주는지 결정하는 것이다.

1998년에 기후학자 마이클 만Michael Mann, 고기후학자 레이 브래들리Ray Bradley, 걸출한 연륜연대학자 맬컴 휴스Malcolm Hughes는 이 간단한 개념을 이용해 엄청난 도약을 이뤄 냈다. 1990년대 말 무렵에는 20세기 지구 온난화라는 이례적인 특징이 기정사실화되었다. 만, 브래들리, 휴스는 근래의 온난화 현상을 역사적 맥락에서 파악해 그것이 자연적인 기후 순환의 일부인지, 아니면 정상 범위를 벗어나는 특별한 사건인지 확인하려고 했다. 그걸 밝혀내기 위해 세 사람은 지난 600년 동안의 북반구 기온을 연 단위로 재구성했다. 이들은 나이테 데이터와 빙하 코어 데이터 및 기타 대체 자료를 조합해 북반구 전역에 걸친 연평균 기온을 추정한 다음, 새로운 통계 기법을 적용해 기원후 1400년까지 거슬러 가는 북반구 전체의 단일 재구성 데이터를 생성했다. 이들은 그 결과를 《네이처》에 발표했다. 이 연구 결과, 20세기에 일어난 지구 온난화는 지난 600년간 전례 없는 현상임이 밝혀졌다. 1년 후에 발표한 후속 논문에서 이들은 재구성 범위를 기원후 1000년까지 확장했다. 논문의 핵심은 시간에 따른 북반구 기온 변화를 그린 그래프로 마치 누워 있는 하키 스틱을 닮았다.(그림 8) 그래프는 기원후 1000년부터 계속해서 천천히 추워지는 경향을 보이다가(하키 스틱의 긴 막대 부분) 1850년경을 기점으로 20세기까지 계속해서 급격히 따뜻해진다(하키 스틱의 블레이드 부분). 1000년짜리 하키 스틱에서 가장 뜨거운 해는 1998년인데 기록상 가장 최근 해이기도 하다.

만, 브래들리, 휴스의 하키 스틱 논문은 20세기 온난화가 과거 1000년의 시야에서 유례가 없는 일이고, 따라서 자연적으로 일어나는 순환 현상의 일부로 볼 수 없음을 최초로 밝혔다. 하키 스틱 그래프는 기후 변화에 관한 정부 간 협의체Intergovernmental Panel on Climate Change, IPCC의 2001년 보고서에서 중점적으로 다루어졌다. IPCC는 기후 변화가 사회에 미치는 영향에 대해 종합적, 과학적, 객관적인 개요를 제공하는 유엔 산하 과학 기구로 2007년에 앨 고어 전 미국 부통령과 공동으로 노벨 평화상을 수상했다. IPCC는 직접 연구를 수행하지는 않지만 5년마다 그간 출간된 과학 논문을 바탕으로 엄청난 양의 보고서를 작성한다. 이 보고서는 자원한 과학자들이 쓰고 출간 전에

하키 스틱 그래프

지구 평균 기온에 대한 상대적인 북반구 기온(1961~1990년)

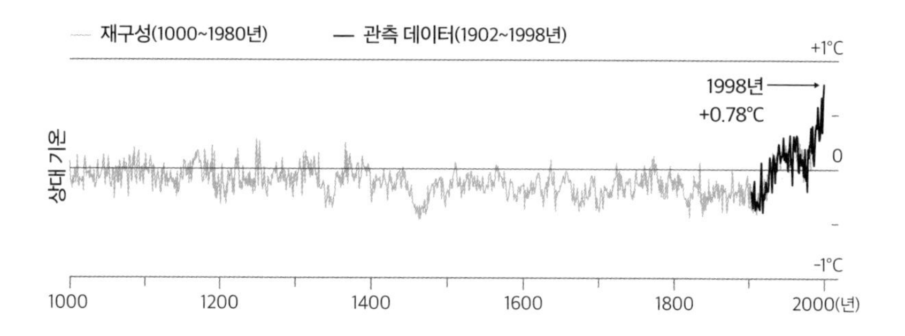

그림 8. 나이테 데이터, 빙하 코어 데이터, 그 밖의 기후 대체 자료를 사용해 지난 1000년 동안 북반구에서 일어난 연평균 기온 변화를 재구성했다. 그 결과인 하키 스틱 형태의 그래프는 기원후 100~1850년경까지 서서히 기온이 낮아지다가 20세기에 전반적으로 급격한 온난화가 지속되고 있음을 보여 준다.

정부가 검토한다. 2001년 IPCC 보고서는 800쪽 분량이었다. 평범한 정책 입안자라면 서류 가방에 2.5킬로그램짜리 서류를 들고 다니지는 않을 것이다 (어차피 다 읽지도 못한다). 따라서 가장 중요한 발견과 그래프를 중심으로 30쪽 정도로 압축한 요약본이 따로 출간된다. 하키 스틱 그래프는 이 요약본에서 가장 눈에 띄는 결과였고, 이어서 2001년 방송을 통해 IPCC 보고서를 발표하는 자리에서 배경 포스터로 사용되면서 세계 언론의 주목을 받았다.

만, 브래들리, 휴스의 1998년과 1999년 하키 스틱 논문이 검토 과정을 거칠 때, 존경받는 이 세 과학자는 자신들의 발견이 언론을 크게 장식할 거라고 예상하기는 했다. 하지만 뒤를 이은 폭발적인 관심에는 미처 대비하지 못했다. 하키 스틱 스토리는 모든 주요 언론에서 다루었고, 《뉴욕타임스》 인터뷰에서 만은 "지난 수십 년간 진행된 온난화 현상은 인간이 방출한 온실가스와

밀접하게 연관된 것이지, 다른 어떤 자연적인 요인에 의한 것이 아니다"라고 다시 한번 강조했다.[12]

그 뒤에 찾아온 것은 20년 동안 이어진 무자비한 정치적 추궁과 협박이었다. 누구보다 앞장선 2명의 중상모략가는 오클라호마 상원 의원이자 미국 상원 환경공공위원회 위원장인 짐 인호프Jim Inhofe와 텍사스 하원 의원이자 미국 하원 에너지위원회의 위원장인 조 바턴Joe Barton이었다. 인호프는 "인간이 만든 지구 온난화"란 "미국 국민을 상대로 저지른 최대의 사기"라고 거듭 외친 것으로 유명하다. 온실가스 배출 제한에 반대하고 "인간에 의한Anthropogenic 기후 변화"를 무시하려는 노력에서 이 두 공화당 정치인은 IPCC와 기후 변화 정책의 상징인 하키 스틱에 이를 갈았다.

2003~2006년까지 인호프와 바턴은 하키 스틱 과학자들을 불러 놓고 다양한 분야의 기후 변화 회의론자들을 초청해 여러 차례 의회 청문회를 개최했다. 일반적으로 과학자들 사이에서 벌어지는 논쟁은 논란의 여지가 있는 실험 방법이나 연구 결과를 재확인하고 결론의 타당성을 주장하는 과학의 필수적인 과정이지만, 정치판은 그런 건전한 토론의 자리가 아니다. 과학적 사실은 다수결로 결정되는 게 아니다. 또한 미국 하원 과학위원회 위원장이자 그 자신도 보수 공화당원인 셔우드 볼러트Sherwood Boehlert가 바턴에게 보낸 서신에서 말한 대로다. "귀하의 조사는 과학자들로부터 배우려는 것이 아니라 협박하려는 목적이 다분해 보이며 과학적 검토를 정치적 검토로 대체하려는 것 같다는 점에서 심히 우려됩니다."[13] 하키 스틱의 정치화는 2005년 9월

12 윌리엄 K. 스티븐스(William K. Stevens), 〈지금이 600년 만에 가장 더운 세기라는 새로운 증거가 나왔다(New evidence finds this is warmest century in 600 years)〉, 《뉴욕타임스》, 1998년 4월 28일.

청문회로 인해 완전히 실패로 돌아갔다. 인호프는 환경 정책 제정을 위한 과학의 역할을 주제로 소집한 청문회에서 마이클 크라이튼을 초빙해 기후 변화의 정당성에 대해 상원 의원들 앞에서 증언하게 했다. 인호프는 인기 있는 TV 시리즈 〈ER〉의 책임 프로듀서이자 《쥬라기 공원》 등을 쓴 소설가 크라이튼을 과학자라고 불렀고, 상원 환경공공위원회에 그의 스릴러 소설 《공포의 제국》을 필독하게 했다. 이 소설에서 크라이튼은 사악한 테러리스트의 음모로 세계 기후가 달라진 세상을 상상했다. 크라이튼은 위원회 앞에서 2시간짜리 증언을 하면서 "과연 기후 과학의 방법론이 신뢰할 만한 결과를 도출할 만큼 정밀한지"에 대해 강한 의구심을 보였다.[14] 그러나 이어서 상원 의원 힐러리 클린턴이 크라이튼의 관점은 "건강한 과학적 이슈를 진흙투성이로 만들었다"고 비난하자 제대로 대응하지 못했다. 미국 상원 위원회가 과학 연구의 타당성을 논의하는 자리에 핵심 증인으로 소설가를 내세운 것은 디즈니 놀이동산에서 티라노사우루스 렉스가 발광하는 것처럼 믿을 수 없는 광경이었다.

인호프의 가장 큰 정치적 협력자인 바턴은 하키 스틱을 망가뜨리려는 또 다른 시도로 세 과학자에게 기후 관련 연구 기록 전체를 요청했다. 요청 목록에는 이들이 지금까지 수행한 모든 연구에 대한 재정적 지원 및 자금 출처, 출판한 모든 논문에 대한 데이터 일체가 포함되었다. 민주당 하원 의원 헨리 왁스먼Henry Waxman은 바턴에게 요청 철회를 요구하며 이렇게 썼다. "이것은 지구 온난화 과학을 이해하려는 진지한 시도로 보이지 않습니다. 누군가는

13 볼러트가 바턴에게 보낸 서신, 2005년 7월 14일, https://www.geo.umass.edu/climate/Boehlert.pdf.

14 "환경 정책 제정에 있어서 과학의 역할(The role of science in environmental policy making)", 미 상원 환경공공위원회 청문회, 2005년 9월 28일, https://www.govinfo.gov/content/pkg/CHRG-109shrg38918/html/CHRG-109shrg38918.htm.

이번 요청을 귀하가 동의하지 않는 결론에 도달한 기후 변화 전문가들을 괴롭히려는 뻔한 시도로 해석할 것입니다."[15] 공화당원 셔우드 볼러트에 따르면 "잘못된 판단하에 불법적으로 이루어지는 이 조사"[16]에서 인호프, 바턴과 그 추종자들의 목표는 미국에서 온실가스 배출 규제 법안이 절대로 통과하지 못하도록 하는 것이었다. 2010년에 발간된《의혹을 팝니다》에서 나오미 오레스케스와 에릭 콘웨이가 보고한 것처럼 과학적 합의가 이루어졌음에도 의심과 혼란을 확산시켜 지속적으로 논란의 대상이 되게 만드는 전략은 과거 흡연과 암의 연관성을 부정하는 데 담배 산업계가 성공적으로 이용한 바 있다.

기후 변화 회의론자들이 사용한 전술의 무자비함은 2009년 11월, 해커가 이스트앵글리아대학교의 기후 변화 연구소 서버에 침입해 연구자들의 개인 이메일 수천 건을 공개하면서 명백해졌다. 공개된 이메일 속 일부 연구자는 무례하고 자만심에 가득 차 있고 옹졸했다. 하지만 세계적 규모의 암흑 집단이 개입했을 거라고 예상된 광범위한 과학적 음모는 그 안에 없었다. 그럼에도 해커의 배후인 기후 변화 회의론자들은 음모론을 주장했다. 이 불법 해킹이 코펜하겐에서 예정된 유엔 기후 정상 회의를 불과 몇 주 앞두고 자행된 것은 우연이 아니다. 이 회의에서는 각국 대표자들이 모여 기후 변화 완화를 위한 국제적 틀을 마련할 계획이었다. 언론은 재빨리 이 사건을 '기후게이트Climategate'라고 부르면서 해킹 범죄가 아닌, 이메일에 사용된 연구자들의 언어를 집중적으로 보도했다. 기후 변화 연구소는 다수의 전문 과학 단체의 지원과 함께 비난을 일축했다. 미국 환경보호청을 비롯한 최소 8개의 독립적인

15 헨리 A. 왁스먼이 바턴 의장에게, 2005년 7월 1일, https://www.geo.umass.edu/climate/Waxman.pdf.

16 볼러트가 바턴에게, 2005년 7월 14일.

위원회가 연구자들의 이메일과 협의를 조사했고 모두 동일한 결론에 도달했다. 사기나 과학적 위법 행위의 증거가 없다는 것이다. 그럼에도 불구하고 기후게이트는 세계에서 가장 유명한 기후 과학자들의 이름을 더럽혔고 코펜하겐 기후 정상 회의의 중요한 목표로부터 언론의 관심을 대단히 효과적으로 멀어지게 만들었다. 만, 브래들리, 휴스는 처음 논문을 발표한 지 20년이 되어 가는 지금도 여전히 하키 스틱 논란과 기후게이트의 여파에 시달리고 있다.

지난 20년 동안 현재 기후의 전례 없는 성격을 보여 주는 과학 연구가 점차 늘어나면서 최초 하키 스틱 논문의 개념을 검증하고 발전시켰다. 또한 시간이 지날수록 현실 자체도 우리를 따라잡고 있다. 하키 스틱 논문이 발표될 당시의 가장 최근이자 가장 더운 해였던 1998년은 이후 10번의 더 뜨거운 해가 이어지면서 이제 기록상 열한 번째 더운 해로 밀려났다. 온실가스 배출 제한 조치가 취해질 때 잃을 것이 많은 사람들로부터 지령을 받은 끈질긴 괴롭힘이 내 동료들의 관심과 시간과 에너지를 빼앗고 있다. 더 많은 나이테를 수집하고 더 많은 샘플을 대조하고 더 많은 과학적 결과를 발표하는 데 쓰여야 할 관심과 시간과 에너지를 빼앗는 것이다. 바로 거기에 이 끈질긴 정치적 심문과 협박의 동기가 있는 것 같다. 능력 있는 기후 과학자들이 제 일을 하지 못하게 만드는 것, 자연과 인간이 변화시킨 기후를 연구하고 그 발견을 세상과 공유하지 못하게 막는 것 말이다.

스코틀랜드에 폭우가 내리면 모로코에 가뭄이 드는 이유

최초의 신뢰할 만한 온도계는 토스카나 대공국의 군주이자 갈릴레오 갈릴레이의 제자였던 페르디난드 2세 데 메디치가 발명했다. 페르디난드 형제는 이 성공에 힘입어 이탈리아와 주변국에 11개 관측소로 이루어진 기상 관측망을 구축했다. 관측소들은 1654년부터 수도사와 예수회 사제들에 의해 운영되면서 수년간 서너 시간마다 한 번씩 온도계를 읽고 기록했다. 그러나 1667년, 가톨릭교회는 이 초기 관측망의 대부분을 폐쇄했다. 자연은 기계적 판독이 아닌 성경에 의해서만 해석되어야 한다는 이유에서였다. 오직 2개 관측소만 1670년까지 운영되었다. 다행히 데 메디치의 노력이 본격화되고 불과 5년 후인 1659년부터 영국 중부에서 기온 측정이 시작되어 지금까지 계속되고 있다. 그 결과 영국 중부 지방의 관측 기록은 세계에서 가장 오랫동안 연속적으로 기록된 기온 측정치가 되었다. 미국에서는 1743년에 보스턴에서 기상 관측이 시작됐다. 남반구에서는 1832년 브라질의 리우데자네이루가 최초였다. 전 세계적으로 신뢰할 만한 기온 관측 네트워크가 형성된 것은 20세기 초였고, 20세기에도 관측 네트워크 안에서 지역 간 격차가 심했다. 예를 들어 크리스토프 하네카와 내가 탄자니아 원정에서 손으로 베꼈던 기온과 강수량 기록은 1927년에 시작된 것이다. 기상 관측 기록은 인류가 전 지구적으로 기후를 측정하기 시작한 때와 인류가 기후에 간섭하기 시작한 시기가 비슷하다는 사실 때문에 한층 복잡해진다. 20세기 초에 세계적 규모의 기상 관측망이 형성되었을 때는 이미 산업 혁명이 거침없이 진행 중이었고 그 과정에서 화석 연료의 연소와 온실가스의 배출도 상당히 이루어진 상태였다.

이산화탄소와 같은 온실가스는 열을 가두어 우주로 빠져나가지 못하게 막는다. 즉, 이산화탄소의 독기가 지구를 둘러싼 상태로 공기를 데우는 셈인데, 화석 연료를 많이 태울수록 점점 밀도가 높아진다. 18세기 후반에 시작된 산업 혁명으로 자연적인 온실 효과가 상승하고 지구 표면의 온도가 증가하는 온난화가 시작되었다. 남극에서 추출한 빙하 코어에 기록된 자료를 해석해 과거 100만 년 범위 안에서 대기 중 이산화탄소 농도가 점차 증가하는 추세임을 확인했다. 남극의 빙상 깊은 곳에서 채취한 오래된 얼음층의 공기 방울의 이산화탄소량을 측정했더니 현재 대기 중 이산화탄소 농도는 지난 80만 년 동안 어느 시기와 비교해도 40퍼센트 가까이 높았다. 대부분의 기상 관측소가 산업 혁명 이후에 세워졌기 때문에 우리가 기록해 온 지구의 기후는 인간이 강화한 온실 효과의 영향을 받은 것이다. 우리에게는 인간이 대기를 온실로 만들어 버리기 전의, 좀 더 자연적인 상태에서의 날씨 기록이 없다. '자연적인' 기후, 즉 인간에 의해 대규모로 간섭받기 전 상태가 어땠는지 이해하려면 과거의 기후를 가늠할 수 있게 도와주는 고기후 대체 자료가 필요하다.

고기후 대체 자료는 우리에게 지구의 기후가 변동성을 내재한 복잡한 시스템임을 알려 주었다. 다시 말해 인간 시대 이전 과거에도 기후는 계속해서 변화해 왔다는 뜻이다. 또 기후는 인간에 의한 대기 중 온실가스 농도의 변화는 물론이고 지구의 공전 궤도, 태양 복사선, 화산 활동의 변화에도 반응했다. 지구의 공전 궤도나 자전축 기울기가 변하면 태양에 대한 상대적인 위치가 달라지고 이에 따라 지구에 도달하는 태양 복사선의 양도 변한다. 태양은 지구의 주요 열원이기 때문에 궤도의 변화는 곧 지구 온도의 변화를 가져온다. 궤도 변이Orbital Variation는 본질적으로 주기적이며 느리게 진행되는데 10만 년, 4만 년, 2만 년에 걸쳐 서서히 지구 기후에 영향을 미친다. 비록 시간은 오래 걸리지만 그 힘은 지구 기온에 대단히 큰 영향을 미칠 정도로 강력해서 빙하기를 일으킨다. 빙하기는 약 10만 년 단위로 추운 빙기Glacial와 따뜻한 간빙기Interglacial가 번갈아 나타난다. 이렇게 규칙적이고 반복적으로 교대하는 빙하기는 대양의 침전물과 남극의 빙하 코어에 아름답게 기록되었다. 현재 우리는 약 1만 1650년에 시작한 홀로세의 간빙기에 있다. 간빙기가 약 1만~5만 년 정도 지속된다고 볼 때, 지구의 궤도 변화에 따라 우리는 미래에 필연적으로 다시 빙하기로 돌아갈 수밖에 없다. 그러나 최근 증가한 온실가스 효과와 그로 인한 지구 온난화는 우리의 100만 년 빙하기 역사를 완전히 뒤엎을지도 모른다.

지구의 궤도 변화 말고도 태양이 방출하는 복사선의 양도 시간이 지나면서 변화해 지구의 기온에 영향을 준다. 태양 복사량은 주기적으로 달라지며 수십 년~수 세기까지 지속한다. 앞에서 말한 궤도 변이에 비하면 주기가 훨씬 짧은 편이다. 태양 복사선은 지구 대기에 동위 원소Isotope를 생성한다. 동위 원소란 상대적인 원자의 질량은 다르지만 화학적 성질은 동일한 화학 원소의 대체 형태를 말한다. 예를 들어 베릴륨(Be9)의 방사성 동위 원소인 베릴륨-10(Be10)은 강력한 태양 복사 방출에 의해 생성되며 반감기는 100만 년 이상이다. 대기 중의 베릴륨-10은 그린란드와 남극의 눈과 얼음층 속 공기 방울에 침전된다. 연대가 측정된 빙하 코어에서 베릴륨-10 함량은 과거 태양 활동과 순환에 대한 대체 자료로 사용될 수 있다.

또한 태양 복사의 변동은 태양 표면의 온도가 낮아진 지역, 즉 흑점으로도 측정할 수 있다. 눈으로 볼 수 있는 흑점이 적다는 것은 태양이 자기적으로 덜 활동적이며 지구로 보내는 복사량도 줄어든다는 뜻이다. 때때로 흑점은 맨눈으로 볼 수 있을 만큼 크다. 초기의 근대 과학자들은 1610년대부터 망원경을 사용해 흑점을 관찰하기 시작했다. 흑점을 관찰한 400여 년의 기록을 바탕으로 흑점의 개수, 그리고 그와 연관된 태양 복사량이 11년을 주기로 변한다는 사실이 밝혀지면서 흑점 기록은 태양 복사의 대체 자료가 되었다. 앤드루 엘리콧 더글러스가 처음 나이테를 관찰하기 시작한 것도 이 흑점 주기를 추적하기 위해서였다. 그러나 이 주기는 지구의 기후에 상대적으로 미미한 영향을 미칠 뿐이다. 그것보다 중요한 것은 흑점의 활동이 수십 년에 걸쳐 보다 장기적으로 침체되는 기간이다. 마운더 극소기Maunder Minimum가 그 대표적인 예인데, 더글러스와 동시대 사람인 태양 천문학자 애니 마운더Annie

Maunder와 에드워드 마운더Edward Maunder의 이름을 따왔다. 1645~1715년, 75년 동안 천문학자들은 그 전후와는 비교할 수 없을 정도로 적은 수의 흑점을 발견했다. 공교롭게도 이 70년의 마운더 극소기는 태양왕 루이 14세가 프랑스를 지배한 재위 기간(1643~1715년)과 거의 맞아떨어진다.

화산 활동은 자연적인 기후 변동의 세 번째 주요 원동력이다. 대형 화산이 분출하거나 특히 대규모로 폭발하면 대량의 에어로졸Aerosol을 방출해 화산재는 물론이고 이산화황(SO_2) 같은 미세 입자를 대기 중에 퍼뜨린다. 이산화황은 몇 주, 몇 달에 걸쳐 황산(H_2SO_4)으로 전환되는데, 일단 형성되면 황산 에어로졸은 대기의 위쪽 부분인 성층권 전체에 넓게 퍼져 몇 년이고 머무른다. 이런 화산성 에어로졸 막은 태양 복사선이 지구 표면까지 도달하는 것을 막아 기온을 낮춘다. 따라서 화산성 에어로졸 효과는 온실 효과의 반대로 볼 수 있다. 화산진 입자는 지구의 표면을 데우는 것이 아니라 반대로 태양 복사선을 막아 폭발 후 최대 2년까지 지구의 기온을 떨어뜨린다. 열대 지방에서 일어난 화산 분출은 에어로졸이 쉽게 성층권 전체에 퍼지므로 고위도 지방의 화산이 폭발했을 때보다 더 큰 규모로 기후에 영향을 미친다. 또한 폭발이 강할수록 영향력이 큰 것도 당연하다. 화산 분출이 지구의 기후에 미치는 냉각 효과는 기껏해야 몇 년으로 수명이 짧지만 대단히 급격한 변화를 불러올 수 있다. 1991년 6월, 필리핀의 적도 가까운 피나투보산이 분출했을 때 생성된 화산재 구름은 고도 35킬로미터까지 올라가 성층권을 파고들었다. 폭발 후 15개월 동안 지구의 기온은 섭씨 약 0.6도 떨어졌다. 화산 분출에 의한 갑작스러운 냉각은 전 세계적으로 기온에 민감한 나이테에 기록된다. 따라서 나이테 기록은 과거 화산이 분출한 해와 규모를 알아내고 기후에 미친 영향을 분석하는 데에도 사용될 수 있다.

지구 궤도 변화, 태양 복사, 화산 활동, 이 3가지 요인이 결합한 영향력이 가장 잘 파악된 시기는 지난 1000년간이다. 이 기간의 자연적인 기후 변동은 영국의 기후학자 허버트 호레이스 램Hubert Horace Lamb이 1965년에 만든 도표로 소개되었다.(그림 9) 램의 도표는 1000년간 영국 중부의 기후 변이를 나타내는데, 여기에는 르네상스 시대와 발견의 시대Age of Discovery를 거치면서 중세 유럽에 일어난 기후 변화가 포함된다. 램이 중세 온난기Medieval Warm Period라고 부르고 현대 과학자들이 중세 이상 기후Medieval Climate Anomaly라고 재명명한 기원후 900~1250년의 기간에 기온은 상대적으로 따뜻했다. 그러다가 1500~1850년의 소빙하기Little Ice Age에는 기온이 상당히 떨어졌다. 이 시기에는 화산이 여러 차례 분출했고 태양이 힘을 잃었으며(일례로 마운더 극소기) 지구로 들어오고 나가는 태양 에너지의 비율이 달라졌다. '진짜' 빙하기와 달리 소빙하기는 지구의 궤도 변화 때문에 일어난 것이 아니다. 진짜 빙하기에 비해 소빙하기는 강도가 약하고 추위도 덜 지속되었으며 지구 전체에 균일하게 분포되지도 않았다. 산업화로 지구 기온이 꾸준히 상승하면서 램의 소빙하기는 19세기 중반에 끝났다.

반세기의 고기후학 연구는 1000년의 기후 변화 연구에 대한 램의 선구적 이미지에 섬세함을 더했다. 피레네 원정 동료였던 데이비드 프랭크는 이러한 발전을 "국수 가닥에서 하키 스틱, 그리고 스파게티 접시"로의 진화라고 불렀다. 램의 그래프는 한낱 만화 속 국수 가닥처럼 보이지만, 이 이미지는 1990년대 말에 데이터와 계산이 추가되며 묵직해진 하키 스틱이 그 자리를 대신할 때까지 지구 기온 역사를 상징했다. 하키 스틱이 불러온 정치적 논란 이후 수많은 연구 팀이 과거의 지구 기온을 재구성하기 시작하면서 더 많

국수 가닥 그래프

기원후 900~1965년

— 허버트 호레이스 램의 추정치(1965년)

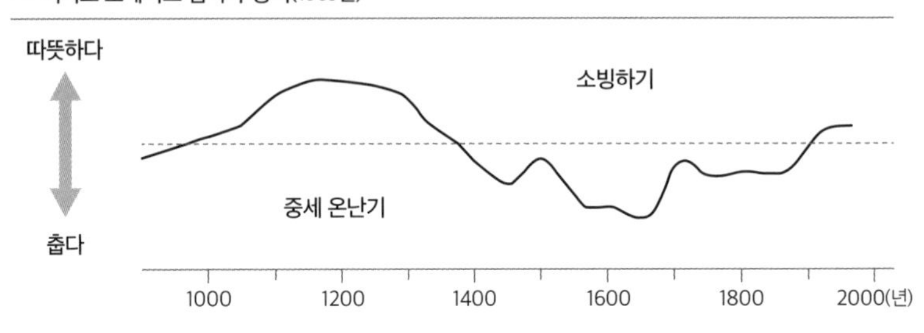

하키 스틱 그래프

평균 기온에 상대적인 북반구 기온(1961~1990년)

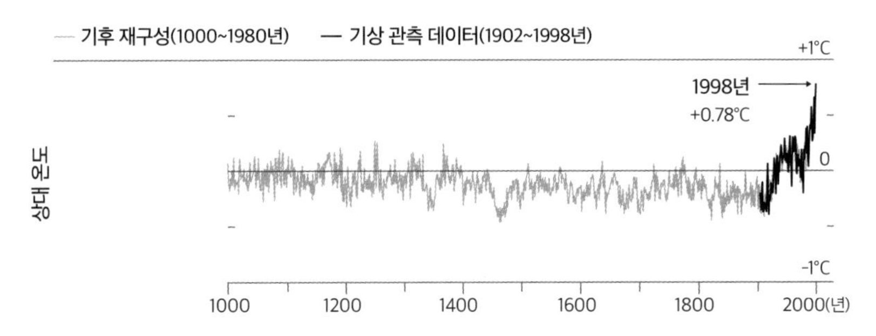

스파게티 접시 그래프

평균 기온에 상대적인 북반구 기온(1961~1990년)

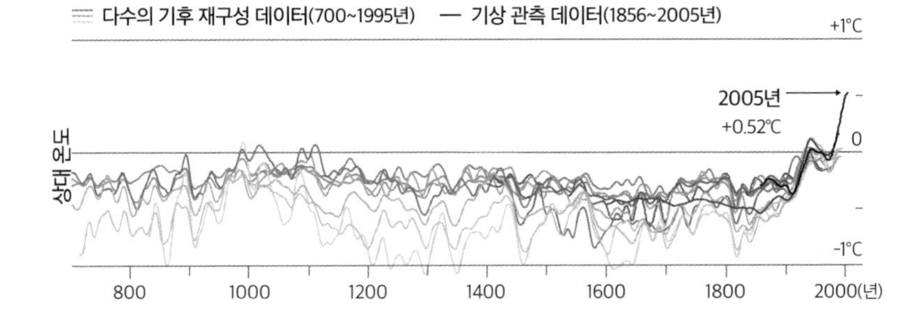

그림 9. 지난 1000년간 기후 변동성을 나타낸 허버트 호레이스 램의 그래프에는 중세 온난기, 소빙하기, 그리고 20세기의 온난화가 포함된다.(맨 위) 1000년간 지구의 기온 변화를 시각화하는 방식이 발전해 왔는데, 데이비드 프랭크는 이를 "국수 가닥에서 하키 스틱, 그리고 스파게티 접시"로의 진화라고 불렀다.

은 데이터가 투입되었고 발전된 계산 방법들에 의해 통합되었다. 그 결과 탄생한 스파게티 곡선은 어떤 구간은 기존과 유사하게(예를 들어 11세기 온난화와 20세기의 전례 없는 온난화) 그려 냈지만, 또 다른 구간에서는 넓은 범위의 가능성을 시사하면서 상당한 불확실성을 보여 주었다.

산림·눈·지형 연구소에서 함께 일하는 동안 데이비드는 이 스파게티를 하나의 접시에 담으려는 시도에 나를 끼워 주었다. 우리는 개별 스파게티 가닥(기온 재구성)을 모든 가능한 방법으로 조합해 총 20만이 넘는 재구성 데이터를 종합했다. 처음에 이 접근법은 뒤엉킨 선을 더 복잡하게 만드는 것처럼 보였지만 그럴 만한 가치가 있었다. 이 스파게티 접시에서 우리가 지난 밀레니엄의 기온 변이를 가장 가깝게 추정할 수 있는 패턴이 나타났다. 우리는 기원후 2000년까지 포함하는 이 종합적인 재구성을 통해 근래의 기온은 가장 따뜻했던 중세 이상 기후 시기(기원후 1071~1100년)보다 섭씨 0.28도, 가장 추웠던 소빙하기(기원후 1601~1630년)보다 섭씨 0.72도 더 따뜻하다는 것을 알게 되었다. 중세 시대는 소빙하기보다는 따뜻했지만 현재만큼 기온이 높지는 않았다. 특히 재구성 그래프의 마지막 해인 2000년 이후로 날씨가 매년 더 더워진다는 점에 주목해야 한다. 그 결과 2016년은 과거 기후 재구성 결과의 가장 따뜻한 시점보다 0.5도 더 기온이 높아졌다.[17] 지금 언급한 0.28, 0.5, 0.72도의 상승 폭이 별거 아닌 것처럼 보일 수 있다. 하지만 나는 처음 이 수치를 보았을 때 놀라서 할 말을 잃었다. 지난 17년(2000~2016년) 동안의 지구가, 과거 중세 이상 기후 시기에서 소빙하기를 거치는 500년 동안 냉각된 것

17 1987~2016년과 1971~2000년 사이에 고다드 우주 연구소 표면 온도 분석(Goddard Institute for Space Studies Surface Temperature Analysis) 북반구 연평균 기온 격차를 토대로 계산한 값이다.

보다 더 따뜻해졌다는 사실에 경악하지 않을 수 없었다.

게다가 최근 수십 년간의 온난화는 부인할 수 없이 세계적인 규모로 일어나고 있지만(어느 지역의 기후 재구성을 보든 마찬가지다) 중세 이상 기후 시기에서 소빙하기로의 전이는 장소나 시간에 있어서 일정하지 않았다. 예를 들어 소빙하기는 유럽 알프스(기원후 1500년경) 같은 저위도 지방보다 북극 지역(기원후 1250년경)에서 훨씬 일찍 시작되었다. 또한 소빙하기가 대부분 지역에서 추위를 불러온 것은 사실이지만, 일부 지역에서는 추위보다는 습기로 정의되었다. 예를 들어 아프리카 북서쪽 최단 지역에 있는 모로코의 아틀라스산맥에서 소빙하기는 1450년에 시작되었는데, 연간 생장량이 수분 공급에 따라 결정되는 아틀라스개잎갈나무의 500년짜리 나이테 기록에는 습했던 시기로 기록되었다.

나는 개인적으로 아틀라스개잎갈나무 숲에 가 본 적은 없지만 내 버킷 리스트에 넣어 두었다. 모로코 아틀라스개잎갈나무는 아프리카에서 가장 수령이 높은 나무에 속하고, 나이테가 또렷해 교차 비교에 적합한 믿음직스러운 가뭄 기록기이다. 연륜연대학자의 관점에서 이 나무들은 매우 바람직한 특징을 갖고 있기 때문에 수년 동안 많은 연구 팀이 이 숲을 방문해 목편을 채취했다. 그러나 지금까지 지름이 3미터에 이르는 이 마스토돈의 수심에 닿기 위해 40인치짜리 나이테 측정기를 들고 온 사람은 없었다. 나와 피레네산맥과 그리스에서 함께 일하기 한참 전인 2002년, 얀 에스퍼는 이 숲에서 목편을 추출했고 한 나무에서 최대 1025개의 나이테를 세었다. 하지만 그의 팀이 가져간 24인치짜리 나이테 측정기로는 수심에 닿는 게 어림도 없어서 이 나무의 가장 오래된 나이테는 아직 손에 넣지 못한 상태다. 얀의 말에 따르면, 이 나무들 중에는 1300~1400살은 족히 되어 보이는 것도 있어서 만약 우리가 안쪽 나이테까지 추출할 수만 있다면 중세 시대 이전까지 연장된 밀레니엄 차원의 아틀라스개잎갈나무 나이테 연대기를 제작할 수 있을 것이다.

아틀라스개잎갈나무는 봄철 가뭄에 의해 생장이 제한된다. 습할 때는 나무가 행복해져서 나이테가 통통해지고, 건조할 때는 행복하지 않아 나이테도 좁아진다. 이 나무의 나이테 연대기는 모로코 가뭄의 1000년짜리 재구성을 대신한다. 가장 초기 나이테(기원후 약 400년)는 눈에 띄게 좁은데 중세 시대의 심각하고 장기간 지속된 가뭄을 기록했기 때문이다. 1450년경부터 나무는 계속해서 넉넉히 물을 공급받다가 1980년 무렵부터 다시 심한 가뭄이 시작되었다. 아직도 진행 중인 근래의 가뭄은 지역 농업과 관광에 영향을 줄 뿐 아니라 아틀라스개잎갈나무 숲을 위협하고 있다. 이 숲은 과거 수백 년 동안 과도한 벌목, 방목, 반복된 방화에 시달리면서 근래에 가뭄이 시작되기 전부터 이미 상태가 좋지 않았다. 30년 동안 지속된 이 가뭄은 많은 아틀라스개잎갈나무에게 결정타를 날렸고, 이제 이 종은 세계 자연 보전 연맹International Union of Conservation of Nature and Natural Resources, IUCN의 멸종 위기종 적색 목록에 절멸 위기 상태로 올라가 있다.

내가 처음 산림·눈·지형 연구소에서 얀 에스퍼와 일하기 시작한 피레네 원정 무렵, 얀은 모로코 가뭄 재구성 데이터를 토대로 '가뭄 버전 하키 스틱'을 개발할 생각이었다. 얀은 지난 1000년간 북반구 가뭄의 변동성을 하키 스틱과 유사하지만 기온 대신 강수량의 전반적인 경향을 보여 주는 그래프로 나타낼 수 있을지 알고 싶었다. 그런 가뭄 하키 스틱은 당시에 존재하지 않았고 지금도 마찬가지다. 강수량과 가뭄은 기온에 비해 지역별 편차가 심하고 평균을 계산한다고 해서 쉽게 포착되는 게 아니기 때문이다.

일례로 모로코의 아틀라스산맥에 있는 메크네스 기상 관측소에서 측정한 연간 기온 변동을 약 1000킬로미터 떨어진 지중해 연안의 알제 기상 관측소와 비교하면 둘이 매우 비슷하다.[18] 메크네스에서 더웠던 해는 보통 알제에서도 더웠고, 메크네스에서 추웠던 해는 알제에서도 추웠다. 반면에 메크네스의 연간 강수량 변이는 알제와는 무관하다.[19] 메크네스에서 비가 많이 내린 해에 알제에서는 가뭄일 수도, 보통일 수도, 비가 많이 왔을 수도 있다. 서로 관계가 없다는 말이다. 하키 스틱처럼 장기간에 걸친 대규모 기온 경향을 파악할 때는 서로 800킬로미터 이상 떨어진 조사구에서 측정한 데이터를 평균 내는 것이 문제되지 않았다. 조사구 간에 변화의 추이가 비슷했기 때문이다. 그러나 그렇게 멀리 떨어진 조사구들 사이에 강수량이나 가뭄 데이터의 평균을 구하는 것은 합리적이지 않다. 서로 관련이 없는 데이터를 평균 내 봤자 별다른 정보가 들어 있지 않은 평평한 선이 나올 게 뻔하기 때문이다. 얀은 이런 사실을 고려해 일단 지리적으로 작은 범위에서 시작할 것을 제안했다. 반구 차원이 아닌 유럽 대륙에 국한된 가뭄 하키 스틱 개발을 시도한 것이다. 그러나 그것도 쉽지 않은 목표라는 것은 모두가 알고 있었다. 특히 유럽 기후를 연구해 본 적도, 고기후를 연구해 본 적도 없는 내게는 훨씬 열악한 상황이었다.

산림·눈·지형 연구소에서 일하기 전에 나는 사하라 이남 아프리카와 캘리포니아 시에라네바다산맥에서 나이테를 연구했었다. 두 프로젝트 모두 유

18 두 온도 시계열의 피어슨 상관 계수는 양의 값이고 유의성이 크다(r=0.66, $p<.001$, 1961~2016).

19 두 온도 시계열의 피어슨 상관 계수는 낮고 유의성이 작다(r=0.17, $p>.1$, 1961~2016).

럽 기후는 고사하고 기후 재구성과도 전혀 관계가 없었다. 따라서 당연히 내게는 유럽의 가뭄 재구성 프로젝트가 막막하고 벅찬 일이었다. 하지만 내 사정을 말하고 싶지는 않았다. 이제 나는 자신의 무지는 고사하고 필드에서 배가 고프다는 사실조차 인정하지 않으려는 연구 팀의 일원이 되었으니까. 매일, 매주 있는 랩 미팅 시간에 얀 에스퍼, 데이비드 프랭크, 울프 뷘트겐, 커스틴 트레드테Kerstin Treydte는 중세 이상 기후니 소빙하기니 하는 말들을 무슨 분데스리가 축구팀 얘기하듯 일상의 농담처럼 주고받았다. 나는 대화를 쫓아가기 위해 위키피디아에서 그 말들을 몰래 찾아보곤 했다. 사실 나는 정말로 책상 위에 이렇게 크게 써 붙여 놓고 싶었다.

중세 이상 기후=기원후 900~1250년=따뜻함

소빙하기=기원후 1500~1850년=추움

하지만 그건 대놓고 내 무식함을 드러내는 일이다. 자기 연구 분야의 핵심 개념을 위키피디아에서 찾아봐야 하는 상황은 가면 증후군Impostor Syndrome을 극복하는 데 도움이 되지 않는다. 그러나 결국엔 동료들에게 유럽 기후에 대한 몇 가지 아주 기본적인 질문(이를테면 유럽의 기후에 변화를 주는 주요 원동력이 무엇인가)을 할 수밖에 없었는데 그건 마치 상처에 소금을 뿌리는 것 같았다. 내가 전에 일했던 곳에서는 엘니뇨 남방진동El Niño Southern Oscillation 또는 줄여서 엔소ENSO라고도 하는 엘니뇨-라니냐 현상이 전반적인 기후 변이에 가장 큰 영향을 미쳤다. 나는 이 태평양과 대기의 상호 작용이 유럽 기후에는 별 영향력이 없다는 정도는 알고 있었다. 하지만 그걸 대신하는 힘이 뭔지는 몰랐다. 이제 와서 생각하면 그때 동료들이 "그건 나오NAO잖아, 이 바보야!"하고 소리치지 않은 것이 참 고마울 따름이다.

나오, 즉 북대서양 진동North Atlantic Oscillation, NAO은 북대서양의 두 주요 기압 중심인 아조레스 고기압과 아이슬란드 저기압 사이에서 일어나는 기압의 시소 현상(진동)을 말한다.(그림 10-A) 공기의 압력(또는 대기압)은 날씨 패턴과 연관이 있기 때문에 중요하다. 저기압은 전형적으로 흐리거나 바람이 불고 비가 오는 날씨로, 고기압은 고요하고 맑은 날씨로 이어진다. 직관적으로 봐도 포르투갈 인근의 햇빛 쨍쨍한 아조레스 제도의 대기압이 비 오는 아이슬란드보다 항상 높은 게 맞다. 그러나 아조레스 고기압과 아이슬란드 저기압 사이의 기압 차가 유난히 큰 해가 있다. 기압의 차이는 북대서양 진동이 양의 모드일 때 더욱 큰데, 그때는 아이슬란드 저기압이 평소보다 훨씬 낮고 아조레스 고기압은 평소보다 훨씬 높다. 두 기압의 차이가 작을 때는 북대서양 진동이 음의 모드이다. 이렇게 양의 북대서양 진동 해와 음의 북대서양 진동 해가 시소의 양쪽에 앉아 올라갔다 내려갔다 한다.

아조레스 고기압은 안티사이클론Anticyclone(고기압)으로 열대 지방에서 북대서양을 거쳐 유럽을 향해 시계 방향으로 바람을 소용돌이치게 한다. 아이슬란드 저기압인 사이클론Cyclone은 반대로 공기를 반시계 방향으로 움직여 바람이 북극에서 북대서양을 거쳐 유럽으로 향해 불게 한다. 두 기압 중심은 북대서양 기후 장치의 톱니바퀴 역할을 한다. 북대서양 진동이 양의 모드일 때는 두 톱니바퀴가 전속력으로 힘차게 돌아 따뜻한 공기를 북대서양에서 유럽으로 몰고 간다. 강한 아이슬란드 저기압은 브리튼 제도와 스칸디나비아에

북대서양 풍력 기계

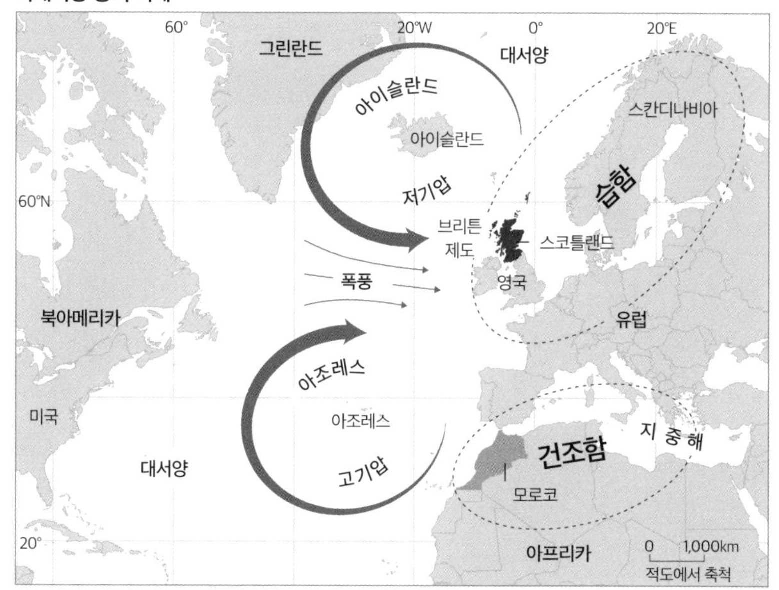

그림 10-ㅅ. 유럽의 날씨는 대개 북대서양 상공의 두 내기압 중심인 아조레스 고기압과 아이슬란드 저기압의 움직임에 따라 결정된다. 이 둘이 함께 대형 풍력 기계의 톱니바퀴 역할을 한다. 둘 사이의 압력 차이가 크면 톱니바퀴가 세게 돌고 바람이 전속력으로 불어 브리튼 제도와 스칸디나비아에는 폭풍을, 지중해 서부에는 가뭄을, 중부 유럽에는 온화한 날씨를 가져온다. 압력 차이가 작을 때는 바람이 천천히 회전하면서 따뜻한 북대서양 바람이 유럽에 도달하지 못해 브리튼 제도는 가물고 지중해 서부에는 평소보다 비가 많이 온다.

습하고 폭풍을 동반한 날씨를 가져온다. 동시에 강한 아조레스 고기압은 지중해 서부에 가뭄을 일으키고, 강한 바람이 중유럽에 따뜻하고 온화한 날씨를 가져온다. 북대서양 진동이 음의 모드인 해에는 반대 현상이 일어난다. 아조레스 고기압과 아이슬란드 저기압이 둘 다 평소보다 약해진다. 이 해에 브리튼 제도에는 평소보다 더 가뭄이 들고 지중해 서부에는 평소보다 비가 많이 온다. 이때는 북대서양 풍력 기계의 톱니바퀴가 천천히 돌기 때문에 따뜻한 북대서양 바람이 유럽까지 도달하지 못해 북동쪽의 찬 공기가 들어오는 길을 열어 준다.

나는 이런 유럽 기후 시스템의 주요한 측면들을 막연하게 이해한 채로 유럽의 가뭄 하키 스틱을 개발하기 위한 여정에 착수했다. 얀의 1000년짜리 모로코 가뭄 기록을 들고, 나는 이것과 비교할 비슷한 길이의 다른 유럽 가뭄 재구성 사례를 찾아 나섰다(물론 엄밀히 말해 모로코는 유럽 대륙에 속하지 않는다. 그러나 아프리카 대륙의 북서쪽 최단에 위치하므로 지중해 남서부 지역의 기후 변동성을 대표할 수 있다). 내가 마주친 첫 번째 장애물은 그런 재구성 연구 자체가 부족하다는 점이었다. 유럽 대륙은 오랫동안 집약적으로 목재를 사용해 온 역사 때문에 일반적으로 고령의 나무가 부족하다. 유럽에서 연륜연대학적으로 연대가 측정된 최고령 나무인 아도니스만 해도 1000살을 간신히 넘는다. 게다가 아도니스처럼 유럽의 오래된 나무들은 대부분 인간의 손이 닿기 어려운 오지, 이를테면 높은 산맥의 고지대에 살기 때문에 이들의 나이테는 가뭄이 아닌 기온의 변화를 주로 기록한다. 그러므로 나는 자신을 한계 밖으로 더 멀리 밀어붙여 나이테가 아닌 다른 대체 자료를 찾아 탐색의 범위를 확장해야 했다.

지난 1000년의 유럽 가뭄을 재구성한 소수의 자료 중 용케도 딱 한 가지가 모로코 아틀라스개잎갈나무 기록과 일치했다. 스코틀랜드의 한 동굴에서 수집한 석순 기록이다. 나이테처럼 동굴의 석순도 생장층을 형성한다. 스코틀랜드 북서부의 우암 아 타르테어Uamh an Tartair('울부짖는 동굴'이라는 뜻) 동굴에서는 이 생장층이 해마다 형성되어 석순층 한 개가 그 석순이 1년 동안 생장한 정도를 나타낸다. 뉴사우스웨일스대학교의 지질학자인 앤디 베이커Andy Baker의 연구 팀은 이 동굴에서 작은 석순 하나를 채집했다. 채취할 당시 석순의 높이는 3.8센티미터에 불과했지만 여전히 활발히 생장하며 층을 덧붙이

나무와 석순이 보여 준 증거
기원후 1049~1995년

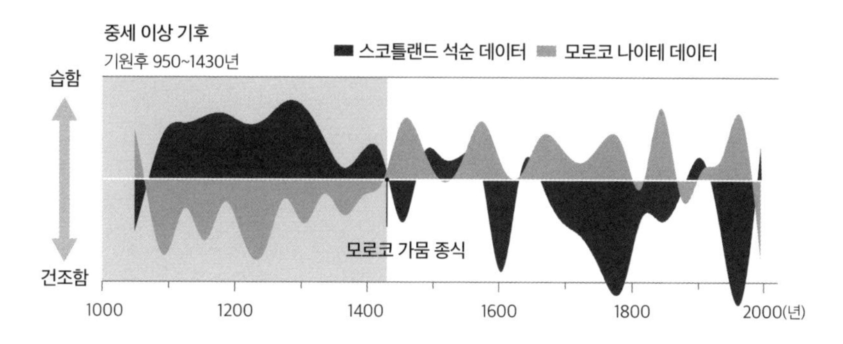

그림 10-B. 석순은 겨울 기후의 대체 자료를 제공한다. 스코틀랜드에서 얻은 1000년의 석순 데이터를 모로코 나이테 데이터와 비교했더니 역상관관계가 나타났다. 스코틀랜드에서 평년보다 비가 많이 올 때 모로코는 평년보다 가물었고, 그 반대의 경우도 마찬가지였다.

고 있었다. 연구자들은 이 석순에서 1087개의 생장 띠를 세었고, 이 띠의 너비가 나이테처럼 동굴이 있는 지역의 겨울 온도 및 강수량과 상관관계가 있음을 알아냈다. 석순은 따뜻하고 건조한 겨울일수록 빨리 자라 넓은 층을 형성하고 춥고 습한 겨울에는 좁은 층을 형성했다.

따라서 우암 아 타르테어 석순 기록은 스코틀랜드 겨울 기후의 1000년을 대표하는 대체 자료였다. 이 데이터를 모로코 가뭄 재구성 곡선과 비교했더니 강한 역상관관계가 나타났다. 지난 1000년 동안 스코틀랜드에서 예년보다 비가 많이 온 해에 모로코는 가물었고, 반대의 경우도 마찬가지였다. 예를 들어 모로코에서 중세의 가뭄기(1025~1450년)에 스코틀랜드는 평년보다 습했던 기간에 해당했다. 그리고 1450년 무렵, 모로코가 긴 가뭄에서 벗어났을 때 스코틀랜드는 가물기 시작했다.(그림 10-B)

내가 처음 스코틀랜드-모로코 시소에 대해 말했을 때 얀은 무시했다. 연륜연대학자들은 석순과 같은 다른 기후 대체 자료들을 습관적으로 불신한다(나이테와 일하면서 버릇이 나빠졌다고나 할까). 나이테 과학자들은 한 조사구에서 많은 양의 샘플을 구할 수 있고 따라서 교차 비교를 통해 연대 측정치를 재확인할 수 있다. 또한 우리는 나무의 생장과 기후와의 관계를 기계론적으로 잘 이해하고 있다. 우리는 모든 연도에 대해 각각 한 개의 나이테와 한 개의 측정점을 갖고 있으므로 직접적인 비교를 통해 자신이 측정한 나이테 데이터가 기후 변동 관측의 좋은 대체 자료가 되는지 확인할 수 있다. 이런 이점을 다 가진 다른 기후 대체 자료는 별로 없다. "그깟 쥐꼬리만 한 석순 하나, 그게 다야? 그걸로 측정한 연대는 몇 년씩이나 오차가 생겨도 비교할 대조구가 없기 때문에 알 길이 없다고. 쳇! 석순이라니 우습군!" 물론 얀이 정말 대놓고 저렇게 말한 건 아니다. 하지만 독자들도 대충 어떤 상황이었을지 감은 잡았을 것이다.

그러나 내가 모로코의 가뭄 해에 상응하는 스코틀랜드의 다우 해, 또 그 반대를 나타내는 도표를 보여 주자 얀의 생각도 달라졌다. 그 순간 우리 둘 다 아직 과학이 발견하지 못한 무언가를 보고 있다는 걸 깨달았다. 우리 눈앞에 있는 것은 단순히 1000년에 걸쳐 스코틀랜드와 모로코 사이에서 일어난 시소 운동이 아니었다. 우리가 보는 것은 북대서양 진동의 시소였다. 우암 아타르테어 석순은 단순한 스코틀랜드 강수량의 대체 자료가 아니었다. 그것은 아이슬란드 저기압을 나타냈다. 마찬가지로 아틀라스개잎갈나무 나이테는 모로코에서 일어난 가뭄의 대체 자료일 뿐 아니라 아조레스 고기압의 대체 자료이기도 했다. 북대서양 진동의 기후 기계에서 저 두 톱니바퀴의 프락시를 결합함으로써 우리는 1000년짜리 북대서양 진동을 재구성해 낸 것이다. 유럽 지역의 가뭄 하키 스틱을 개발하려고 일을 벌였다가 얼결에 지구에서 가장 영향력 있는 기후 현상의 역사를 밝히게 된 셈이다. 우리가 모로코 아틀라스개잎갈나무에서 측정한 이 1000년 묵은 작은 고리들은 우리에게 지난 가뭄과 다우기의 이야기뿐 아니라 지구의 복잡한 날씨 기계가 돌아가는 훨씬 광범위한 대기 메커니즘을 말해 주었다. 우리는 그저 나무에 귀를 대고 그 이야기를 주의 깊게 듣기만 하면 되었다.

이 기후 재구성은, 유럽 기후 역사에서 가장 두드러지는 특징인 중세 온난기에서 소빙하기로의 전이 과정에 북대서양 진동이 어떤 역할을 했는지 밝히려고 먼 과거까지 거슬러 간 첫 번째 사례였다. 이 재구성 곡선에 따르면 북대서양 진동은 중세 시대 전반에 걸쳐 양의 모드였지만, 1450년 이후 점점 주기적이 되고 또 좀 더 음의 모드로 전환했음을 알 수 있다.(그림 10-A) 우리가 발견한 것은 바로 유럽의 중세 온난기 뒤에 자리 잡은 구동 장치였다. 북대서양 진동이 전반적으로 양의 값을 가지면서 북대서양 바람의 바퀴를 전속력으로 돌려 따뜻한 대서양의 공기를 유럽의 중앙으로 보낸 결과 농업, 문화, 인구 번영의 기반인 온화한 겨울이 이어졌다. 그러나 그 바퀴는 1450년 이후로 느려지고 또 변덕스러워졌는데 이때부터 소빙하기의 추운 날씨와 그로 인한 고난이 시작되었다.

중세 이상 기후 동안 유럽의 온난화를 이끈 메커니즘을 발견한 것은 이쪽 분야에서 꽤 대단한 일이었으므로 우리는 우리 논문을 세계 최고의 과학 저널인《네이처》에 투고하기로 결정했다.《네이처》는 매년 투고되는 1만 건 이상의 논문 중 약 8퍼센트만 출판한다.《네이처》의 편집자가 논문을 보고 흥미롭

다고 판단하면 해당 분야의 과학자들에게 검토를 부탁한다. 만약 편집자 선에서 걸러지게 되면 투고한 뒤 약 2주 후에 게재 불가 이메일을 받게 된다.

《네이처》에 논문을 투고한 사람들에게 그 2주는 피를 말리는 시간이다. 북대서양 진동 논문은 내가 최고 학술지에 투고한 첫 논문이었다. 이 게재 여부에 많은 것이 달려 있었는데 과학자로서의 내 경력을 살릴 수도 죽일 수도 있었다. 당시 박사 후 과정 연구원이었던 내 논문이 《네이처》에 실린다면 교수직을 확보하는 데 큰 도움이 될 터였다. 반대로 게재가 거부된다면 내가 지난 2년간 변변찮은 논문을 쓰느라 시간을 보냈다는 뜻이 될 것이다. 이메일의 받은편지함을 강박적으로 확인한 지 열흘 만에 나는 마침내 《네이처》의 이메일을 받았다. 결과는 게재 불가였다.

보낸 사람: Patina@Nature.org

받는 사람: trouet@wsl.ch

제목: 《네이처》 원고 2008-08-08011

친애하는 트루에 박사님,

앞서 보낸 이메일에서 확인하셨듯이 우리는 귀하의 "양의 북대서양 진동이 중세 이상 기후를 지배했다"라는 제목의 원고를 받았습니다. 귀하가 본지에 보내 주신 관심에 감사드립니다.

편집 위원회의 1차 평가에 따르면 귀하의 연구 결과는 폭넓은 관심의 대상이고 여러 과학 분야와 흥미롭게 연관되어 있었습니다. 원고는 잘 쓰였고, 그래픽의 품질도 좋고, 중세 이상 기후 기간의 기후 시스템에 대한 이해를 한 걸음 나아가게 하고 있습니다.

하지만 안타깝게도 우리는 이 연구가 참신하다고 볼 수 없습니다. 왜냐하면 9월 22일 자 저널에 "유럽 중세 이상 기후는 북대서양 진동에 의해 추진되었다"라는 제목의 다른 논문을 실을 예정이기 때문입니다. 귀하의 연구가 이 논문과 질문, 결과, 영향력에 있어서 전반적인 유사점을 보이는 것 같습니다.

우리는 과학자들의 연구에 어느 정도의 중첩이 불가피하다는 것을 잘 알고 있습니다. 특히 의학 및 생명과학 분야에서는 보편적인 현상입니다. 이는 연구 결과를 검증, 반박하게 하고 과학이 더 발전하게 만드는 계기가 될 수 있겠습니다만, 《네이처》의 제한된 지면에 귀하의 논문을 게재할 수는 없을 것 같습니다. 지금까지 당신의 연구에 박수를 보내며 이 결과를 다른 곳에서 꼭 발표할 수 있게 되길 바랍니다.

진심을 담아, 《네이처》 편집자

-엔랄디 파티나Enraldi Patina

나는 어느 정도 마음의 준비는 하고 있었지만, 당황하지 않을 수 없는 것은 다름 아닌 게재 불가 이유였다. 다른 연구 팀이 똑같은 주제로 투고했다고? 우리가 한발 늦었나? 이메일을 끝까지 읽지도 않은 채 나는 얀의 사무실로 뛰어 들어가 소식을 전했다. 내 격한 반응을 들은 옆 사무실의 데이비드와 울프가 재빨리 따라 들어왔다. 나는 후보로 의심되는 경쟁자들에 대한 추측성 불평을 시작했고 동료들이 동참해 주길 기대했다. 하지만 이 친구들은 위로는커녕 낄낄거리면서 웃기 시작했다. 알고 보니 내 동료들은 세계적인 과학자일 뿐 아니라 세계 최고의 개구쟁이들이었다. 데이비드가 불과 몇 초 전 자신의 안락한 사무실에서 '네이처'스러운 가짜 이메일 주소로 내게 이메일을 보낸 것이었다. 심지어 그는 이 장난을 치려고 일부러 새 이메일 계정까지 만들었다(그는 이메일 주소에 '@Nature.com'이 아닌 '@Nature.org'를 사용했다). 동료라는 사람들이 이렇게까지 공을 들여 사람을 놀릴 수 있는 건가에 대한 황당함과 불신은, 내 논문이 떨어진 게 아니고 아직 결과는 알 수 없다는 안도감으로 금세 바뀌었다. 4일 후, 진짜 게재 불가 이메일이 왔다. 편집자는 우리의 연구 결과에서 《네이처》에 게재할 만큼 폭넓은 흥미를 찾지 못했다고 했다. 그러나 적어도 다른 연구 팀에게 선수를 빼앗긴 건 아니었다.

우리는 연구 결과의 폭넓은 영향력을 명확히 하기 위해 원고의 일부를 수정한 다음, 다른 최고 학술지인 《사이언스》에 투고하기로 했다. 그러나 그 전에 넘어야 할 큰 장애물이 있었다. 얀은 이 논문의 제목을 보다 시선을 끄는 제목으로 바꿔야 한다고 확신했다. 그런 뜻에서 그는 '윈드 오브 체인지Wind of Change'라는 제목을 주장했다. 록 밴드 스콜피언스가 부른 유명한 노래의 제목을 갖다 쓰면 사람들의 호응을 얻을 수 있을 거라고 생각한 것이다. 좀 더 구체적으로 설명하자면, 얀은 지금까지 내 연구 경력에서 가장 중요한 과학적 발견을 보고하는 역사적인 논문에 다음 가사가 들어 있는 1980년대 독일 록 밴드의 노래 제목을 붙이고 싶어 한 것이다.

> 나를 그 순간의 마법으로 데려가 줘.
> 영광스러운 밤에
> 우리 미래의 아이들이 마음껏 꿈을 꾸는 곳(꿈을 꾸는 곳)
> 변화의 바람을 타고.

볼 것도 없이 나는 단호하게 반대했고 결국 우리는 밋밋하지만 근사하고 과학적인 제목에 정착했다. 《양의 북대서양 진동이 중세 이상 기후를 지배했다》가 바로 그것이다. 《사이언스》는 약 1년 뒤에 논문을 실었다. 모두가 이 제목을 계속 읽는 것은 아니겠지만, 어쨌든 이 논문은 많이 인용되었다.

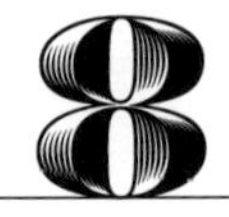

혹독한 소빙하기 덕분에 탄생한 프랑켄슈타인 박사

지난 1000년은 풍부한 나이테 데이터와 다양한 고기후 대체 자료 덕분에 기후의 역사가 가장 잘 밝혀진 기간이다. 그리고 인류사를 통틀어 관련 기록물이 풍부한 밀레니엄이기도 하다. 현재에 가까워져 올수록 지구는 점점 더 북적거리고 사회는 복잡해졌다. 인구 밀도가 높고 복잡한 사회는 교역, 해군, 농업과 관련된 문서, 날씨와 자연의 구체적인 관찰, 인구 조사 데이터를 포함한 많은 서면 기록을 보유했다.

그러한 문서들은 인간이 만든 기후 대체 자료가 되어 과거 기후 연구에 일조한다. 예를 들어 기독교가 유입된 5세기부터 아일랜드 수사들은 주목할 만한 사회적 사건들을 아일랜드 연보Irish Annal에 기록하고 설명해 왔다. 1000년이 넘는 이 기록(431~1649년)은 전쟁과 정치적 음모의 상세한 내용은 물론이고 6세기 유스티니아누스 역병을 비롯해 폭풍과 가뭄, 그 밖의 극한 날씨를 보고하는《왕좌의 게임》이전의 '왕좌의 게임'으로 볼 수 있다. 더블린 트리니티대학교의 지리학자 프랜시스 러들로Francis Ludlow는 아일랜드 연보에 기록된 4만 건 이상의 항목에서 날씨 정보를 추출했고, 특히 문서에 묘사된 춥고 혹독한 겨울을 과거 화산 분출과 연결 지었다. 그러나 고기후학 연구에서 문서화된 기록만 사용하는 것은 아니다. 인류의 조상은 역사적인 날씨 사건을 창조적인 방식으로 기념해 왔다. 예를 들어 2018년 여름 가뭄으로 체코의 엘베강에 있는 '헝거스톤Hunger Stone'이 노출되었는데, 15~19세기까지 수심이 극도로 낮았던 시기의 기록은 물론이고 그 결과에 대한 경고가 이 강의 바위에 새겨져 있었다. 한 헝거스톤에는 이렇게 쓰여 있었다. "Wenn Du mich siehst, dann weine(내가 보이거든 울어라)."

과거의 기후 변화에 대한 직접적인 정보를 알려 주는 도구로써 역사 기록물의 역할은, 사회적 영향력을 알려 주는 역할에 가려져 있다. 우리는 기후 대체 자료에서 도출한 기후사와 역사 기록에서 도출한 인류사를 서로 연결함으로써, 과거에 인간과 사회가 어떻게 기후 변화에 대응해 왔는지 알아내고, 더 나아가 현재의 기후 변화 속에서 앞으로 나아갈 방향에 대한 가르침을 얻고자 한다. 물론 역사와 기후 사이의 연관성을 조사하려면 기후적 사건과 역사적 사건의 정확한 연대를 알아야 한다. 나이테는 한 해 한 해 정확한 절대연대가 부여되고 인류사 기록과 시간적으로 중첩되기 때문에, 여러 기후 대체 자료들 중에서 기후사와 인류사의 연결 고리를 알려 줄 수 있는 가장 좋은 위치에 있다.

그 좋은 예가 프랑스 알프스산맥의 가장 큰 만년설인 메르 드 글라스Mer de Glace('빙하의 바다'라는 뜻) 빙하다. 과거 이 빙하의 움직임이 반화석의 나이테에 기록되었는데, 20세기에 빙하가 퇴각하면서 드러났다. 13세기 초, 메르 드 글라스 계곡에 세워진 소도시 샤모니의 기록 보관소는 빙하의 이동이 지역 사회에 미친 막대한 희생을 보고한다. 빙하는 융빙, 증발, 침식으로 인해 빙하 말단에서 제거되는 양이 유입되는 양보다 많을 때 퇴각한다. 빙하가 퇴각하면서 그 말단부는 점점 계곡 위로 올라가고 빙퇴석Moraine(빙하가 이동하면서 밀려온 흙과 바위)이 노출된다. 빙퇴석이 드러나면서 광범위한 반화석 숲의 잔해도 함께 노출되는 경우가 있다. 과거 빙하 퇴각기에 빙퇴석 지역에 뿌리를 내렸다가 빙하가 전진하면서 깔려 죽은 나무의 잔해가 20세기 빙하의 퇴각으로 다시 드러나는 것이다. 그런 반화석 나무들은 빙하 밑 무산소 환경에서 나이테가 잘 보존된 덕분에 연대를 측정할 수 있다. 빙하 속 반화석 나무의 바깥 나이테는 빙하의 전진으로 인해 나무가 죽은 시기를 알려 준다. 나무는 빙원에서 자랄 수 없으므로 나무의 수명은 곧 그 지역에 빙하가 진출하기 전까지 얼마 동안이나 '빙하가 없는' 상태였는지를 말해 준다. 프랑스 샹베리의 사부아몽블랑대학교 박사 과정 학생인 멜레인 르 로이Melaine Le Roy는 메르 드 글라스 연륜지형학Dendrogeomorphology(나이테를 이용해 과거 지표의 변화를 연구하는 학문) 연구를 위해 이 지역의 빙퇴석 지역에서 반화석 나이테 표본을 수집했다. 멜레인은 여러 해 동안 여름이면 반화석 나무를 찾아 계곡의 반대편에서 망원경으로 빙하의 측면에 있는 빙퇴석 지역을 조사했다. 그런 다음 그곳으로 가 빙퇴석 지역의 산마루에서 밧줄을 타고 하강하거나 아래쪽에서부터 기어올라 망원경으로 발견했던 스위스잣나무*Pinus cembra*의 표본을 수집했다. 멜레인이 교차 비교한 메르 드 글라스 스위스잣나무 나이테는 16세기 말과 19세기 초에 빙하가 확장하면서 수백 년 된 성숙한 숲을 깔아뭉갰다는 사실을 말해 주었다. 나무는 날씨가 따뜻하고 빙하가 물러났던 중세 시기에 메르 드 글라스 빙퇴석 지역에서 자라기 시작했고, 추운 소빙하기에 빙하가 전진하면서 깔렸다가 20세기와 21세기에 빙하가 다시 퇴각하면서 반화석 잔해로 발견된 것이다.

소빙하기에 메르 드 글라스가 전진하면서 계곡에 자리 잡은 마을, 특히 샤모니에 심각한 영향을 미쳤다. 샤모니는 프랑스에서 가장 오래된 스키 리조트 중 하나로 1924년에 제1회 동계 올림픽이 개최된 곳이기도 하다. 그러나 관광 명소이자 인기 있는 스키 도시가 되기 전 샤모니는 살기 좋은 곳이 아니었다. 심지어 메르 드 글라스가 물러나 있던 따뜻한 중세 시대에도 샤모니에서의 삶은 비교적 덜 위험했을지 모르나 힘겹기는 마찬가지였다. 프랑스 역사가인 에마뉘엘 르루아 라뒤리Emmanuel Le Roy Ladurie는 16세기 문서에서 샤모니에 대한 다음과 같은 묘사를 발견했다. "이 지역은 너무 춥고 사람이 살 수 없는 산속에 있어 변호사나 대리인을 고용할 수 없고… 온통 촌스럽고 무지하고 가난한 사람들 천지이며… 어찌나 궁핍한지 샤모니와 발로시네에는 시간을 알 수 있는 시계조차 없고… 어떤 외부인도 들어와 살려고 하지 않을 것이며, 세상이 창조된 이래로 언제나 눈과 서리가 흔하다."[20] 내게는 변호사

20 에마뉘엘 르루아 라뒤리, 《축제의 시대, 기근의 시대: 기원후 1000년 이후의 기후의 역사(Times of feast, times of famine: A history of climate since the year 1000)》(New York: Doubleday, 1971).

나 대리인이나 시계가 없다는 사실이 그리 나빠 보이지는 않지만, 샤모니 주민들은 가난을 한탄하고 빙하와 잔인한 기후를 탓했다. 그러나 진짜 겨울은 아직 오지 않았다.

소빙하기가 한창인 기원후 1600년부터 메르 드 글라스는 급격히 전진했고 그 과정에서 마을 3곳을 지도에서 지워 버렸다. 빙하의 전진으로 눈사태와 끔찍한 홍수가 동반되자 샤모니 계곡의 다른 마을과 경작지는 심각한 피해를 입었다. 빙하가 전진하고 불과 15년 후인 1616년, 사부아 회계 회의소의 한 감독관이 한 마을을 방문하고는 상황을 이렇게 설명했다. "아직 여섯 채의 집이 남아 있는데 둘을 제외하고는 사람이 살지 않는다. 이 두 채에는 집주인이 아닌 불쌍한 여성과 아이들 몇 명이 살고 있다. 마을 위쪽과 인접 지역에는 크기를 가늠할 수 없는 거대하고 끔찍한 빙하가 있는데 남아 있는 집과 토지를 파괴할 일만 남았다."[21]

유럽의 역사에는 냉혹한 소빙하기의 고난에 굴복한 온화한 중세 기후 이야기가 가득하다. 이 이야기들에 따르면 350년 동안 지속된 훈훈한 날씨 덕분에 십자군은 성지를 되찾았고, 건축가, 석공, 목수들은 영국에서만 26개의 거대한 고딕 성당을 세웠으며, 스코틀랜드 상인들은 상류층을 위한 성을 지었다. 따뜻한 여름은 영국 남부에서 50개 이상의 수도원 소속 포도원의 번영을 이끌었고(현재 영국은 물론이고 훨씬 북쪽 지역에서도 400개 이상의 포도원이 운영되고 있는 것과

21 샤모니 공동 기록 보관소(Communal Archives of Chamonix), CC1, no. 81, year 1616, cited in ibid., 147.

비교해 보자), 특히 노르드인Norse들은 서쪽으로 그린란드와 뉴펀들랜드까지 진출하면서 해상권을 장악했다. 그러나 15세기 중반에 기후가 변화하면서 바이킹 정착촌은 버려졌고, 여름이 점차 추워지고 생장철이 짧아지면서 영국 남부 지방에서 포도 재배를 포기하는 포도원이 늘어났다. 알프스산맥과 스칸디나비아에서는 빙하가 전진하면서 마을과 농장을 덮쳤고 발트해는 얼어붙었으며 북쪽 지방의 어업은 붕괴했다.

이런 이야기들을 바탕으로 초기 사회기후학 역사가들은 기후사와 인류사를 결정론적 접근법으로 결합했다. 이들은 과거 문명의 흥망성쇠가 오로지 기후 변화에 의해 결정되었다고 주장했다. 전반적으로 추운 소빙하기 기후가 유럽과 북대서양 전역에서 힘겨운 여건을 조성한 것은 분명하다. 산사람과 뱃사람 모두에게 똑같이 위협은 증가했고, 식량 부족이 만연해졌으며 기아, 전염병 유행, 사회 불안, 폭력의 시대가 도래했다. 그러나 많은 연구가 진행되면서 이제 우리는 기후사와 인간사를 이어 주는 복잡한 상호 작용을 더 잘 이해할 수 있게 되었다.

길고 긴 소빙하기 겨울이 마냥 부정적인 것은 아니었다. 화가 대 피터르 브뤼헐(1525~1569)의 작품들과 메리 셸리의 《프랑켄슈타인》에서 그려진 불멸의 겨울 풍경처럼 말이다. 메리 셸리는 1816년 여름에 제네바호에서 휴가를 보내는 동안 이 명작을 썼다. 그해의 여름 날씨는 너무나 끔찍해서 메리와 남편은 집 안에 갇혀 있어야 했다. 둘은 서로에게 무서운 이야기를 들려주면서 지루함을 달랬는데, 그중 하나가 흉물스러운 괴물을 창조한 젊은 과학자의 이야기였다. 이제 우리는 초기 기상 관측과 나이테 데이터를 통해 이 고전적인 괴물이 탄생한 '여름 없는 해'가 한 해 전에 일어난 인도네시아 탐보라 화산 폭발의 결과라는 것을 알고 있다. 심지어 메시아를 비롯한 스트라디바리의 동시대 바이올린이 가지는 유명한 음색조차 추운 소빙하기 동안 나무들의 생장이 느려진 덕분이다. 1656~1737년에 제작된 스트라디바리의 바이올린들은 나이테가 매우 규칙적이고 좁으며 밀도가 균일한 가문비나무와 단풍나무로 제작되었다. 이례적으로 한랭한 소빙하기 여름의 결과로 좁아진 나이테가 바이올린에 사용된 목재의 우수한 품질에 이바지했다고들 말한다.

우리는 유럽에 닥친 혹독한 소빙하기의 승자와 패자는 지역의 기후 격차뿐 아니라 사회적 복원력과 적응 전략의 차이에 의해서도 승패가 결정되었다는 것을 배웠다. 예를 들어, 네덜란드 공화국은 17세기 기후 대란의 한복판에서도 황금기를 일궈 냈다. 유럽 저지대 국가들은 소빙하기의 서리, 폭풍, 폭우 때문에 유럽의 나머지 지역 못지않은 어려움을 겪었다. 그럼에도 네덜란드인들은 소빙하기 기후를 기회로 삼는 전략을 세웠다. 네덜란드 어업은 대규모 청어 떼가 발트해의 차가운 물에서 북해를 향해 남하하면서 성행하게 되었다. 네덜란드 농부들은 새로운 농경 방식을 개발하고, 주식에 감자를 포함시키는 등 농작물을 다양화했다. 네덜란드 상인들은 저장된 곡물의 가격을 올리고 유럽의 곡물 공급을 통제해 유럽 전역에서 일어난 흉년을 자본화했다. 한편 네덜란드 공화국 정부는 교통망과 복지 프로그램에 투자해 소빙하기의 냉기가 미치는 최악의 영향을 흡수했다.

그러나 기후사와 인류사, 그리고 둘의 관계는 그렇게 단순하지 않다. 기후 변화의 승자와 패자는 불변의 것이 아니었다. 노르드인들의 그린란드 정착사는 생각보다 복잡한 것으로 드러났는데, 이는 공동체의 복원력과 취약성이 시간의 흐름에 따라 어떻게 변하는지 보여 주는 좋은 예다. 중세 시대 전반에 걸친 따뜻한 기온 덕분에 북극해의 얼음이 점점 북쪽으로 퇴각하면서 북대서양의 넓은 바다는 노르드인들이 서쪽으로 더 멀리 진출할 수 있도록 활짝 열렸다. 스칸디나비아 피오르 지역에 인구가 과도하게 불어나고 농업의 선택권이 제한되자 이들은 9세기에 페로 제도로 건너가 정착했다. 그리고 874년, 페로 제도에서 아이슬란드로 건너가 이내 숲을 갈아엎고 농사를 지을 땅을 마련했다. 에이리크 힌 라우디Erik the Red와 그의 원정대는 10세기 후반에 아이슬란드에서 그린란드까지 항해하는 데 성공했고 그곳에서 풍부한 생선과 바다 포유류는 물론이고 가축을 방목할 목초지로 안성맞춤인 초록색 여름 풀밭까지 발견했다. 그럴싸한 이름을 붙인다면 사람들이 더 많이 이주하고 싶어할 거라고 생각한 에이리크는 이곳을 초록 땅이라는 뜻의 그린란드Greenland라고 보고했다. 이 홍보 전략은 성공했다. 에이리크가 아이슬란드로 돌아온 직후 노르드인들은 그린란드로 건너가 남동부와 서부 해안에 영구 정착지 2곳을 세웠다. 그리고 그곳에서부터 서쪽으로 모험을 계속해 북아메리카의 뉴펀들랜드까지 도달했고, 기원후 약 1000년에 랑스 오 메도즈에 영구 정착지를 세웠다. 신대륙 정착민들은 2세기 이상 살아남아 번영했다. 그린란드 사람들은 목재를 찾아 서쪽의 북아메리카로 향했다. 그리고 바다코끼리의 상아와 물자를 교환하고 십일조를 내기 위해 아이슬란드와 노르웨이를 향해 동쪽으로 항해했다.

그러나 소빙하기의 겨울이 북대서양 지역에 일찌감치 찾아왔고, 1250년에는 북극의 부빙(바다에 떠 있는 연속적인 얼음덩어리)이 예전보다 남쪽까지 도달하면서 노르드인 뱃사람들은 식민지와 본토 사이의 항로를 변경하거나 심지어 항해를 중단할 수밖에 없었다. 기후가 악화하면서 신대륙 정착민들은 점차 고립되었고, 그린란드 해안가에서도 경작이 불가능해졌다. 빙하가 전진하고 생장철이 짧아졌으며 본토로부터 물자 공급이 줄어들었다. 처음에 그린란드의 노르드인들은 경작법을 달리하고 농업에 대한 의존도를 줄이고 생계 전략을 다양화함으로써 악화하는 환경에도 잘 적응했다. 남동쪽 정착지에서는 개척민들이 관개 시스템을 개발해 건초 수확을 늘렸고, 서쪽 정착지의 개척민들은 사냥터를 확장해 교역에 필요한 바다코끼리 상아와 식량으로 삼을 바다표범과 카리부(사슴과 동물-옮긴이)의 포획량을 늘렸다. 그러나 14세기가 되자 교역과 사냥을 위한 초기 투자는, 경쟁자인 툴레Thule 사람들이 그린란드로 이주해 오고 유럽에서 바다코끼리 상아의 유행이 식으면서 무너졌다. 이처럼 덜 바람직한 배경에서 10년(1345~1355년) 동안 혹독한 추위가 지속되자 그린란드 서부 정착촌은 치명타를 입었다. 서부 정착의 절정기에 이곳에는 약 1000명의 주민이 최소한 95개의 농장을 운영했다. 그러나 1350년대 후반에 노르웨이 성직자 이바르 바르다손Ivar Bardarson이 정착촌에 방문했을 때 그가 발견한 것은 텅 빈 농장들뿐이었다. 14세기 중반, 서부 정착지가 버려진 후 한 세기가 지나자 동부의 정착촌도 유기되었다.

그러나 중세 시대의 같은 시기에 그린란드에서 노르드인들과 동거했던 유목민 이누이트족은 소빙하기에도 무너지지 않고 잘살았다. 이누이트족은 카약을 타고 이동하면서 사냥했는데, 해빙의 가장자리에서 배에 올라 유빙 사이를 헤치고 다니며 1년 내내 사냥할 수 있었다. 이들은 소빙하기에 확장된 해빙을 활용해 사냥터를 넓혔다. 17세기에는 남동쪽으로 오크니 제도와 스코틀랜드 북부에서도 이들이 목격되었다. 브리튼 제도의 훨씬 남쪽에서도 일부 런던 사람들이 소빙하기 상황을 잘 활용했다. 17~19세기 초까지 템스강에서는 겨울철 서리 축제가 정기적으로 열렸다. 당시 템스강은 폭이 더 넓고 얕고 천천히 흘렀다. 따라서 가장 추운 한겨울에는 강이 꽁꽁 얼어 말과 마차 경주가 열릴 수 있었고, 1814년에는 코끼리가 얼음을 가로질러 건너기도 했다. 다만 맥주 종주국인 벨기에 사람들이라면 모두 수긍하는바, 소빙하기에 와인 산업이 쇠퇴한 것을 계기로 삼아 그 시간 동안 영국이 맥주 만드는 법을 제대로 배워 두지 않은 것은 부끄러운 일이다.

나이테가 넓어지면 폭풍은 잦아들고 해적선은 날뛴다

나이테는 우리에게 놀라운 것들을 말해 주지만 기후의 대체 자료로서 한계와 결점은 있다. 나무는 바다나 호수에서는 자라지 않는다. 남극 대륙이나 광대한 북극 지방에서도 자라지 않는다. 열대 지방은 계절이 없고 연중 일정한 날씨 탓에 나이테가 뚜렷하지 않아 고기후 연구에 사용할 만한 나무가 거의 없다. 다행히 이들 지역에서는 과거의 기후를 연구하는 데 보탬이 될 다른 생물학적, 지리학적 기록 보관소가 있다. 북극과 남극에서 추출한 빙하 코어는 수십만 겹의 눈과 얼음층을 드러낸다. 바다와 호수에도 파 내려갈수록 우리를 더 먼 과거로 데려가는 퇴적층이 있다. 이런 층들은 나이테 기록만큼 신뢰성 있는 연도별 기록을 제공하지는 못한다. 퇴적층 하나가 5년, 10년, 100년, 아니 심지어 1000년까지 뭉뚱그려 나타내기 때문이다. 그럼에도 그것들은 과거의 기후와 생태계에 관한 정보를 주고, 보통은 나이테가 다룰 수 있는 이상의 훨씬 긴 시간의 범위를 아우른다. 예를 들어 남극의 앨런 구릉에서 추출한 가장 오래된 빙하 코어에는 270만 년 전 얼음이 들어 있는데 이것은 연륜연대학으로는 감히 근처에도 갈 수 없는 시간이다.

그러나 석순과 같은 대체 자료는 해마다 층을 형성한다. 산호, 조개, 그리고 이석Otolith이라고 부르는 물고기의 귀뼈는 매년 확실하게 생장 띠를 형성한다. 이 '바다의 나무들'이 해류, 온도, 그리고 엘니뇨 같은 대기-대양 간의 상호 작용에 대해 말해 줄 수 있다. 경피연대학Sclerochronology은 연대 교차 비교를 비롯해 연륜연대학에서 많은 기법을 빌려 온, 비교적 젊은 과학 분야로 해양 생물들을 이용해 수백 년의 바다 대체 자료를 개발한다. 예를 들어 웨일스 뱅고어대학교의 경피연대학자들은 아이슬란드 해안을 따라 수확되는 식용 조개인 북대서양대합*Arctica islandica*으로부터 1357년의 연대기를 제작했다. 그러나 안타깝게도 경피연대학자들은 연륜연대학자들로부터 배우지 말아야 할 것까지 따라 한 것 같다. 아이슬란드 북쪽 해안에서 건져 올린 북대서양대합들 중에 하프룬Hafrun이라는 이름의 507년 된 표본이 있었는데(아이슬란드어로 '바다의 미스터리'라는 뜻이다), 세계에서 가장 오래 살았다고 알려진 비복제성 동물이었다. 그러나 하프룬의 어마어마한 나이를 미처 예상하지 못했던 뱅고어대학교 연구원들이 생장 띠를 분석하기 위해 껍데기를 열면서 이 조개를 죽이고 말았다. 한때 가장 나이 많은 나무였던 프로메테우스처럼 하프룬도 과학을 위해 순교당했다. 그러나 희귀한 브리슬콘소나무와 달리 이 대합은 북대서양에 수백만 마리가 서식한다. 하프룬이 가장 나이 많은 조개는 아니겠지만 그래도 또 다른 500살짜리 연체동물을 찾아내는 것은 건초더미에서 바늘을 찾는 것과 같다. 경피연대학자들은 아주 오랫동안 바다를 찾아 헤매게 될 것이다.

애리조나대학교 나이테 연구소의 동료 브라이언 블랙Bryan Black은 연륜연대학자로 출발했지만 경피연대학으로 전향한 후 이 두 분야를 접목해 캘리포니아의 해안 기후를 연구했다. 브라이언은 캘리포니아 해안을 따라 포획되는 쌍수볼락*Sebastes diploproa*의 이석을 이용해 60년에 가까운 해양 생산성 연대기를 제작했다. 그런 다음 이 이석 연대기를 캘리포니아 바닷새들(바다오리류)이 알을 낳는 시기와 새끼가 무사히 둥지를 떠나는 성공률의 시계열 3개와 비교했다. 그 결과 그는 물고기들이 왕성하게 생장한 해가 바닷새의 번식률이 높은 해와 일치하며, 둘 다 캘리포니아 해류라는 공통의 동인動因에 의해 일어난 현상임을 알아냈다. 이 해류는 캘리포니아 해안을 따라 남쪽으로 움직이면서 깊고 차갑고 영양분이 풍부한 물을 수면으로 들어 올리는 용승 작용으로 해양 생태계를 부양한다. 캘리포니아 해류와 이 해류의 용승은 고기압 마루가 태평양 연안 가까이 자리 잡는 겨울에 강하다. 이처럼 고기압 마루에서부터 시계 방향으로 회전하는 바람은(아조레스 고기압에서 시계 방향으로 회전하는 바람처럼) 캘리포니아 해류의 남하를 부추기고 바닷물의 용승을 일으킨다. 이 고기압 시스템은 해양 생산성에는 긍정적인 영향을 미칠지 모르지만 동시에 북태평양의 겨울 폭풍이 캘리포니아에 눈과 비를 가져오지 못하게 막는 역할도 한다.(그림 11-A) 이 현상이 2012~2016년 캘리포니아 가뭄의 원인이다. 장기간 고기압 마루가 지속되면서 겨울 폭풍이 캘리포니아까지 도달하는 것을 완벽하게 차단한 나머지 '기똥차게 버티는 기압 마루Ridiculously Resilient Ridge'라는 별명이 붙을 정도였다.[22]

2012~2016년 캘리포니아 가뭄은 센트럴 밸리와 시에라네바다산맥 작은 구릉에 자라는 더글러스참나무*Quercus douglasii* 나이테에 아름답게 새겨졌다. 자생하는 더글러스참나무는 지구상 어디에 있는 나무보다도 습기에 민감하다. 지난 700년 동안 일어난 가문 겨울 날씨 중 더글러스참나무에 좁은 나이테를 형성하지 않은 해가 없다. 따라서 더글러스참나무 나이테는 샌프란시스코 베이의 수질은 물론이고 캘리포니아 주요 하천의 흐름을 재구성하는 데 사용되어 캘리포니아 수문기후Hydroclimate(대기와 지표면 사이의 물 순환과 관련된 기상 현상-옮긴이) 역사 연구에 사용되었다. 가뭄으로 인해 줄어든 더글러스참나무의 생산성은 또한 기똥차게 버티는 기압 마루와 관련이 있고, 따라서 캘리포니아 해류와도 연관된다. 브라이언이 볼락과 바닷새 생산성 시계열을 더글러스참나무 연대기와 비교했더니 역상관관계가 나타났다. 기똥차게 버티는 기압 마루 때문에 겨울 폭풍과 습기가 센트럴 밸리의 더글러스참나무까지 오지 못하는 해에는 캘리포니아 해류가 강해져서 그로 인한 용승 작용으로 바닷새들과 볼락이 크게 번식했다. 기똥차게 버티는 기압 마루가 불러온 2012~2016년 가뭄으로 캘리포니아 사람들과 더글러스참나무가 괴로워할 때 캘리포니아의 물고기와 바닷새들은 행복하게 지냈다. 그렇다면 브라이언

22 대니얼 스웨인(Daniel Swain), "기압 마루의 기똥찬 회복력이 2014년까지 지속되면서 캘리포니아 가뭄은 심화될 것이다(The Ridiculously Resilient Ridge continues into 2014: California drought intensifies)", 캘리포니아 날씨 블로그, 2014년 1월 11일, http://weatherwest.com/archives/1085.

기똥차게 버티는 기압 마루

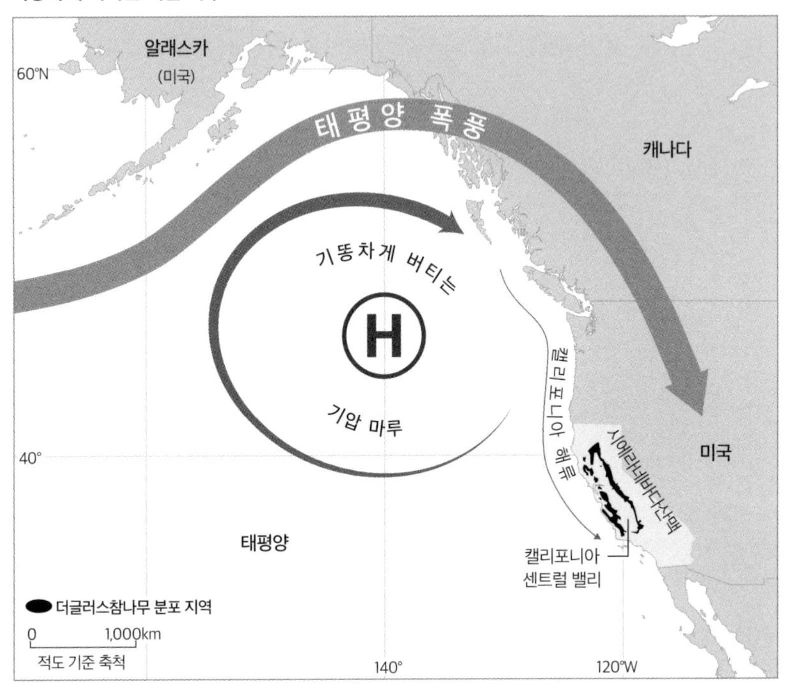

그림 11-A. '기똥차게 버티는 기압 마루'가 북태평양 폭풍이 캘리포니아 센트럴 밸리의 더글러스참나무에 비를 내리는 것과, 더 나아가 동쪽으로 움직여 시에라네바다산맥에 눈을 내리는 것을 막는다. 기압 마루에서 시계 방향으로 부는 바람은 남하하는 캘리포니아 해류를 강화하여 용승을 일으키고 해양 생태계를 부양하지만 동시에 시에라네바다와 센트럴 밸리에서는 가뭄을 일으킨다.

의 이야기에서 배워야 할 점이 무엇인가? 캘리포니아 물고기의 이석과 나이테가 사람들이 상상하는 것보다 더 많은 연관성을 보여 준다는 사실일 것이다. 아니면 캘리포니아 해안에 산다고 해서 모든 걸 다 가질 수는 없다는 교훈일지도.

우리 연구 팀은 동일한 더글러스참나무 연대기를 이용해 캘리포니아 수문기후학의 새로운 측면을 연구했다. 바로 시에라네바다산맥의 눈 덩어리다. 2015년 4월 1일, 캘리포니아 가뭄 4년 차에 주지사 제리 브라운은 가뭄의 영향을 완화하기 위해 최초로 주 전역에 강제 절수 조치를 시행했다. 그는 시에라네바다산맥의 타호호 바로 서쪽에 있는 바싹 마른 필립스 기상 관측소에서 이 조치를 발표했다. 이곳에서는 1941년 이후로 시에라네바다산맥의 적설량을 측정해 왔다. 적설량은 눈 속에 저장된 물의 양을 나타내는 눈물당량Snow Water Equivalent, SWE으로 측정된다. 눈물당량은 눈 덩어리가 한번에 다 녹았을 때 생성하는 물의 양이라고 보면 된다. 눈물당량은 일반적으로 그 겨울에 내릴 눈이 모두 내리고 막 녹기 직전인 4월 1일에 측정하는데, 이날의 눈물당량은 그해의 겨울을 대표하는 수치로 여겨진다. 1914~2014년까지 필립스 기상 관측소에서 측정한 4월 1일 평균 눈물당량은 68센티미터였다. 2015년 4월 1일, 브라운 주지사가 조치를 발표하던 날 땅에는 눈이 없었다. 눈물당량이 0센티미터였다.

필립스 관측소의 눈물당량은 곧 시에라네바다산맥 전체를 대표하는 척도였다. 이 지역에서는 1930년대에 처음으로 눈물당량이 측정되었다. 따라서 2015년 4월 1일에 발표된 눈물당량 값은 2015년 적설량이 80여 년 만에 최저치라는 뜻이기도 했다. 애리조나대학교 나이테 연구소의 내 연구 팀에 있는 박사 후 연구원 수마야 벨메케리Soumaya Belmecheri와 플루린 밥스트Flurin Babst는 이 소식을 듣고 가뭄에 민감한 더글러스참나무 나이테 데이터를 이용하면 2015년 눈물당량 수치를 훨씬 길고 의미 있는 맥락에서 해석할 수 있겠다고 생각했다. 이 둘은 처음으로 그 연결 고리를 본 사람들이다. 북태평양 폭풍이 더글러스참나무에 비를 내리지 못하게 막는 바로 그 기똥차게 버티는 기압 마루가 동쪽의 시에라네바다산맥에도 눈을 뿌리지 못하게 막고 있다는 사실을 말이다. 다시 말해 더글러스참나무가 센트럴 밸리에 가뭄이 들었다고 기록한 해에는 시에라네바다산맥에도 겨울 가뭄이 든다는 뜻이다. 따라서 이 연결 고리를 통해 우리는 더글러스참나무 나이테로 시에라네바다산맥의 연간 적설량을 과거 80년이 아닌 수 세기까지 재구성할 수 있었다.

2015년 4월 1일 눈물당량 데이터가 공개되자마자 수마야와 플루린은 시에라네바다 눈물당량 관측값과 1500개 이상의 더글러스참나무 나이테 시계열을 종합하는 작업에 들어갔다. 두 데이터 집합의 특성을 확인하고 통계적으로 보정하고 재구성 모델을 개발한 다음 불확실도 구간, 재현 구간, 확률을 계산했다. 나이테 데이터로부터 정확하고 신뢰할 수 있는 기후 재구성 데이터를 개발하는 과정에는 통계와 정량 분석이 큰 비중을 차지한다. 수마야와 플루린은 4월 한 달 내내 컴퓨터 앞에 붙어살면서 모든 분석 퍼즐을 코딩하고 결과를 여러 번 확인했다. 이들이 모니터의 환한 불빛 앞에서 보낸 긴 시간 동안 나는 행여 작업의 흐름을 깰까 봐 사무실 문도 제대로 두드리지 못했지만, 분명 이들이 대단한 것을 목전에 두고 있다는 느낌을 받았고 그 결과가 보고 싶어 몹시 안달이 났었다.

한 달간의 편집 기간과 최고의 재구성 방식에 대한 격렬한 토론 끝에 5월 초, 우리는 500여 년(1500~2015년)을 아우르는 시에라네바다 눈물당량 재구성에 성공했다. 재구성 결과가 보여 준 바에 따르면 2015년 시에라네바다 적설량은 단지 80년 만에 최저치가 아니었다. 무려 500년 만의 최저치였다. 지난 500년 동안 시에라네바다산맥에 쌓인 눈은 2015년만큼 보잘것없던 적이 없었다.(그림 11-B) 이 결과를 보면서 우리는 복잡한 감정을 느꼈다. 분명 우리의 헌신적 노력은 결실을 보았다. 우리가 발견한 것은 과학계뿐 아니라 캘리포니아 주민들과 정책 입안자들에게도 중요했다. 하지만 우리 손에 쥐어진

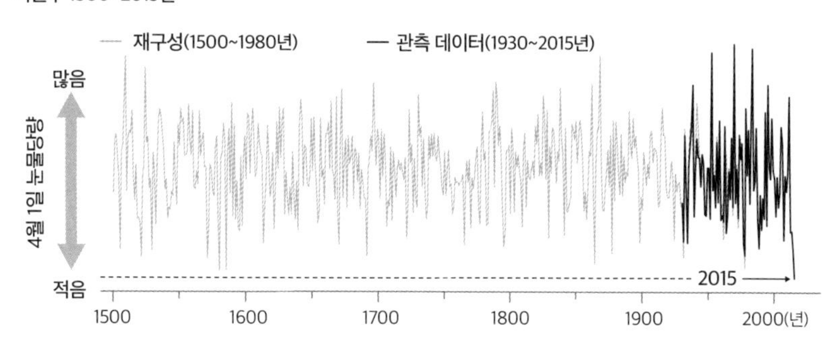

그림 11-B. 우리는 더글러스참나무 나이테 데이터와 관측 데이터를 종합해 시에라네바다산맥 적설량을 1500년 전까지 재구성했다. 재구성 결과에 의하면 2015년은 500년 만에 최저 적설량을 기록한 해다.

500년 만에 최저치라는 바람직하지 않은 결과에 씁쓸했다. 특히 이곳이 캘리포니아에 공급되는 물의 30퍼센트를 책임지는 천연 물 저장 시스템임을 감안하면 말이다. 2015년 눈 가뭄이라는 유례없는 특징은 미래에 대한 전조이기도 했다. 인간이 만든 기후 변화가 이대로 가속화된다면 앞으로는 이런 최저치가 더 빈발할 것이다.

이 결과의 관련성과 시급성을 고려해 우리는 짧은 논문을 쓰기로 했다. 500년 만의 최저치에는 500단어짜리 논문이 적절할 것 같았다(과학 논문의 길이는 일반적으로 1500단어에서 5000단어 정도이다). 분석할 때만큼이나 신속하게 논문을 쓸 것을 목표로 삼아 마침내 5월 말에 《네이처 기후 변화Nature Climate Change》에 투고했고, 2015년 4월 1일 눈물당량이 공개된 지 불과 5개월 만인 9월 중순에 실렸다. 캘리포니아 가뭄은 여전히 기승을 부리고 있었으므로 그 이례적인 특성에 대한 우리의 시의적절한 메시지는 예상치 못한 언론의 관심을 끌었다. 《뉴욕타임스》《로스앤젤레스타임스》《워싱턴포스트》, CNN 등 모두가 갑자기 500년 만의 최저 적설량에 대해 이야기했다. 수마야 벨메케리와 나는 엄청난 압박을 느꼈다.

마침 이 논문은 우리가 미국 전역에서 10여 명의 공동 연구자를 투손으로 초빙해 개최한 이틀짜리 워크숍의 첫날에 게재되었다. 지금 생각해 보면 출판을 일주일만 미뤄 달라고 부탁했어야 했다. 하지만 그때는 이 논문이 받게 될 언론의 관심을 전혀 예상하지 못했다. 월요일 아침, 나는 45분 만에 25건의 인터뷰 요청을 받았다. 캘리포니아에 있는 모든 라디오 방송국이 수마야와 내게 눈 가뭄에 대해 한마디 해 주길 바랐다. 워크숍은 엉망이 되었고 우리는 형편없는 주최자가 되었지만, 이 이슈를 노출하는 데는 성공했고 결국 500년 만의 눈 가뭄 소식은 산불처럼 퍼졌다.

어떤 의미에서 시에라네바다 적설량 도표는 내가 7년 전에 찾아 헤맸던 가뭄 하키 스틱을 대신한다. 그것은 현 기후 상태의 전례 없는 특성을 확실히 보여 주는 알기 쉬운 그래프로 언론의 열광적인 반응을 일으켰다. 기후 과학 회의론자들이 우리의 결과를 맹렬히 비난했지만 그들의 공격은 상황의 큰 틀에서 보면 미미한 것이었다. 첫 번째 하키 스틱에 대한 반응과는 전혀 달랐다. 아마 그 이후 15년간 수그러들지 않은 기후 변화를 부인하는 것은 어려운 일이었을 수도 있고, 회의론자들이 캘리포니아의 눈 따위는 신경 쓰지 않았을 수도 있고, 어쩌면 수마야와 나를 상대할 가치도 없는 별 볼 일 없는 여자들이라고 생각했을지도 모른다. 어쨌거나 우리는 그들의 분노에서 대체로 벗어난 것을 다행으로 생각했다.

2015년 시에라네바다의 기록적인 적설량에 대한 우리 연구는 나이테가 어떻게 극한 기후를 연구하는 데 사용되는지 보여 주는 좋은 예다. 가뭄, 혹서, 홍수, 토네이도, 허리케인과 같은 극한 날씨와 극한 기후(극한 날씨와 극한 기후의 구분은 명확하지 않지만, 대체로 기간과 관련이 있다. 극한 날씨는 하루에서 몇 주에 걸쳐 일어나고, 극한 기후는 적어도 한 달 이상 지속한다)는 기후 시스템의 대단히 파괴적인 측면이다. 장기적인 평균 기후로부터의 이런 드물고도 심각한 탈선은 사람들의 목숨, 생계, 생태계, 경제를 위협하고 파괴적인 영향을 미칠 수 있다. 기후와 관련된 극심한 사건들은 드물게 일어나기 때문에 연구하기가 어렵다. 예를 들어 대서양에서 5등급짜리 허리케인(시속 250킬로미터 이상의 풍속을 유지하는 폭풍)은, 1851년에 허리케인을 기록하기 시작한 이래로 170년 동안 총 33건 발생했다. 그리고 그 33건 중 5등급을 유지하며 미국에 상륙한 것은 3건(1935년 노동절 허리케인, 1969년 허리케인 카미유, 1992년 허리케인 앤드루)에 불과하다(2018년 10월 플로리다에 상륙한 허리케인 마이클은 풍속 시속 249킬로미터로 5등급 기준에 아슬아슬하게 못 미쳤다). 이 3차례의 상륙 사건을 가지고서는 5등급짜리 허리케인이 얼마나 자주 일어나는지, 더 나아가 앞으로 일어날 가능성은 얼마나 되는지를 올바로 추정할 수 없다.

이러한 최대 가능 추정치의 신뢰도를 높이기 위해 우리는 고기후 대체 자료가 주는 긴 시계열을 통해 더 많은 극단적인 사건을 조사할 수 있다. 특히 나이테는 해상도의 단위가 1년이기 때문에 극한의 날씨를 파악하기에 좋다. 나이테 기록은 가뭄이나 극단적인 기온 변화를 재구성하는 데 주로 쓰이지만, 홍수나 폭풍 같은 다른 극한 기후를 재구성하는 데도 활용된다. 폭풍이나 허리케인이 나뭇가지를 부러뜨리거나 나뭇잎을 뜯어내면 수관층의 손상이 나이테에 기록된다. 나뭇잎이 한 번에 대량 소실되면 광합성 능력을 잃는 셈이므로 넓은 나이테를 생산할 에너지가 부족해지기 때문이다. 잎이 온전하게 달린 수관과 광합성 능력이 없을 때는 탄소 공급이 원활하지 않으므로 물이나 기온이 아닌 탄소가 나무 생장의 주요 제한 요인이 된다. 폭풍에 노출된 나무들은 생장이 저하된 기간과 좁은 나이테로 그 폭풍을 기록한다. 생장 억제는 폭풍이 강타해 나무가 잎을 잃은 해에 시작해 수관이 완전히 복원될 때까지 지속된다. 물론 한 나무가 광합성 능력을 잃는 다른 경우(잎을 고사시키는 곤충, 화재, 다른 나무와의 경쟁 등)와 생장이 억제되는 기타 요인(가뭄)도 있다. 그러므로 나이테를 통해 과거의 폭풍을 연구하는 고폭풍학Paleotempestology에서는 적절한 연구지와 나무를 선별하는 것이 중요하다. 폭풍에는 자주 노출되지만 해충 발생이나 산불처럼 다른 제한 요인에는 별다른 영향을 받지 않는 나무가 폭풍 재구성에 안성맞춤이다.

카리브해 북서부, 플로리다 남쪽 끝에 크고 작은 섬들이 줄지은 플로리다 키스 제도는 고폭풍학을 연구하기에 딱 좋은 조건을 갖추었다. 빅 파인 키에 자라는 습지소나무*Pinus elliottii*는 가뭄이나 추운 여름에 시달릴 일이 없고 나뭇잎을 떨어뜨리는 곤충이나 여타의 교란 요인도 없다. 하지만 카리브해의 섬인 빅 파인 키에는 허리케인이 자주 지나간다. 1851년 이후 최소한 45개의 1~5등급 허리케인이 섬의 반경 160킬로미터 이내를 지나갔다. 플로리다주 전체가 그렇듯이 빅 파인 키도 평지 지형이라 섬에서 가장 고도가 높은 곳이 해수면에서 고작 1.8미터에 불과하다. 그러나 이런 미미한 차이에도 섬의 중심부에 자라는 나무들은 저지대 이웃보다 생존에 유리하다. 높은 지대의 나무들은 허리케인이 동반하는 폭풍에서 더 잘 살아남는데, 밀려들어 온 바닷물이 빨리 빠져나가기 때문이다(짠 바닷물에 오래 노출되면 나무는 죽는다). 게다가 빅 파인 키의 습지소나무는 빈번한 허리케인에 적응한 덕분에 바람에 쉽게 뿌리가 뽑히거나 부러지지 않는다. 그 결과 빅 파인 키에서 자라는 습지소나무들은 허리케인 때문에 죽는 일은 거의 없지만, 가지나 잎을 잃어버리면서 나이테에 억제된 생장을 기록한다.

아이다호대학교 연륜연대학자 그랜트 할리Grant Harley는 빅 파인 키에서 샘플을 채집한 습지소나무 나이테 패턴에서, 같은 해에 여러 나무에서 생장 저해가 일어난 증거를 찾았다. 그가 연도별로 생장이 억제된 나무의 수를 집계해 보았더니 특정 해에는 빅 파인 키의 대부분, 또는 심지어 모든 나무에서 생장 억제가 일어났다. 이 해들을 허리케인 발생 기록이 있는 연도와 비교한 결과 많은 나무가 잘 자라지 못한 이유가 드러났다. 그랜트의 나이테 기록은 1851년 이후로 빅 파인 키를 지나간 44개의 허리케인 중에서 40개를 포착했다. 이와 같은 생장 억제와 허리케인의 연관성을 토대로 그랜트는 300년짜리 습지소나무 연대기를 사용해 빅 파인 키에서 허리케인 발생을 1707년까지 재구성할 수 있었다.

그랜트는 투손에 있는 호텔 콩그레스 테라스에서 술을 마시며 이 빅 파인 키 허리케인 재구성에 관해 내게 말해 주었다. 때는 2013년 5월, 전 세계 약 250명의 연륜연대학자가 '나이테 모선'에 집합했던 제2회 미국 연륜연대학회 마지막 날 저녁이었다. 그 테이블에 합석한 세 번째 연륜연대학자가 암스테르담대학교에서 스페인 난파선을 연구하는 연륜고고학자 마르타 도밍게스 델마스Marta Domínguez-Delmás였던 것은 운명이었는지도 모르겠다. 학회에서 마르타는 스페인 발견의 시대 때 난파선에서 유래한 목재 연구를 발표했다. 대화 중에 우리는 카리브해에서 침몰선에 잠수해 들어간 마르타의 이야기와 플로리다키스에서 폭풍에 시달리는 나무에 관한 그랜트의 이야기에 공통점이 있음을 깨달았다. 바로 허리케인이었다. 19세기에 증기선이 도입되기 전까지, 유럽에서 아메리카 대륙으로 가기 위해 대서양을 횡단하던 배들의 주요한 난파 원인 중 하나가 허리케인이었다. 허리케인은 또한 빅 파인 키의 나무들이 억제된 생장을 보이는 이유이기도 했다.

우리는 호텔 테라스에서 술을 마시며 빅 파인 키 나이테와 카리브해 난파선 기록을 결합해 과거의 허리케인 발생을 재구성하고 타임라인을 과거 300년 이전으로 확장하는 아이디어를 생각해 냈다. 만약 과거 카리브해의 난파 사건 배후에 허리케인이 있다면 연도별로 난파된 선박의 수를 허리케인 활동의 대체 자료로 사용할 수 있다는 가설을 세웠다. 즉 난파선이 많이 발생한 해는 허리케인 발생의 강도와 빈도가 높았다고 추정할 수 있다는 뜻이다. 이 가설을 검증하기 위해 필요한 것은 과거 카리브해 지역에서 배가 난파된 날짜, 장소, 원인이 기록된 난파선 데이터베이스였다. 마르타는 우리에게 필요한 훌륭한 데이터베이스를 알고 있었다. 로버트 마르크스Robert Marx가 쓴 《아메리카 대륙의 난파선Shipwrecks of the Americas》은 난파된 약 4000척의 선박을 집대성해 연도와 위치별로 분류한 책이다. 이 책은 원래 침몰선 잠수부들과 보물 사냥꾼들을 위해 제작되었지만 연륜연대학자들에게도 귀중한 자료임이 증명되었다.

마르타와 내가 마르크스의 책에 있는 난파선 기록을 집계하기 시작했을 때 마르타는 스페인 배의 난파 기록만 작업하자고 설득했다. 처음에는 그저 마르타가 애국심이 강한 사람이라고만 생각했으나 사실 그녀의 주장은 일리가 있었다. 스페인은 유럽에서 최초로 대서양을 횡단해 아메리카 대륙으로 건너갔는데, 은함대라고 알려진 보물선 호송 함대는 16~18세기까지 스페인 경제력의 핵심적인 원동력으로서 스페인 정부는 여기에 상당한 투자를 했다.

따라서 은함대의 항해에 관해서는 아메리카 대륙으로 보내진 선박과 함대의 수는 물론이고 매년 난파 장소, 날짜, 원인 등을 포함한 상세한 내역이 인디아스 고문서관Archivo General de Indias에 고스란히 보관되었다(아메리카 대륙과 필리핀에서 스페인 제국의 역사를 기록한 4만 3000권, 약 8000만 페이지 분량의 고문서 보관소로 스페인 세비야의 전용 건물에 소장되었다). 마르크스 책의 스페인 난파선 기록 역시 이 문서를 토대로 했다. 15세기 후반까지 거슬러 가는 이 훌륭한 기록이야말로 우리에게 정녕 필요한 것이었다.

마르크스의 책에 실린 많은 난파선 항목 중에 전쟁, 해적, 화재, 항법 문제로 침몰한 것들은 제외했다. 다음으로 카리브해 지역에서 허리케인 철(7~11월)에 발생한 것들만 추렸다. 몇 주간의 작업 끝에 우리는 오늘날 도미니카 공화국인 라 이사벨라 항구에서 소형 범선 6척이 소실된 1495년을 시작으로 1825년까지 총 657척의 침몰선이 난파한 수를 연도별로 보여 주는 시계열을 손에 넣게 되었다. 물론 우리는 마르크스의 책과 우리의 데이터베이스가 불완전하다는 것을 알고 있었다. 인디아스 고문서에 기록되지 않은 채 카리브해 해저에 누워 있는 난파선들이 있다. 또한 철저히 확인했음에도 불구하고 데이터베이스의 어떤 난파선은 허리케인에 의해 침몰당한 것이 아닐 가능성도 있다. 그러므로 우리는, 이러한 결점에도 불구하고 이 난파선 기록이 카리브해 허리케인 활동의 믿을 만한 대체 자료가 될 수 있다는 사실을 증명해야 했다.

그러기 위한 가장 간단한 방법은 그랜트가 빅 파인 키 나이테 연대기에서 나무의 생장 억제와 허리케인의 관계를 밝히기 위해 했던 것처럼, 선박이 난파된 해를 실제로 허리케인이 일어났다고 알려진 연도와 비교하는 것이다. 하지만 그것은 불가능했다. 난파선 기록은 1825년이 마지막이고 허리케인 관측 기록은 1851년에서야 시작했으므로 두 시계열이 중첩되지 않기 때문이다. 바로 여기서 빅 파인 키의 나이테 기록이 등장한다. 그랜트의 300년짜리(1707~2010년) 허리케인 재구성 자료가 허리케인 관측 기록(1851~2010년)과 난파선 기록(1495~1825년) 사이의 간극을 메꿔 주었다. 그랜트의 초기 분석을 통해 우리는 많은 나무의 생장이 억제된 해는 허리케인이 발생한 해와 일치한다는 사실을 이미 알고 있었다. 하지만 더 중요한 사실이 있었다. 나이테 기록과 난파 기록을 비교했더니 나무들의 생장이 억제된 해는 배가 많이 침몰한 해와 일치한 것이다. 선박 침몰 사건이 그것과는 전혀 무관한 나무의 생장 억제 시기와 그렇게 잘 맞아떨어지는 걸 보고 우리도 놀랐다.

카리브해에서 많은 배가 난파된 해에 빅 파인 키에서 나무의 생장이 억제된 이유를 설명할 수 있는 유일한 메커니즘은 허리케인이다. 이 기록은 우리의 초기 가설을 확인시켜 주었다. 우리는 두 기록을 결합하여 카리브해 허리케인 활동을 난파선 기록이 시작된 1495년까지 확장할 수 있었다. 하지만 흥분도 잠시, 막상 가설이 검증되자 이 프로젝트는 시들해지기 시작했다. 500년의 카리브해 허리케인을 재구성했지만 다음으로 갈 곳이 막막했다. 500년의 허리케인 발생 역사 중 관측된 150년 기록을 제외한 나머지 데이터가 우리에게 말하고 있는 것은 무엇일까? 그것을 알아내기까지는 적지 않은 시간이 걸렸다.

해답은 그해 여름 애리조나 플래그스태프의 한 카페에서 찾았다. 때마침 나는 애리조나 북부에서 필드 작업 중이었다. (썩 탐탁지는 않았지만) 모텔 6에 짐을 풀고 낮에는 조사 지역에 가서 표본을 채취해 오기를 며칠 동안 반복했다. 그러다 하루는 감기 기운이 있어서 모텔에 남아 좀 누워 있었다. 하지만 낮 시간의 싸구려 모텔 객실은, 특히 아픈 사람이 휴식을 취하기에는 끔찍한 곳이었다. 그래서 나는 무거운 몸을 끌고 가까운 카페에 갔다. 기대하지 않았던 여가를 활용해 우리의 카리브해 난파 연구를 새로운 관점에서 바라볼 생각이었다.

나는 아메리카노를 주문하고 창가에 앉아 들고 간 노트북을 열어 허리케인 재구성 도표를 큰 화면으로 열었다. 내 이름이 불리자 나는 카운터로 가서 커피를 받고서는 흘리지 않으려고 조심하며 자리로 돌아갔다. 그때 내 주변시에 잡힌 허리케인 도표에서 무언가가 눈에 들어왔다. 희한하게도 멀리서 흐릿하게 바라본 곡선에는 딱 한 부분이 두드러져 보였다. 17세기 말의 약 70년 동안 난파선의 수가 급격히 감소한 것이다.(그림 12) 자리에 앉아 자세히 들여다보니 정확히 1645년에서 1715년까지였는데 그 이전과 이후와 비교했을 때 침몰된 선박, 따라서 허리케인이 덜 발생했다는 걸 알 수 있었다. 그 공백은 한번 눈에 들어오자 다시는 시야에서 사라지지 않았다. 나는 열이 펄펄 끓는 머리를 쥐어짜면서 그 시기에 다른 주목할 만한 사건이 뭐가 있었는지 기억해 내려고 애썼다. 그리고 마침내 그 공백이 마운더 극소기, 그러니까 17세기 말 태양 흑점의 수가 급격하게 줄어든 그 기간과 완벽하게 맞아떨어진다는 사실을 깨달았을 때 하마터면 카페 안에서 "대박!"이라고 외칠 뻔했다. 기분이 너무 좋아 언제 아팠냐 싶게 감기 기운이 사라졌지만, 커피숍의 다른 손님들은 그저 카페에서 틀어 놓은 이모코어 록을 듣지 않으려고 이어폰을 낀 채 노트북 화면을 바라볼 뿐 감동의 기색이 없었다. 나는 동료들이 필드에서 돌아오길 기다리며 저녁까지 흥분을 가라앉혀야 했다.

우리의 허리케인 공백은 세계적인 마운더 극소기와 소빙하기 기후 퍼즐의 새로운 조각이었다. 우리는 마운더 극소기가 기후 영향을 미친 지역에 카리브해도 추가했다. 우리는 낮은 태양 복사선과 낮은 바다 온도로 설명되는

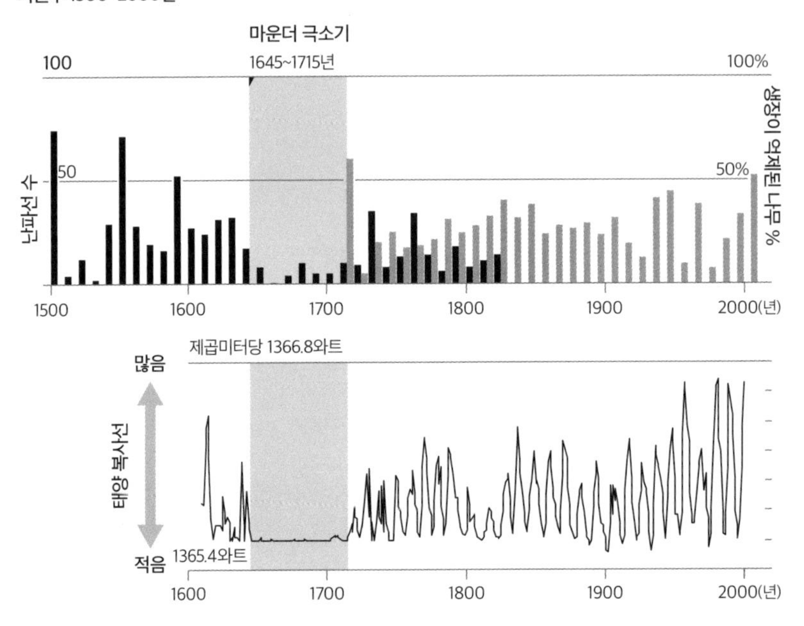

그림 12. 1645~1715년까지 난파선의 수가 급격히 줄어들었다. 이 공백은 태양 흑점의 수가 최저를 기록한 마운더 극소기와 일치한다.

낮은 허리케인 활동 사이의 장기적인 연결 고리를 찾았다. 바닷물이 따뜻할수록 열에너지와 운동 에너지가 많이 제공되어 허리케인이 발생할 가능성이 높아진다. 허리케인이 발생하려면 바닷물의 온도가 최소 섭씨 27.8도는 되어야 한다. 카리브해에서 바닷물이 따뜻한 7~11월에 허리케인이 주로 일어나는 것도 이 때문이다. 마운더 극소기 동안에는 지구 표면에 도달하는 태양 에너지의 양이 적어서 대서양과 카리브해의 수온이 낮다. 바다가 평소보다 차가우면 허리케인이 생길 가능성도 더 낮다. 그 결과 마운더 극소기에는 허리케인 활동, 그리고 그로 인한 난파선의 수가 소강상태였던 것이다. 이 연관성은 과거 기후에 대한 우리의 이해를 높일 뿐 아니라 미래의 카리브해 허리케인을 예측하는 기후 모델을 개선하고 다가올 미래를 대비할 수 있게 해 줄 것이다.

전 지구적 기후 모형Global Climate Model('대기 대순환 모형'이라고도 부른다)은 물리학, 유체 역학, 화학의 법칙을 사용해 우리의 복잡한 기후 시스템을 모방하고 그 움직임을 연구할 수 있게 도와주는 컴퓨터 프로그램이다. 흔히 사용되는 30개 이상의 기후 모형은 미래의 기후 변화를 알려 줄 뿐 아니라, 앞으로 카리브해 허리케인을 포함한 열대 저기압이 그 빈도는 낮아지지만 강도는 더 세질 것으로 예측한다. 여러 기후 모형이 전반적으로 놀랄 만큼 비슷한 결론을 내놓지만, 개별 해저 분지에 대해서는 모형 간에 격차가 심하고 따라서 미래에 대한 불확실성도 커진다. 북대서양 분지에 대한 모형 간 격차는 지구 복사 평형Earth's Radiation Budget(지구가 태양으로부터 받는 에너지양과 지구가 방출하여 우주로 반사하는 에너지양의 차이)의 변화가 허리케인의 활동에 어떤 영향을 미치는지 제대로 이해하지 못한 데서 기인한다. 21세기에 인간 때문에 강화된 온실 효과는 복사선의 들고나는 수지를 변화시키는 주요 원동력이다. 하지만 과거에도 태양 복사의 자연적인 변동에 따라 변화는 일어났었다. 최근 역사에서 볼 수 있는 가장 극적인 태양 복사의 변화가 바로 마운더 극소기이다. 이 기간 동안 허리케인 활동이 75퍼센트 감소한 것은 이제 미래의 기후 변화 모형 연구의 기준치가 될 수 있다. 과거의 날씨를 후측Hindcasting 할 때 마운더 극소기에 허리케인 활동이 감소한다고 보여 주는 모형은 그렇지 않은 모형보다 신뢰할 수 있다.[23] 이는 우리가 좀 더 신뢰할 만한 기상 예측에 힘을 실어 줄 수 있다.

또한 우리의 연구 결과는 마운더 극소기의 잠재적 영향력과 그것으로 인한 지구의 냉각이 인류사에 얼마나 영향을 미쳤는지 더 잘 이해하는 데 사용될 수 있다. 마운더 극소기 동안 허리케인의 활동이 주춤하면서 스페인의 대서양 횡단 무역과 유럽의 정치적, 경제적 균형에 영향을 주었을지도 모른다. 그랜트가 서던미시시피대학교에서 열린 세미나에서 이 결과를 발표했을 때, 지리학과 해적의 역사를 전공한 한 연구자가 큰 관심을 보였다. 만약 독자가 이 책을 읽다가 나이테 과학자란 난파선으로 뛰어드는 참 쿨한 직업이라는 생각이 들기 시작했다면, 해적을 연구하는 일로도 먹고사는 사람들이 있다는 점을 꼭 기억해 주시길.

허리케인이 거의 발생하지 않은 마운더 극소기는 역사가들이 해적의 황금기라고 부른 시기와도 일치했다. 1650~1720년까지의 시기는 카리브해에서 활동한 영불英佛 해적선과 사략선의 전성기였는데, 이들은 주로 유럽으로 돌아가는 스페인 선박을 공격했다. '검은 수염' 에드워드 티치Edward 'Blackbeard' Teach, 해적계의 로빈 후드라 불리는 '블랙 샘' 벨라미'Black Sam' Belamy, 메리 리드Mary Read와 '캘리코 잭' 존 래컴John 'Calico Jack' Rackham의 파트너였던 앤 보니Anne Bonny 등 악명 높은 해적들은 금, 보석, 설탕을 잔뜩 싣고 스페인으로 돌아가는 배를 습격했다. 마운더 극소기의 허리케인과 난파선의 부재가 해적 현상금을 높이고 해적들이 약탈할 동기를 증가시켰을 것이다. 바다에서 폭풍이 덜 몰아치면서 스페인 선박이 난파하는 일도 줄어들었지만, 동시에 해적들이 활개 치는 배경도 되었다. 물론 유럽 대륙의 국제 관계나 미국 식민지에서 효율적인 정부의 부재 등 지정학적 요소가 17세기 해적이 기승

23 일반적으로 기후 모형은 '미래에' 지구의 기후가 대기의 온실가스 농도 증가에 어떻게 반응할지를 예측하려고 실행된다. 그러나 역으로 이미 알려진 '과거의' 기후를 특정 시점(이를테면 기원후 1000년)에서 시작해 현재까지 실행하는 '후측'을 통해 모형의 신뢰도를 테스트할 수 있다.

을 부리는 데 중요한 역할을 했지만, 아마도 검은 수염과 앤 보니는 말 그대로 '배가 덜컹거리는 일Shiver me timbers'이 없었던 탓에 전성기를 누린 게 아니었을까 싶다.('Shiver me timbers'는 해적들이 놀랐을 때 쓰는 감탄사로 원래는 배가 포탄에 맞았거나 암초에 걸려서 흔들리는 상황을 말한다-옮긴이)

10

유령의 숲이 들려주는
대지진, 화산 폭발, 체르노빌 이야기

연륜연대학은 전반적인 과거의 기후와 허리케인 같은 극한 기후뿐 아니라 그 밖의 다른 자연재해를 연구하는 데에도 동원된다. 예를 들어 지진은 나무를 손상하고 생장에 영향을 줄 수 있다. 지각판 경계가 맞물리고 조이고 이완되면서 지진이 일어날 때 발생하는 지표의 균열, 변위, 고도 변화, 진동이 나이테 이상을 초래해 과거 지진이 발생한 시기를 기록한다. 지진은 보통 지진파의 강도를 기반으로 지진의 크기를 분류하는 리히터 규모로 측정되지만, 영향력의 강도로도 분류될 수 있다. 수정 메르칼리 진도 계급Modified Mercalli Scale(1902년에 개발된 메르칼리 진도 계급을 수정, 보완한 것)은 지진의 강도를 1~8까지 측정하는데, 지진이 나무를 교란하는 정도도 포함한다. 나무가 '약하게' 흔들리면 진도 5, '심하게' 흔들리면 진도 8이다. 이런 흔들림, 그리고 그와 관련된 손상이 지진의 영향을 받은 나무의 정상적인 생장을 방해하고 나이테에 영구적인 흔적으로 기록을 남긴다.

그러나 때로는 지진의 피해가 너무 심해 나무가 죽는 경우도 있다. 보통은 진원지 가까이 사는 나무가 그렇지만, 해안 지역에서 지진으로 지반이 침하되고 염수가 밀려드는 바람에 살아남지 못하는 일도 빈번하다. 지대가 낮은 해안 지대의 지반이 지진 때문에 몇 미터 정도 가라앉으면 모래와 실트를 몰고 오는 해일에 잠길 수 있다. 해일이 밀려오면서 그 경로에 있는 나무들을 죽이고 초지, 덤불, 나무 등을 포함한 과거의 경관은 모두 모래와 실트에 파묻힌다. 보통 실트층에는 산소가 없으므로 고사목이 보존되어 지진의 영향을 영원한 기록으로 남긴다. 지진에 쓰러진 나무들 대부분은 밑동 부분만 보존되지만, 목질부가 잘 썩지 않는 특성을 가진 수종은 나무가 죽고 시간이 지나도 지상부가 보존된다. 예를 들어 측백나뭇과의 서양적삼나무*Thuja plicata*는 지진 후 몇 세기 동안 습지에 꼿꼿이 선 채로 남아 있다. 2015년에 잡지 《뉴요커》에 실린 한 기사에서 캐스린 슐츠Kathryn Schulz는 '유령의 숲'에 있는 나무들을 다음과 같이 묘사했다. "잎도 없고 가지도 없고 등판도 없이 오직 몸통 하나로 몰락한 채 매끄러운 은회색으로 닳고 닳은 것이 마치 그 안에 제 묘비를 지니고 있는 것 같다."[24]

미국 지질조사국 소속 브라이언 애트워터Brian Atwater와 데이비드 야마구치David Yamaguchi는 북아메리카의 태평양 연안에 있는 워싱턴주 남부 지역에

24 2015년 7월 13일 자 《뉴요커》 기사, 〈정말로 큰 것(The really big one)〉 참조. https://www.newyorker.com/magazine/2015/07/20/the-really-big-one.

서 이런 유령의 숲 4곳을 다니며 서양적삼나무 고사목을 수집하고 나이테 연대기를 비교했다. 그런데 이들이 샘플을 채취한 모든 유령 나무의 바깥 나이테는 1699년에 생성된 것이었다.[25] 애트워터와 야마구치는 이 유령 나무들에서 과거에 생장이 둔화한 조짐을 발견하지 못했는데, 그 말은 이 나무들이 돌연사하기 직전까지 건강하고 행복했다는 뜻이다. 이 유령 나무들은 분명 퇴색한 것이 아니라 갑작스러운 사건으로 단번에 생명이 소진된 것이다. 연구자들은 1699~1700년 겨울에 대형 지진이 일어났고 지반 침하와 해일이 이어지면서 때아닌 죽음을 초래했다는 가설을 세웠다. 이 가설은 지진에 가까스로 살아남았지만 1700년부터 거의 10년 가까이 생장이 억제된 주변의 고지대 나무들로 검증되었다. 그런데 1700년 지진의 정확한 날짜와 규모에 대한 추가 증거는 생각지도 못한 곳에서 나왔다.

캐스케이드산맥의 상록수림, 컬럼비아강, 거대한 태평양이 만나는 미국 태평양 북서부는 생물지리학적으로 오랫동안 박물학자, 환경 운동가, 작가들에게 영감의 원천이었다. 그러나 1770년대의 제임스 쿡, 이어서 1800년대의 메리웨더 루이스Meriwether Lewis와 윌리엄 클라크William Clark 등 초기 유럽 탐험가들이 북태평양 연안에 도달한 18세기 이전에는 캐스케이드 생태 지역에 대한 서면 기록이 없다. 태평양 북서부의 치누크Chinook 및 사합틴Sahaptin 어족에서 해안의 홍수나 지반 침하를 다룬 이야기들이 전해 내려오지만, 문서로 기록된 것이 아니기 때문에 대부분 시간이 지나면서 소실되었고 살아남은

25 나무가 죽은 연도를 알아내려면 나무의 마지막 나이테가 남아 있어야 하는데 유령 나무처럼 줄기가 풍파에 닳아 버린 경우에는 그렇지 못하다. 따라서 애트워터와 야마구치는 습지에서 나무껍질까지 남아 있는 유령 나무의 뿌리를 찾아서 캐냈다. 이 뿌리에는 나무껍질 바로 밑의 마지막 나이테가 보존되어 있었다. 그런 다음 이 뿌리의 나이테 연대기를 줄기의 나이테 연대기와 교차 비교해 마지막 나이테의 연대를 결정했다.

이야기에도 구체적인 날짜나 장소는 포함되지 않았다. 다시 말해 1700년의 지진은 태평양 북서부에서 쓰여진 가장 이른 기록보다도 한 세기나 먼저 일어났다는 뜻이다.

한편, 8000킬로미터 떨어진 태평양 반대편에서는 일본인들이 적어도 6세기 이후로 기록을 보관해 왔다. 공교롭게도 1700년 지진은 대체로 평화로웠던 에도 시대(1603~1867년)에 일어났는데, 이 시기에는 강한 군사력이 필요하지 않았기 때문에 많은 사무라이가 필경사로 일했다. 또 마침 일본에서 글쓰기가 널리 보급되면서 상인과 농부들까지 문헌과 행정 기록에 기여했다. 덕분에 1700년 1월 27~28일, 1000킬로미터에 달하는 일본의 태평양 연안에 쓰나미가 덮쳐 온통 황폐해진 대사건은 수백 건에 달하는 난파선, 홍수, 농경지 침수 등의 이야기로서 기록에 남았다. 1700년 쓰나미는 일본 역사상 가장 관련 증거가 많은 사건 중 하나였지만 정작 쓰나미를 일으킨 지진은 한 건도 보고되지 않았다. 그 후 300년의 세월 동안 쓰나미의 원인은 밝혀지지 않았다. 지진 역사학자들은 이 쓰나미를 부모 없는 '고아 쓰나미'라고 불렀다.

1997년, 애트워터와 야마구치는 일본 지진 역사학자들과 협업하여 일본의 고아 쓰나미를 부모인 캐스케이드 지진과 상봉시켜 주었다. 연구 팀은 컴퓨터 시뮬레이션을 통해 유령 나무 나이테에 기록된 1700년 캐스케이드 지진이 10시간 만에 일본의 동북쪽 해안에 도착해 쓰나미를 일으켰음을 확인했다. 일본에 쓰나미가 일어난 것이 1월 27일이므로 이 지진은 1700년 1월 26일 밤에 일어났고 무려 8000킬로미터를 건너가 방대한 지역을 침수시킬 정도로 거대한, 적어도 리히터 규모 9.0에 달하는 대형 지진이었음이 틀림없다. 그 이후로 미국 태평양 북서부에서 이 정도로 큰 지진은 일어난 적이 없다. 따라서 이 발견은 이 지역에서 일어날 수 있는 파괴적인 대형 지진의 위험에 대한 가장 실감 나는 경고다. 우리는 지난 3500년의 지형학 데이터를 통해 태평양 북서부에서 대규모 지진이 평균 500년마다 한 번씩 일어났다는 것을 알고 있다. 물론 지진의 주기는 수백 년에서 1000년까지 다양하다. 이제 이 지역에서 다시 강력한 지진이 일어날 거라는 점은 기정사실로 받아들여지고 있지만 그것이 당장 내일일지 1000년 뒤일지는 예측할 수 없다. 우리가 할 수 있는 것은 규모 9의 지진, 그리고 그로 인한 쓰나미에 대비해 도시, 건물, 지역 사회, 사람들을 적절히 준비시키는 일일 것이다. 유령 숲의 나이테 연구와 1700년 대지진의 발견 덕분에 쓰나미 경보와 지진 위험 지도를 포함한 공공 안전 정책이 시행되었는데, 이는 다음에 일어날 사건의 파괴적인 영향력을 최소화하는 데 도움을 줄 것이다.

지진과 같은 극심한 사건은 나무의 생장을 몇 년 동안 억제하기 때문에 좁은 나이테가 오랫동안 이어질 수 있다. 그러나 그런 사건 중에서도 너무 갑작스럽고 파괴적이라 그해 나이테의 중심 틀이나 목재의 해부 구조에까지 영향을 주는 사건이 있다. 이러한 사건은 특히 나무가 활발히 생장하면서 새로운 나이테에 세포를 추가하는 생장철에 일어났을 때 심각한 영향을 미친다. 이런 사건으로 인해 형성된 해부학적 이상은 나이테 순열에 두드러지게 나타나면서 심각한 사건에 대한 기록을 영원히 남긴다.

1986년 4월 26일, 우크라이나 체르노빌 핵 발전소 참사가 벌어졌다. 이로 인한 방사능 낙진 때문에 반경 2.5킬로미터 안에 있는 나무들이 모두 죽으면서 '붉은 숲Red Forest'이 만들어졌다. 붉은 숲이라는 이름은 죽은 소나무들이 적갈색을 띠는 것에서 비롯됐다. 사후 처리 과정에서 붉은 숲을 불도저로 밀어 버리고 모래를 두껍게 덮어 놓았지만 그곳은 여전히 심각하게 오염된 상태다. 핵 발전소에서 더 멀리 떨어진 나무들도 방사선에 의해 심각하게 손상되기는 마찬가지였다. 그러나 이 나무들은 그 자리에 남겨져, 나무의 생장에 대한 방사선의 역할을 직접 연구할 수 있는 유일한 기회를 제공했다. 사우스캐롤라이나대학교의 티머시 무소Timothy Mousseau와 동료들은 사고 발생 후 23년을 기다린 끝에 마침내 2009년, 군 당국이 통제하는 체르노빌 출입 금지 구역 안 30킬로미터 핵심 지역에 들어갈 수 있었다. 그리고 이들은 연구 목적으로 나무 쿠키를 수집했다. 가장 오염된 지역에 들어가 샘플을 채취하려면 23년이 지났어도 방사선 방호복을 입어야 했다. 연구 팀은 100그루 이상의 구주소나무의 원판형 횡단 표본을 수집했는데, 샘플링한 모든 나무에서 고농도의 방사성 핵종(방사능이 있는 동위 원소)을 발견했다. 이 지대에서 자라는 나무들은 생장하면서 뿌리를 통해 다량의 방사성 핵종을 흡수했다. 무소 연구팀은 핵 발전소 가까이에서 자라는 나무일수록 방사성 핵종의 농도가 높다는 것을 발견했다. 이 방사성 숲을 개간하는 것은 지나치게 위험하고 비용이 많이 들기 때문에 현실성이 없다. 그러나 산불, 가뭄, 해충의 피해로 인해 이 소나무들이 죽는다면 그 안에 있던 방사성 핵종은 공기 중에 방출되고 방사성 입자들이 유라시아 대륙을 가로질러 먼 거리까지 운반될 수 있다. 현재는 여름철이면 우크라이나 소방관들이 녹슨 감시탑에 올라가 체르노빌 경관을 지켜보며 산불을 감시하고 있다.

무소와 공동 연구자들은 방사성 핵종 외에도 추가로 방사능 낙진이 1986년 이후의 나이테에서 심각한 생장 저하를 일으켰다는 것을 발견했다. 1987~1989년 나이테에서 억제가 가장 심했는데 효과는 최대 20년까지 지속

방사선에 의한 손상

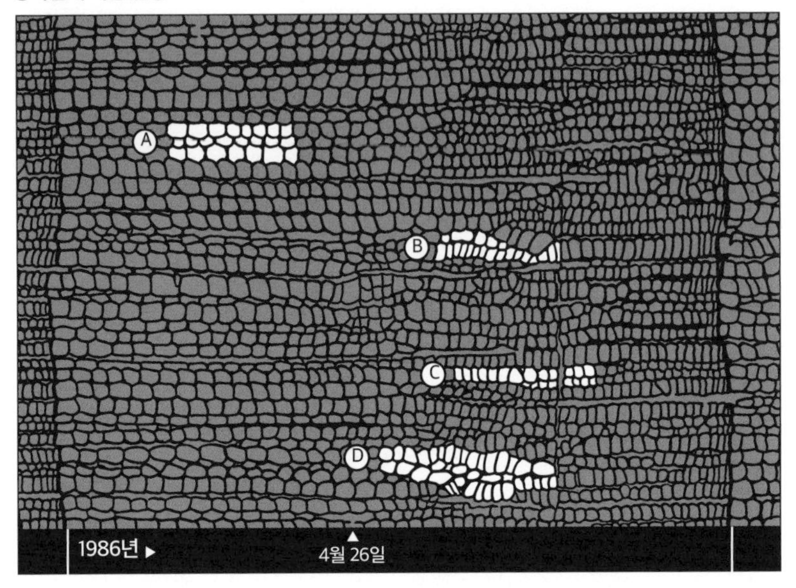

그림 13. 1986년 4월 말의 체르노빌 핵 발전소 사고로 인한 방사성 낙진은 살아남은 소나무들에게 심각한 방사선 손상을 일으켰다. 정상적인 소나무 목재에서 세포는 나이테 경계에 수직 방향으로 직선의 분할되지 않은 열을 형성한다.(A) 1986년 체르노빌 소나무에서 어떤 세포는 융합하고,(B) 어떤 세포는 여러 열로 나뉘고,(C) 또 어떤 세포는 나뉘었다가 다시 합쳐졌다.(D)

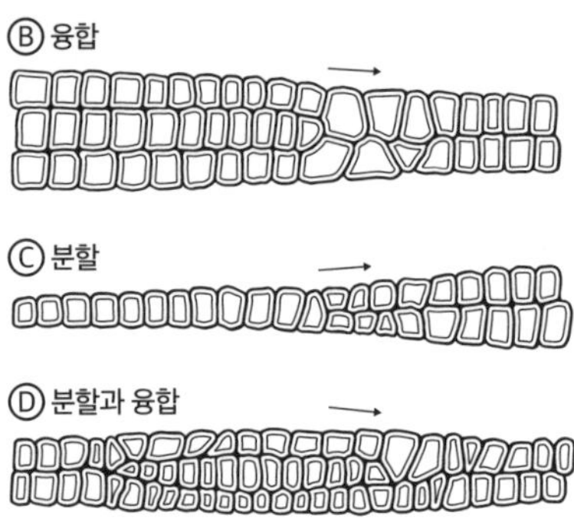

되었다. 또한 연구자들은 1986년 나이테에서 해부학적 이상 구조를 발견했다.(그림 13) 정상적인 소나무 목재의 세포는 나이테 경계에 수직 방향으로 직선의 분할되지 않은 열을 형성한다. 하지만 1986년 체르노빌 소나무의 나이테에서는 세포들의 열이 합쳐지거나 여러 열로 나뉘고 혹은 처음에 나뉘었다가 나중에 다시 합쳐지는 등 이상 형태가 나타났다. 이 이상치들은 새로운 나무 세포가 형성되는 부분인 나무의 부름켜가 방사선으로 인해 손상되었음을 나타낸다. 핵 발전소의 사고 장소에서 가까운 곳에 있는 나무일수록 이상 구조가 더 빈번하게 나타났다.

연륜연대학자들은 시베리아 동부 퉁구스카 인근에 자라는 나무들의 1908년 나이테에서도 유사한 성장 억제와 해부학적 이상 구조를 발견했다. 그해 6월 30일 오전 7시경, 한 유성체가 성층권에 진입한 뒤 퉁구스카 상공 5~10킬로미터 지점에서 폭발했다. 이 유성체는 지구 표면에 충돌하지 않아 분화구를 남기지 않았지만, 대기에 진입하면서 오늘날로 따지면 리히터 규모 5.0에 해당하는 엄청난 충격파가 발생했다. 퉁구스족 사람들은 물론이고 가까운 러시아 정착민 중에서도 불덩어리가 하늘을 가로지르는 것을 보고, 대포 소리만큼 큰 소리를 듣고, 천지가 흔들리는 것을 느꼈다는 목격담이 있었다. 1908년 7월 2일 자《시비르Sibir》신문에 따르면 "카레린스키 북쪽 마을의 농부들이 북서쪽에서 지평선 한참 위쪽으로 이상하리만치 밝은 물체가 약 10분 동안 아래쪽으로 움직이는 것을 보았다… 그 밝은 물체가 땅에 가까워져 오자 빛이 번지는 것 같더니 커다란 검은 연기가 자욱하게 피어올랐다. 그리고 큰 돌이 떨어진 것 같기도 하고 대포를 쏘아 댄 것 같기도 한 커다란 폭발 소리가 들렸다. 건물이 일제히 흔들렸고, 동시에 구름은 형체를 알 수 없는 불꽃을 내뿜기 시작했다. 마을 사람들이 모두 겁에 질려 거리로 나왔고 여인들은 세상에 종말이 찾아왔다면서 울었다."

다행히 퉁구스카는 인적이 드문 오지라 폭발을 더 가까이에서 지켜본 사람은 없었고 인명 피해도 알려지지 않았다. 퉁구스카 폭발 사건을 파악하기 위한 조사단은 폭발 후 20년이 지난 1927년에야 처음으로 현장에 도착했다. 조사단은 분화구를 발견하지 못했고 대신 지름 8킬로미터의 그라운드 제로

Ground Zero(공중 폭발이 일어난 장소의 바로 아래 지표면)를 찾았다. 이곳의 나무들은 꼿꼿이 서 있었지만 모두 그을리고 가지가 떨어져 죽었다. 그라운드 제로 바깥의 나무들은 부분적으로 불에 탔고 폭심지의 바깥을 향해 쓰러져 있었다. 훗날 항공 사진을 통해 이 충돌의 규모가 드러났는데, 2000제곱킬로미터에 걸친 시베리아 타이가에 거대한 나비 모양으로(이 나비의 '날개를 편 길이'는 70킬로미터, '몸길이'는 55킬로미터였다) 무려 8000만 그루의 나무가 뿌리째 뽑혀 나갔다고 추정되었다.

퉁구스카 지역에서 이 폭발을 피해 살아남은 나무는 거의 없고, 살아남은 극소수의 나무는 1908년 나이테에 충격의 기억을 담았다. 1990년, 러시아 크라스노야르스크의 수카체프 산림 연구소 소속 연륜연대학자 예브게니 바가노프Evgenii Vaganov는 퉁구스카 폭심지 반경 약 5~6킬로미터 안에서 폭발에 살아남은 나무 12그루의 목편을 채취했다. 예브게니는 그을림, 고엽, 진동 등 폭발의 파동이 일으킨 여러 기계적 충격이 나무의 목재 생장에 어떤 영향을 미치는지 알고 싶었다. 그는 퉁구스카 나무들에서 폭발 이후 4~5년 동안 생장이 억제된 것뿐 아니라 1908년 나이테에 일어난 심한 해부학적 이상도 관찰할 수 있었는데, 이는 티머시 무소가 1986년 체르노빌 사건에서 발견한 것과 비슷한 효과였다. 그러나 이때의 해부학적 이상 구조 특징은 체르노빌에서 방사선에 의해 야기된 것과는 달랐다. 1908년에 퉁구스카의 잎갈나무, 가문비나무, 소나무는 유독 추재 세포의 지름이 예년보다 작고 세포벽이 두껍지 않은 가벼운 나이테Light Ring를 형성했다. 또한 다른 해에 비해 1908년에는 추재 세포를 더 적게 만들었다. 소수의 추재 세포와 얇은 세포벽이 조합되어 1908년 나이테는 비정상적으로 색이 바래었다. 이처럼 가벼운 나이테는 아마 폭발에 의해 나뭇잎이 모두 떨어진 탓으로 보인다. 생장철의 한창때 나뭇잎이 사라지면 생장 호르몬이 부름켜에 도달하지 못한다. 호르몬으로 유도되는 부름켜의 생장 활동이 일어나지 않으면 나무는 에너지가 고갈되고, 새로운 목재를 형성할 의욕은 물론이고 나뭇잎이 떨어지기 전에 시작한 세포 형성을 제대로 마무리할 동기도 잃게 된다.

꼭 핵 발전소 사고나 유성체 폭발처럼 극단적이지 않더라도 나이테의 해부학적 구조에 영구한 흔적을 남길 수 있는 사건이 있다. 홍수나 서리 같은 극한 날씨도 나이테의 구조를 비정상적으로 변형하는 요인이다. 홍수 나이테Flood Ring는 봄이나 여름이면 물이 범람해 침수되는 강가에 자라는 나무에서 나타난다. 홍수가 심해 침수가 오래 지속되면 나무의 뿌리와 줄기에 산소가 공급되지 않는 무산소 환경이 형성된다. 무산소 환경은 생장 호르몬의 불균형을 초래하고 침수 기간에 형성되는 나이테에 이상 구조를 가져올 수 있다. 예를 들어 참나무에서 홍수 나이테는 춘재 세포(활엽수의 목질부에서 물을 운반하도록 특화된 세포)가 평상시보다 더 작다. 예를 들어 앨라배마대학교의 매튜 세럴Matthew Therrell과 엠마 비알렉키Emma Bialecki는 미국 미주리주 남동쪽 끝의 강가 저지대 숲에 자라는 참나무의 홍수 나이테를 분석해 미시시피 홍수를 1770년까지 재구성했고, 실제 관측된 기록에 17건의 봄철 홍수를 추가했다. 이 연구 결과는 1927년 대홍수 이후에 시행된 운하 건설로 대표되는 20세기 하천의 공학적 변형이 현재 미시시피강의 홍수 위험을 전례 없는 수준으로 증가시켰다고 말한다. 하천을 길들이고 영향력을 제한한다는 좋은 의도에서 이루어진 공학적 시도가 오히려 홍수의 영향을 악화시킨 것이다. 홍수 통제 대책이 오히려 홍수의 위험을 증가시킬 수 있다는 경고는 미시시피강의 하천 정비가 시작되기도 전인 1850년대로 거슬러 간다. 그러나 그 증거가 나이테에서도 뚜렷이 나타나는 지금까지도 정책 변화는 이루어지지 않았다.

나이테 이상 현상은 생장철에 기온이 영하로 떨어지는 시기에도 일어난다. 생장철은 나무가 세포를 만들고 세포벽을 두껍게 하는 시기다. 그러므로 서리로 인한 탈수 효과는 부름켜에 심각한 손상을 주고, 그로 인해 불규칙한 목재 세포가 생성된다. 서리 나이테Frost Ring(상륜)에서는 서리가 내리기 전과 후의 정돈된 세포 열 사이로 기형의 세포 띠가 보인다.(그림 14) 이러한 비정상 세포의 띠는 늦은 봄 서리에 의해 춘재에서, 또는 이른 가을 서리로 추재에서 발생한다.

연륜연대학자들은 서리 현상이, 평년보다 일찍 찾아왔거나 예상보다 오래 머무는 겨울과는 무관하게 일어난다는 것을 발견했다. 서리 나이테와 화산 폭발 간 뜻밖의 연관성은 1980년대 초 애리조나대학교 나이테 연구소의 발 라마르쉐와 케이티 허슈벡Katie Hirschboeck에 의해 처음 발견되었다. 그들은 캘리포니아와 콜로라도에서 자라는 브리슬콘소나무의 4000년 된 나이테 기록에서 서로 시기가 일치하는 서리 나이테를 찾았다. 무려 1300킬로미터나 떨어져 자라는 나무가 같은 해, 예를 들어 기원후 1817년, 1912년, 1965년 한여름에 서리 나이테를 형성한 것이다. 이 연도들이 발 라마르쉐와 케이티 허슈벡에게는 어딘가 낯이 익었다. 대부분 유명한 화산 분출 사건과 이어지는 해였기 때문이다. 예를 들어 1817년 서리 나이테는 1815년의 인도네시아 탐보라 화산 폭발, 1912년 서리 나이테는 같은 해의 알래스카 카트마이 화산 폭발과 일치하고, 1965년 서리 나이테는 발리의 아궁 화산 폭발이 있었던 1963년과 이어졌다. 따라서 때아닌 철에 동시다발적으로 발생한 서리 나이

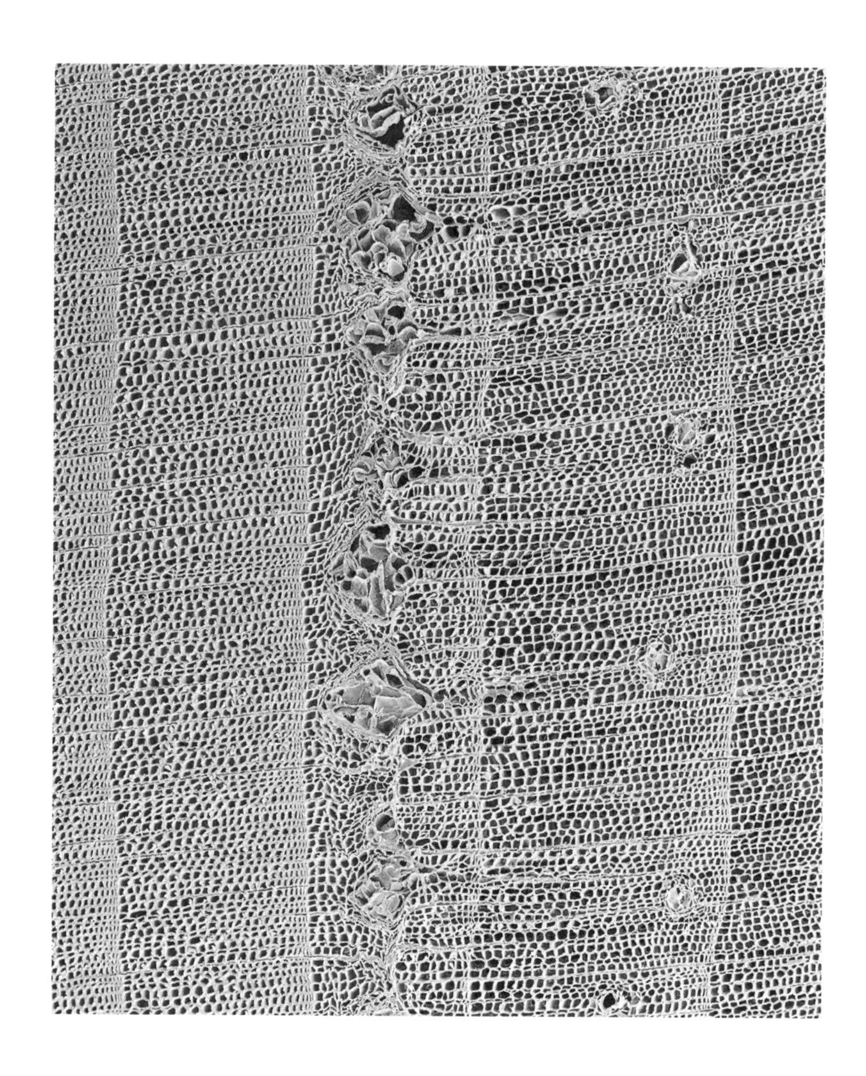

그림 14. 몽골에서 채취한 시베리아소나무(*Pinus sibirica*) 나이테 순열은 기원후 534~539년에 해당하며 536년의 서리 나이테를 보여 준다. 또한 537년의 좁은 나이테는 유난히 추운 날씨를 암시한다. 이 추운 여름들은 고대 후기 소빙하기(Late Antique Little Ice Age)가 시작한 536년의 화산 폭발에 의해 일어났다. 사진 출처: 디 브레거(Dee Breger)

테는 화산 폭발 이후 2~3년간 이어지는 냉각으로 설명할 수 있다.

우리는 라마르쉐와 허슈벡의 획기적인 연구 이후 30년 동안 나이테와 화산 분출의 연관성에 관해 많은 것을 배웠다. 이제 우리는 화산 분출 이후의 냉각기가 일부 나무의 서리 나이테뿐 아니라 기온에 민감한 대부분의 나무에 극도로 좁은 나이테로 기록된다는 것을 알고 있다. 대형 화산 폭발로 생성된 성층권의 에어로졸 막은 최대 2년 넘게 지구 표면의 넓은 지역에 걸쳐 냉각 효과를 일으킨다. 특히 열대 지역에서의 화산 분출은 전 세계적으로 냉각 효과를 일으켜 기온에 민감한 나이테 연대기에 지문을 남긴다. 우리가 하키스틱 또는 스파게티 접시처럼 반구 차원 또는 범지구 차원의 기온 재구성을 제작할 때는 다양한 지역에서 만들어진 나이테 연대기의 평균값을 이용한다. 광범위한 온난화 또는 냉각이 일어난 해는 이 재구성 곡선에서 두드러지는데, 이는 이용된 나이테 연대기 대부분에서 공통으로 나타나기 때문이다. 하키 스틱 곡선에서 1990년대의 온난기(블레이드 부분)가 눈에 띄는 것은 이 시기에 대부분의 나이테 연대기가 전례 없이 따뜻한 기온을 기록했기 때문이다. 반대로 1815년 탐보라 화산의 분출 다음에 이어진, 메리 셸리가《프랑켄슈타인》을 썼던 '여름 없는 해'는 많은 나이테 열이 극도로 좁은 나이테를 보여주었다. 그 때문에 여러 나이테를 기반으로 한 기온 재구성 결과에서도 추운 해로 두드러지는 것이다.

그러므로 나이테에 기반한 기온 재구성 결과는 과거의 화산 분출이 기후 변화에 미친 영향을 연구하고 정량화하는 데 사용될 수 있다. 그러나 과거 기후의 냉각을 화산 폭발 사건에 정확하고 확실하게 귀속시키려면 과거 화산 분출의 연대를 독립적이면서 정확하게 추정한 기록이 필요하다. 그런 화산 활동 대체 자료는 그린란드와 남극에서 추출한 빙하 코어가 제공한다. 대형 화산이 폭발할 때 황산 에어로졸이 방출되는데 이는 빙원의 눈과 얼음층에 황산염(SO_4^{2-}) 침전물로 포획된다. 이렇게 화산에서 나와 빙하 코어에 침전된 황산염 스파이크를 분석해 연대를 측정할 수 있다.

그러나 빙하 코어층에 기록된 화산 활동과 나이테에 기록된 냉각의 관계는 두 기록의 절대연대가 정확히 측정되었을 때만 서로 매치할 수 있다. 나이테 기록은 연대 교차 비교로 정확성을 보장할 수 있지만 빙하 코어 기록은 오류가 발생하기 쉽다. 네바다 리노의 미국 사막 연구소 소속 고기후학자 마이클 지글Michael Sigl과 조 매코널Joe McConnell 연구 팀은 남극과 그린란드에서 5개의 빙하 코어 기록을 추출했다. 이 빙하 코어의 황산염 스파이크를, 나이테를 기반으로 재구성한 과거 북반구 기온 그래프(이들은 중유럽, 스칸디나비아, 시베리아, 미국 서부를 기반으로 한 5가지 기온 재구성을 사용했다)에서의 차가운 해와 비교했더니, 빙하 코어 기록과 나이테 기록이 기원후 1250년까지 완벽하게 매치되었다. 빙하 코어에 포착된 모든 대형 화산 폭발은 한두 해 뒤에 나이테 기록에서 강한 추위로 기록되었다. 그러나 화산 폭발과 좁은 나이테가 매치된 첫 사례는 1257년 인도네시아 사말라스 화산 폭발과 1258년 나이테였고, 1250년 이전의 화산 분출은 빙하 코어에 기록된 뒤 한두 해가 아니라 7년 이후에나 나이테에 기록되었다.(그림 15) 나이테 기록의 정확성은 연대 교차 비교로 확인되었으므로 나이테 기록이 7년이나 틀릴 리 없다. 그렇다면 1250년 이전의 화산 활동과 그로 인한 냉각기 사이의 7년 공백은 빙하 코어 기록의 앞쪽 부분에서 일어난 연대기적 오류일 확률이 크다.

1250년 이전 데이터가 나타내는 7년의 편차 수수께끼는 2012년에 일본 나고야대학교 태양-지구환경 연구소의 후사 미야케Fusa Miyake와 동료들이 기원후 775년 나이테에서 방사성 탄소(C14) 피크Peak를 발견하면서 해결되었다. 예전에 방사성 탄소 수치는 국제 방사성 탄소 검정 곡선(물체의 방사성 탄소 함량으로 연대를 추정하는 데 사용되는 곡선)을 보정하는 데 사용되었는데, 이때 10개 이상의 연속된 나이테를 한꺼번에 묶어서 측정하곤 했다. 이 방법은 여러 해의 평균 C14의 값을 구하는 데에는 적합하지만, 개별 나이테의 C14 수치는 알 수 없다.

미야케 연구 팀은 연도별 C14 수치를 연구하기 위해 2그루의 삼나무*Cryptomeria japonica*에서 10년짜리 뭉치가 아닌 개별 나이테의 C14 값을 측정했다. 그 결과 두 나무 모두 775년의 C14 값의 피크가 장기간의 C14 평균에 비해 약 20배나 더 높다는 것을 발견했다. 이 775년의 방사성 탄소 피크는 북반구, 남반구 할 것 없이 전반적으로 나타났고 이후 독일, 러시아, 북아메리카, 뉴질랜드에 서식하는 나무에서도 확인되었다. 이처럼 대기 중 C14의 급격하고 갑작스러운 변화는, 태양이 지구를 향해 막대한 양의 방사선을 방출하는 아주 강한 태양 플레어Solar Flare(태양 양성자 이벤트Solar Proton Event, SPE라고도 부른다)로만 가능하다. 775년 C14 피크를 생성한 슈퍼 플레어Superflare는 지금까지 실측된 어느 플레어보다 40~50배는 더 컸을 것이다. 슈퍼 플레어가 일어나는 동안 태양은 C14와 같은 우주 기원 동위 원소Cosmogenic Isotope를 비정상적으로 대량 생성하는 강렬한 복사선을 내뿜으며 폭발한다. 우주에서 발생된 이 동위 원소는 광합성을 통해 나무에 흡수되어 C14 수치로 나이테에 기록된다. 전 세계 나이테에 기록된 775년의 C14 피크는 전년도인 774년의 슈퍼 플레어에 의해 일어났을 가능성이 높다. 이후 이와 비슷하지만 보다 약한 태양 플레어가 994년 나이테에 두 번째 C14 피크를 생성했다.

태양이 지속적으로 방출한 복사선은 지구 대기에서 우주 기원 동위 원소를 생산한다. 그러나 775년과 994년 나이테에 기록된 수준의 C14 스파이크를 일으킬 정도로 강력한 태양 플레어는 드물다. 774년 슈퍼 플레어는 과거 1만 1000년 중에서 가장 강한 태양 플레어 사건으로 밝혀졌다. 774년 태양

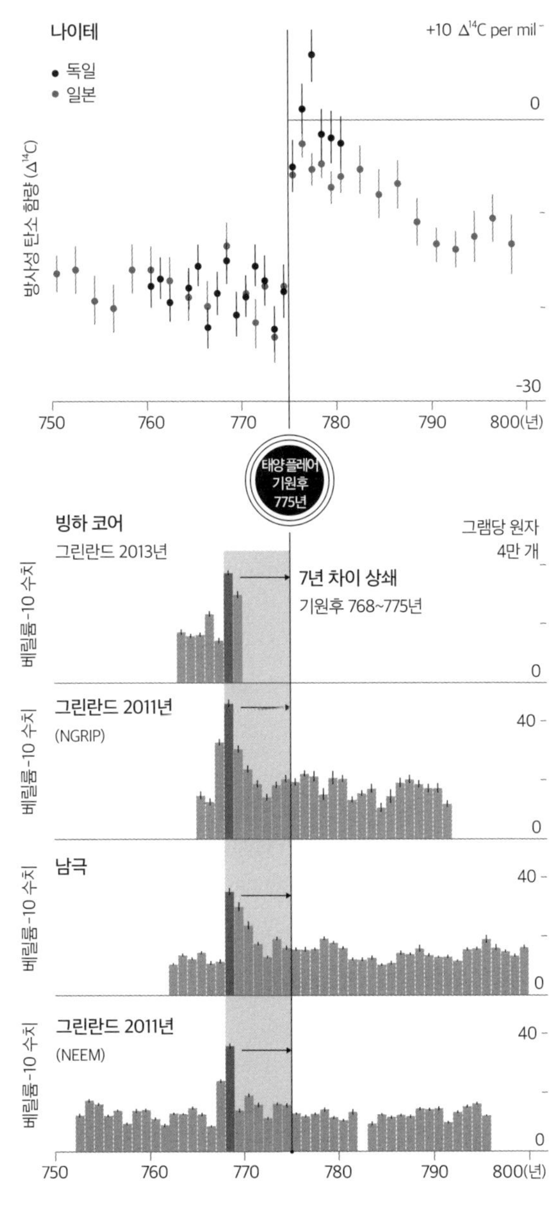

그림 15. 774~775년의 태양 플레어는 전 세계적으로 775년 나이테에 방사성 탄소 스파이크로 기록되었고, 얼음층에는 베릴륨-10 수치의 스파이크로 기록되었다. 그러나 빙하 코어 기록의 스파이크는 768년 층에 기록되어 7년의 오차가 있다. 그러므로 1250년 이전의 빙하 코어 기록 또한 7년의 오차가 있음이 드러났다.

플레어는 앵글로색슨 연대기Anglo-Saxon Chronicle(기원전 60년부터 기원후 1116년까지 앵글로색슨의 역사를 고대 영어로 기록한 연대기 모음. 현재까지 남아 있는 9개의 연대기 사본 중 7개가 런던의 영국 국립 도서관에 보관 중이다)의 8세기 부분에 다음과 같이 기록되었다. "서력기원 774년… 해가 진 후 하늘에 붉은 십자가가 나타났다. 머시아인들과 켄트의 자손이 옥스퍼드에서 싸웠다. 그리고 사우스 색슨의 땅에서 훌륭한 뱀이 보였다." 비록 이 연대기의 필경사는 붉은 십자가 모양의 오로라와 훌륭한 뱀 형상에 매혹되었을지 모르지만, 이와 같은 태양 폭풍은 드물게 일어날수록 좋다. 태양 플레어는 잠재적으로 지구의 오존층을 고갈하고 지구 자기장을 파괴하며 기술과 통신 시스템을 뒤죽박죽으로 만들기 때문이다.

태양 광선이 쏟아질 때 방사성 탄소 외에도 베릴륨-10(Be10)이 대기에서 생성된다. 보통 C14는 빙하 코어에 포획되지 않지만(나무와 달리 얼음은 광합성을 하지 않기 때문이다), 대기 중의 Be10은 그린란드와 남극의 눈과 얼음층에 축적된다. 빙하 코어의 황산염 수치가 화산 활동의 대체 자료로 사용되는 것과 같은 방식으로, Be10 수치는 태양 활동의 대체 자료로 사용될 수 있다. 774~775년, 994년에 일어난 수준의 슈퍼 플레어는 빙하 코어에 Be10 피크를 생성하는데, 이 얼음층 Be10 연대기를 나이테의 C14 연대기와 직접 대조할 수 있다.

마이클 지글과 동료들이 그린란드와 남극의 빙하 코어에 농축된 Be10을 측정했더니 768년, 그리고 987년에서 Be10이 발견되었다. 이는 각각 C14 피크가 나이테에 기록된 775년과 994년의 정확히 7년 전으로, 앞서 빙하 코어의 초기 부분에서 나타났던 7년의 차이를 암시했다.(그림 15) 결국 이 7년의 차이가, 빙하 코어에 기록된 1250년 이전 화산 폭발과 나이테 기록에 드러난 차가운 해 사이의 7년의 공백을 설명한다. 마이클 연구 팀이 이 피크를 기준 삼아 빙하 코어 연대기의 1257년 이전 부분을 7년 앞당겼더니 이내 빙하 코어와 나이테 데이터가 완벽하게 맞아떨어졌다. 기원전 500년~기원후 1000년 사이의 나이테 기록에 나타난 16번의 가장 추운 해 중 15번이, 빙하 코어에 기록된 대형 화산 황산염 피크 한두 해 뒤에 나타났다. 조 매코널은 《로스앤젤레스타임스》와 다음과 같이 인터뷰했다. "이 연구 이전에 나이테 기록과 빙하 코어 기록은 서로 분리되어 있었다. 그러나 새로운 연대 측정을 거치며 완벽하게 맞아떨어졌다. 이제 우리는 나무를 보고 말할 수 있다. '화산 폭발 때문에 냉각이 일어났다'라고."[26]

왜 《로스앤젤레스타임스》와 같은 주류 언론이 조에게 관심을 가지고 인터뷰했을까? 기후와 문명의 연결 고리를 탐구하는 이 발견의 중요성 때문이다. 과거 2500년 동안 일어난 화산 분출 시기를 정확히 파악함으로써 기후와 인간의 역사에 미친 영향을 연구할 수 있게 되었다. 화산 폭발은 지표의 온도를 낮출 뿐 아니라 지역의 수문기후에도 영향을 미친다. 예를 들어 나일강이 범람하지 않는 것도 화산 활동과 관련이 있다. 파라오 시대부터 시작된 풍부한 역사 기록은 나일강이 매년 여름이면 제방을 넘어 인근 평야에 범람했다고 전한다. 초가을에 범람한 물이 빠지면서 남긴 비옥한 검은 실트는 이집트의 척박한 환경에서도 농사가 가능하게 만들어 사람들을 먹여 살렸다. 이집트 사회는 생명을 가져오는 강의 부침을 기록하기 위해 나일강의 수위계인 나일로미터Nilometer를 사용했다. 이집트 카이로의 로다섬에는 수직 기둥 형

26 에린 브라운(Eryn Brown), "빙하 코어가 화산 폭발의 역사와 기후 효과를 밝히다(Ice cores yield history of volcanic eruptions, climate effects)", 《로스앤젤레스타임스》, 2015년 7월 10일, http://www.latimes.com/science/sciencenow/la-sci-sn-volcanoes-climate-history-20150710-story.html.

태의 나일로미터가 강에 잠긴 채 존재하는데, 여기에는 나일강의 수위를 나타내는 눈금이 표시되어 있다. 로다섬의 나일로미터는 기원후 622년 이슬람 침입 때 처음 시작해 이후 1902년 아스완댐이 건설되어 무용지물이 될 때까지 측정되었다(댐이 건설되면서 처음에는 나일강 범람이 줄어들다가 마침내 사라졌다). 따라서 카이로 나일로미터는 현존하는 가장 긴 연속적인 수문기후학 시계열 기록을 제공한다. 예일대학교 역사학자 조 매닝Joe Manning은 마이클 지글과 공동으로 나일로미터의 나일강 수위 기록(빙하 코어로 교정했다)을 화산 폭발 기록과 비교했다. 그랬더니 대형 화산 폭발이 일어났던 해에는 나일강의 여름 홍수가 평균보다 23센티미터 낮았다. 이집트 농업에서 나일강은 매우 중요한 역할을 차지했기 때문에 이처럼 낮은 강 수위는 보통 흉년과 기근으로 이어졌다.

이어서 연구자들은 화산 활동과 나일강의 수위 관계를 프톨레마이오스 시대까지 확장했다. 프톨레마이오스 왕국은 기원전 323년, 알렉산더 대왕이 사망한 후 프톨레마이오스 왕가(기원전 305~기원전 30년)에 의해 세워졌다. 하지만 이 헬레니즘 통치자들은 빈발하는 이집트인들의 반란을 진압해야 했다. 매닝이 파피루스와 비문에 기록된 반란의 시작 시기를 빙하 코어에 기반한 화산 분출 연대기와 비교했더니 화산이 폭발한 해 또는 그 이듬해에 시작된 반란의 회수가 평균 이상이었다. 이 결과는 화산 폭발로 인해 나일강이 범람을 멈추었고, 그것이 다시 이집트 농업 사회에서 혁명의 촉매제가 되었다는 것을 암시한다. 예를 들어 20년간 지속되었던 테베 반란은, 기원전 209년 아이슬란드에서 화산이 분출하고 2년 뒤인 기원전 207년에 시작되었다.[27]

27 이 화산 분출은 중국에도 기근을 일으켰다. 중국의 기원전 1세기 문헌에는 기원전 207년 11월에 "흉년이 들어 사람들이 궁핍해지고 곡식이 부족해 병사들까지 콩과 토

프톨레마이오스 통치자들은 반란으로 인해 국내 상황이 불안정해지자 이웃 국가와의 전쟁을 축소했을 가능성이 있다. 원정을 나갔던 프톨레마이오스 군대가 국내에서 일어난 반란을 진압하기 위해 소환되었고, 전쟁에 사용된 왕국의 예산은 나일강이 범람하지 않는 바람에 발생한 문제를 해결하기 위한 구호 활동에 재분배되었다. 반란이 빈번하게 일어난 것 외에도 매닝 연구 팀은 화산이 분출한 해 이후에 많은 전쟁이 끝났다는 것을 발견했다. 또한 기원전 196년에 이집트 멤피스에서 시행된 것과 같은 사제의 칙령이 더 자주 선포되었다. 이러한 칙령에는 사회가 불안한 시기에 국가가 영향력 있는 사제 계급과 결탁하여 권위를 강화하려는 의도가 담겨 있다.

요약하면 화산 폭발로 인해 여름철에 나일강이 범람하지 않게 되면서 국내에 반란이 일어나고 외국과의 전쟁이 줄어들었으며, 결과적으로는 프톨레마이오스 왕국이 멸망하는 계기가 되었다. 프톨레마이오스 왕국은 기원전 30년, 로마에 패배한 후 최후의 통치자였던 클레오파트라가 스스로 목숨을 끊으면서 멸망했다는 것이 일반적인 견해다. 그러나 이 시기는 기원전 46년과 44년에 대형 화산이 폭발한 지 약 10년 뒤이다. 이 폭발로 인해 나일강이 범람을 멈추었고 뒤이어 기근, 역병, 정치적 부패, 이동 등 사회적 대변동이 일어났다. 그러나 화산 폭발처럼 자연환경에 의한 한 사회의 종말은 인구통계학적, 사회 경제적, 정치적 배경과 함께 논의되는 것이 좋다. 사회의 붕괴를 초래한 인간과 환경의 상호 작용은 복잡하게 얽혀 있다. 이것은 프톨레마이오스 왕조를 정복한 로마 제국이 몇 세기 만에 긴 붕괴 과정을 시작하면서 극

란을 먹었다"라고 기록되었다. K. D. Pang, "폭발의 유산: 고대 화산 폭발과 추위 및 기근의 연대기 비교(The legacies of eruption: Matching traces of ancient volcanism with chronicles of cold and famine)," The Sciences 31, no. 1 (1991), 30-35.

명하게 드러난다. 어떤 사회생태학적 그물망도 로마를 멸망으로 이끈 것만큼 복잡하지는 않을 것이다.

나무들이 여름 추위에 떨자 로마 제국은 무너졌다

나는 학교에서 라틴어를 배웠다. 6년 동안 라틴어 수업을 들으며 배운 것은 2가지다. 율리우스 카이사르는 벨기에 사람을 갈리아인들 중에서 가장 용감하다고 생각했다는 것Horum omnium fortissimi sunt Belgae, 그리고 기원전 49년에 루비콘강을 건너면서 주사위를 던졌다는 것Alea iacta est이다. 우리 라틴어 선생님은 내가 라틴어에 조금도 관심이 없는 학생이었고, 로마 제국과 관련된 일은 평생 하지 않으리라는 걸 누구보다 잘 아셨을 것이다. 하지만 연륜연대학자라는 내 직업은 카이사르와는 가장 거리가 먼 것처럼 보였으나 결국 모든 길은 로마로 통한다는 걸 알았어야 했다.

'영원한 도시'로 가는 내 여정은 스위스 산림·눈·지형 연구소에서 일할 때 로마 시대까지 거슬러 가는 고고학 목재에서 기후 정보를 추출하면서 시작했다. 살아 있는 참나무와 소나무는 물론이고 반화석 나무, 역사 건축물, 로마 시대 우물 등에서 얻은 8500점 이상의 나이테 표본을 가지고 우리 팀은 과거 2400년(기원전 405~기원후 2008년)의 중유럽 강수량과 기온 재구성을 개발했다.[28] 고고학 유물에서 얻은 나무들의 수확 연도를 나열해 보니 유독 건축 활동이 활발한 기간(기원전 300~기원후 200년)이 있었는데 이 시기에 아주 많은 나무가 벌목되었다.(그림 7 참조) 이 기간은 로마의 농업 경제가 번창하고, 인구가 늘고, 전반적으로 온화한 기후를 배경으로 제국이 복잡성의 절정에 도달했던 로마 기후 최적기Roman Climate Optimum(로마 온난기)와 일치한다.

하지만 기후가 습하고 따뜻하고 무엇보다 안정적이었던 로마 기후 최적기는 기원후 약 250년 무렵에 끝이 났고 이어서 변덕스러운 날씨가 장기적으로 지속되었다. 수십 년을 주기로 가문 해와 비가 많이 오는 해가 번갈아 나타났고, 내내 추운 여름이 동반되면서 기원후 550년경에는 여름 기온이 바닥을 찍었다.(그림 16) 이례적으로 기후가 불안정했던 이 300년은 마침 로마 제국에 있어 중요한 과도기였다. 제국의 크기가 걷잡을 수 없이 커지자 결국 기원후 285년에 제국은 동과 서로 쪼개졌고, 그러면서 제국의 힘이 분할되고 결집력이 약해졌다. 로마는 제국의 서쪽을, 콘스탄티노플은 제국의 동쪽을 다스렸다. 약 200년이 지나 게르만계의 오도아케르 왕이 로마를 침공하고 서

28 우리는 독일과 프랑스 동북부 저지대에서 자라는 참나무 표본을 사용해 중유럽 강수량을 재구성했다. 이 지역에서는 물이 나무 생장에 일차적인 제한 요인이다. 여름 기온을 재구성하는 데에는 오스트리아 알프스에서 채집한 소나무를 사용했다. 이 지역의 나무들은 물보다 기온 편차에 더 민감하다.

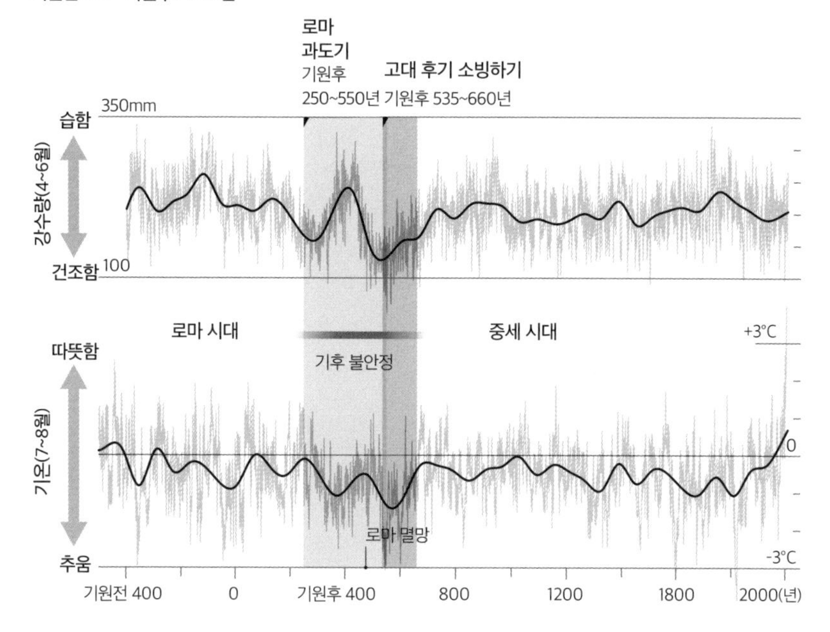

그림 16. 기원후 250년경, 로마 제국은 추운 여름이 지속되면서 수십 년을 주기로 비가 많이 오는 해와 가문 해가 번갈아 나타나기 시작했다. 이처럼 불안정한 기후는 로마 과도기 중 300년 동안 계속되면서 유럽을 영원히 바꾸어 놓은 두 사건과 중첩되었다. 서로마 제국의 분열과 게르만족의 대이동이다. 게르만족 이동기에 게르만족과 훈족이 로마 제국을 침입하면서 멸망의 계기가 되었다.

로마 제국의 마지막 왕 로물루스 아우구스투스를 폐위시키면서 서로마 제국은 몰락했다.

이 300년 동안의 과도기에 로마 제국은 여러 지역의 다양한 문화를 수용하며 정치 사회적으로 복합적인 국가에서 수도 붕괴 후 무력해진 잔류국이 어설프게 뭉친 상태로 변화했다. 로마인들이 글쓰기를 사랑한 덕분에 로마 제국 쇠퇴의 연대표는 잘 정립되고 또 사실로 인정되고 있다. 그러나 제국의 해체에 기여한 상황은 역사가와 고고학자들 사이에서 오랫동안 논쟁의 대상이었다. 부패한 정치와 내전 같은 내부적 실패와, 야만족의 침입과 전염병 창궐 같은 외부적 요인의 상대적인 기여도는 합의되지 않았다. 우리가 재구성한 당시의 기후를 보면 이 과도기는 유럽이 심각한 기후 불안정을 겪고 있던 시기와 일치하기 때문에 기후가 로마 제국의 해체에 기여했을 가능성을 제기할 수 있다.

기후사와 인류사의 연관성을 연구할 때는 상관관계가 반드시 인과 관계로 이어지지는 않는다는 사실을 꼭 염두에 두어야 한다. 로마 제국의 붕괴 과정에서 기후 변화의 역할을 입증하려면 불안정한 기후가 정치적 동인 및 사회적 취약성과 상호 작용하여 일으킨 시너지가 로마 사회를 파괴하고 기존 사회 정치 체제의 붕괴를 필연적으로 만든 실질적인 경로를 밝혀야 한다.

여기에는 3가지 경로가 가능성이 있는데, 그중 첫 번째가 가장 직관적이다. 로마 과도기에 수십 년을 주기로 요동치는 수문기후와 추운 기온이 농업 생산성에 치명적인 영향을 미쳤다는 것이다. 로마 제국은 유럽, 북아프리카, 서남아시아의 세 대륙에 걸쳐 확장되었고 다양한 기후 체제로 구성되어 어느 정도의 기후 변동에는 탄력적으로 대처할 수 있었다. 이 지리적 다양성이 때때로 지역간 불규칙성에 완충을 제공하기도 했지만, 로마 과도기의 대규모 기후 격변을 완화할 정도는 아니었다. 유럽의 광범위한 지역을 덮친 추운 여름은 생장철을 단축하고 수확을 감소시켰으며, 북아프리카에서는 가뭄이 로마의 곡창 지대를 휩쓸었다. 파피루스 자료에 따르면 로마 기후 최적기에 나일강은 평균 5년마다 범람해 풍성한 수확을 이끌었지만 로마 과도기에는 우호적이었던 나일강 홍수가 10년에 한 번꼴로도 일어나지 않았다. 이와 같은 10년 주기의 변동은 농경 사회에 파괴적일 수밖에 없다. 농경 사회는 사회적, 기술적 대변화에 맞서기 어렵기 때문이다. 이는 로마가 형성한 복잡한 사회에서도 마찬가지다. 해마다 환경이 달라지면 보통 저장고를 지어서 대비한다. 그러나 가뭄이 5~10년 넘게 지속되면 빈 저장고만 남을 뿐이다. 식량을 생산할 수 있는 여건과 사회 상황이 전반적으로 매우 열악해지기 때문이다.

로마의 사회 구조 때문에 기후 격변이 경제의 엔진인 농업에 악영향을 미치고 또 그 충격이 악화되었다는 사실은 대단히 중요하다. 100만 명이 거주했던 로마는 상대적으로 소규모 농경 공동체에 의존해 다수의 로마 시민과 군인들을 먹여 살렸다. 멸망을 앞둔 로마 행정부에는 3만 5000명이 넘는 관료가 있었고 군사는 50만 명이 넘었다. 제국은 1000개 이상의 도시로 구성되었는데 모두 주변 농경지에서 식량을 의지했다. 흉년이 찾아왔을 때 식량 부족과 기아로 가장 큰 고통을 받은 것은 농촌 지역이었다. 그 바람에 농사를 지어야 할 사람들이 힘을 쓰지 못했고 이는 생산성을 더욱 감소시켰다. 설상가상으로 로마 후기 사회는 상류층이 너무 많았을 뿐 아니라 이들은 지나치게 사치스러웠다(현대 사회와 닮았다는 사실이 우연은 아닐 것이다). 로마의 상류층은 와인과 올리브를 즐겼는데 가장 비옥하고 생산성이 높은 경작지에서 이런 수익작물을 경작했고, 정작 주식이 되는 밀이나 보리 재배는 불모지로 내몰렸다. 척박한 땅에서 짓는 농사는 당연히 생산성이 떨어진다. 하지만 다른 위험성도 있다. 생산성이 낮은 농지는 기후 변화에 더 민감하다. 로마 과도기의 요동치는 기후는 황무지에서 재배되는, 가뭄에 민감한 곡식의 생산성에 크나큰 영향을 미쳤다. 그렇게 생산량이 곤두박질치고 농경 경제의 수용 능력은 감소했다.

기후 불안정과 로마 국가 해체 사이의 두 번째 잠재적인 연결 고리는 기원후 250~410년까지 진행된 게르만족의 대이동이다. 이 기간에 색슨족, 프랑크족, 서고트족 등 게르만족이 로마 제국으로 이주해 침투했으며 기원후 410년에는 로마시로 진격했다. 야만족이 서쪽의 로마 제국으로 이주한 것은 중앙아시아에서 서진하던 훈족을 피해서였다. 유목 민족인 훈족이 서쪽으로 이동한 계기는 이들의 본거지인 중앙아시아에 가뭄이 심해져 목축 경제가 붕괴했기 때문이라는 가설이 있다. 이 가설의 타당성을 조사하기 위해 애리조나대학교 나이테 연구소의 내 동료인 폴 셰퍼드Paul Sheppard와 공동 연구자들은 티베트고원에 서식하는, 가뭄에 민감한 치롄향나무*Sabina przewalskii*를 가지고 2500년의 나이테 연대기를 제작했다. 연구 팀은 이처럼 특별히 긴 나이테 연대기를 제작하기 위해 역사 건축물뿐 아니라 800년 된 살아 있는 향나무에서 목편을 채취했다. 또한 7~9세기에 만들어진 것으로 추정되는 지하 묘실에서 발견된 나무 관을 이용해 연대기를 훨씬 더 과거로 연장했다. 이 티베트고원 나이테 연대기에는 4세기에 중앙아시아에서 유목민인 훈족이 푸른 초원을 찾아 서쪽과 남쪽으로 이동하게 부추겼을 가뭄이 기록되어 있었다. 그렇게 훈족은 야만족의 땅을 침략했고 그 이후의 역사는 우리가 아는 대로다.

2011년 1월 초에 나도 스위스에서 애리조나 투손으로 이주했다. 당시 나는 로마 과도기의 기후 불안정성에 관한 논문을 《사이언스》에 투고한 상태였는데, 마침 이사하기 직전에 게재가 확정되었다. 정작 나는 이사하느라 정신이 없어서 논문이 출판되는 과정을 일일이 확인하지 못했지만 애리조나의 내 새로운 고용주들과 홍보실은 그렇지 않았다. 투손에 도착한 첫 주에 나는 휴대

폰과 은행 계좌 개설 등 정착에 필요한 업무를 보느라 바쁘게 시내를 돌아다니는 와중에 홍보실에서 줄창 걸려 오는 전화까지 받느라 정신이 하나도 없었다. 학교 측의 전문성과 집요함 덕분에 우리는 1월 12일 출판 날짜에 딱 맞춰서 보도 자료를 준비할 수 있었다.

그때 개브리엘 기퍼즈가 총에 맞았다.

애리조나로 이사한 지 닷새 만이자 논문이 발표되기 4일 전 화창한 토요일 아침, 애리조나 여성 하원 의원이 투손의 북서부에 있는 한 식료품점에서 시민들을 만나고 있을 때 한 남성이 달려와 그녀의 머리에 총을 쏘았다. 그러고는 군중을 향해 총을 돌려 19명이나 더 쐈다. 다행히 기퍼즈는 목숨을 구했지만 다른 6명은 그렇지 못했다. 공개 행사에서 벌어진 미 하원 의원의 암살 시도는 내가 막 합류한 지역 사회의 총기 문화와의 충격적이고 즉각적인 대면식이었다. 나는 내가 더는 스위스에 있지 않다는 걸 실감했다. 다음 주 내내 총기 난사 사건은 전국적인 헤드라인 뉴스를 장식했고, 나는 아무리 흥미진진한 과학 이야기라도 더 충격적이고 긴급한 뉴스에 자리를 양보해야 한다는 걸 알았다.

내가 투손에서 일하기 시작한 지 얼마 안 되어 애리조나대학교의 유명한 서양고전학 교수이자 고고학자인 데이비드 소렌David Soren이 나를 찾았다. 언론에 소개되지 못했어도 그는 우리 논문을 읽었다. 소렌은 로마 제국의 해체를 기후 변화와 연결시킬 세 번째 잠재적인 연결 고리를 알려 주었다. 바로 전염병이다. 소렌 박사는 자신이 쓴 《말라리아, 사악한 마법, 유아 묘지, 그리고 로마의 몰락Malaria, Witchcraft, Infant Cemeteries and the Fall of Rome》이라는 제목의 소논문을 건넸다. 우리는 서로의 연구 결과를 이어 줄 잠재적 연결 고리에 관해 활발히 토론했고, 그 이후로 나는 스콜피언스의 감미로운 음색을 거부한 전력에도 불구하고 내가 쓴 글에도 똑같이 눈길을 끄는 제목을 달려고 노력했다.

1980년대 후반 이후 소렌은 이탈리아 움브리아의 루냐노 근처에 위치한 로마 시대 저택 발굴을 주도했다. 이 건물은 기원후 3세기에 파괴되었다가 5세기 중반에 '라 네크로폴리 데이 밤비니La Necropoli dei Bambini'라는 유아 묘지로 용도가 변경되었다. DNA 분석 결과 이 묘지에는 총 47명의 유아가 매장되었는데 모두 전염병에 희생된 3세 미만의 아이들이었다. 아이들의 시신 외에도 머리가 잘린 강아지들, 큰까마귀 발톱, 두꺼비 뼈 등 주술의 흔적이 발견되었다. 이 섬뜩한 물체들은 당시 로마 제국이 명목상 기독교 국가였음에도 5세기 루냐노에서 로마인들이 마녀를 고용해 사악한 말라리아 악마를 쫓아내려고 시도했다는 증거다. 말라리아에 걸려 죽은 것으로 추정되는 10살짜리 아이가 발굴된 장소에서 더 많은 주술의 증거가 발견되었다. 지금은 '뱀파이어 매장'으로 알려진 장례 의식의 일부인데, 아이의 입안에 큰 돌을 넣어 악귀가 망자의 몸에서 빠져나오는 것을 막아 산 자에게 말라리아를 퍼뜨리지 못하게 하려는 것이다.

말라리아라는 이름은 이탈리아어로 '나쁜 공기'라는 뜻의 말라 아리아Mala Aria에서 왔는데, 말라리아가 늪에서 솟아오르는 톡 쏘는 공기에 의해 발생한다는 로마인들의 믿음에서 유래했다. 로마 시대에 이 치명적인 질병은 지중해 지역에서 흔했다. 게다가 수확 철인 늦은 여름과 이른 가을에 주로 발생하는 바람에 몸져누운 농부들은 밭을 방치할 수밖에 없었다. 말라리아는 농부들의 건강을 해쳐 농업 생산성과 식량 생산에 크게 영향을 미쳤다. 그렇다면 로마 과도기의 변덕스러운 기후가 로마 몰락에 미친 말라리아의 영향력을 증폭시켰을까? 아마도 그럴 것이다. 3~6세기 사이, 수십 년을 주기로 습한 해와 가문 해가 번갈아 나타난 날씨가 산림 벌채 확산과 결합해 말라리아의 매개체인 모기가 번식하기 좋은 습지 환경을 많이 만들어 냈다. 그러면서 농부들이 말라리아에 많이 걸리고, 도시민들과 농부들을 위한 식량이 부족해지는 조건이 생성되었을 것이다.

로마 과도기에 유럽의 여름은 전반적으로 추운 편이었다. 그러나 기원후 476년에 서로마 제국이 멸망한 이후 2세기 동안 기온은 더 낮아졌다. 고대 후기 소빙하기Late Antique Little Ice Age, LALIA는 기원후 536~660년경까지 유라시아 대륙 전체를 휘감은 추운 시기였다. 소빙하기의 추위는 우리가 오스트리아 알프스산맥에서 제작한 2500년 기온 재구성, 그리고 그곳에서 동쪽으로 7600킬로미터 떨어진 러시아 서부의 알타이산맥에서 제작된 긴 여름 기온 재구성(기원전 359~기원후 2011년) 모두에서 포착되었다. 고대 후기 소빙하기는 536년에 요란하게 시작했는데, 이 해에는 너무 추워서 아일랜드 연보에 '빵을 만들 수 없는 해'로 기록되었고, 동시대 메소포타미아 작가인 에페수스의 요한John of Ephesus은 "모든 포도주가 불량한 포도 맛이 났다"라고 썼다.[29] 기원후 536년 혹한의 원인은 오랫동안 확실히 밝혀지지 않은 채 과학적 논의가 심화되었다. 이 해를 기록한 문헌은 남아 있는 게 별로 없을뿐더러 구체적인 설명이 없어서 화산, 성간 구름의 영향, 소행성이나 혜성의 충돌 등 여러 가능성이 제기되었다. 예를 들어 에페수스의 요한은 "태양이 짙어지고 어둠

29 텔마레의 위 디오니시오스(Pseudo-Dionysius of Tel-Mahre), Chronicle, 65.

이 18개월 동안 지속되었다. 태양은 매일 네 시간씩 빛났지만 여전히 희미한 그림자에 불과했다. 사람들은 모두 태양이 제빛을 완전히 회복하지 못할 거라고 말했다"라고 썼다. 이와 비슷하게 비잔틴 역사가 프로코피우스Procopius는 "태양이 빛나지 않는 빛을 낸다… 부연 광선이 일식의 태양과 다를 바 없다"라고 말했다.[30]

536년에 갑작스럽게 찾아온 한파의 수수께끼는 마이클 지글과 동료들이 775년 나이테의 방사성 탄소 피크를 사용해 빙하 코어 기록을 나이테 기록의 차가운 해와 대조하면서 풀렸다. 빙하 코어와 나이테 기록의 7년 공백을 메운 순간, 536년은 단기간에 3번 연달아 발생했던 화산 폭발의 첫해였다는 사실이 금방 드러났다. 2번의 대형 화산과 한 번의 소형 화산이 잇달아 폭발하면서 고대 후기 소빙하기를 촉발한 10년 동안의 길고 추운 여름이 시작되었다. 알프스산맥과 알타이산맥의 나이테 기록에 따르면 기원후 540년대 여름 기온이 유라시아 전역의 평균 기온보다 약 1.7~2.9도 더 낮았다(이 온도 차는 1961~1990년을 기준으로 한 상대적 수치이다).

536년의 화산 폭발은 북반구 고위도 지방에서 일어났을 가능성이 높지만 정확한 폭발 위치는 아직 밝혀지지 않았다. 536년 화산 폭발 4년 후인 540년에 현재의 엘살바도르에 있는 일로팡고 화산으로 추정되는 열대성 대형 화산 폭발이 일어났는데, 1816년의 '여름 없는 해'를 만든 탐보라 화산 폭발보다 규모가 더 컸다. 우리는 이 사실을 그린란드와 남극의 양 반구에서 채취한 빙하 코어 기록은 물론이고 고대 브리슬콘소나무의 서리 나이테와 전 세계적으로(아일랜드, 유럽, 러시아, 아르헨티나) 이 시기에 형성된 좁은 나이테를 통해 알 수

30 프로코피우스, 《전사(History of the wars)》, H. B. 듀윙(H. B. Dewing) 번역본 (Cambridge, MA: Harvard University Press, 1916), 4.14.5.

있다. 536년과 540년의 화산 폭발은 태양을 가리는 두꺼운 화산 먼지 막을 형성해 지구 표면을 냉각하고 식물이 광합성을 하지 못하게 막고 식량 생산을 위협했다. 이 사건에 대해 동시대 작가들이 보고한 내용은 핀란드 북부의 반화석 목재에서 나타난 방사성 탄소 측정치로 뒷받침되었다. 태양 복사선의 변화를 반영하는 방사성 탄소 측정치는 536년과 540년의 나이테에서 태양 복사선의 극적인 감소를 보여 주었다. 그에 비해 547년 폭발은 더 작았지만 여전히 상당한 규모였고 이 3차례 연속된 화산 폭발과 함께 고대 후기 소빙하기가 시작되었다.

고대 후기 소빙하기는 3대 화산 활동으로 돌연 한랭 단계에 들어섰지만, 이어지는 수백 년 동안 태양 극소기Solar Minimum와 음의 북대서양 진동에 의해 악화된 채 유지되었다. 스코틀랜드의 우암 아 타르테어 동굴(북대서양 진동 재구성에 이용된 동굴)에서 얻은 3000년짜리 석순 기록은 550년경에 북대서양 진동이 양의 모드에서 음의 모드로 바뀐 것을 보여 주었다. 고대 후기 소빙하기 이전에 대서양의 온기를 유럽으로 불어넣어 주던 북대서양의 압력차가 줄어들자 동쪽 시베리아의 찬 기운이 들어올 수 있는 대륙의 문이 열렸다.

고대 후기 소빙하기가 불러온 혹한은 내전, 게르만족 대이동, 불안정한 기후가 로마의 농업 경제와 사회 질서에 미친 손상 때문에 수백 년간 약해질 대로 약해진 로마 제국에 결정타를 날렸다. 536년 화산 폭발 당시 로마 제국의 견고함은 망가져 버렸다. 제국의 서쪽 절반은 흉년, 전염병, 야만족 침입이 종합적으로 작용한 압력을 견디지 못하고 무너졌다. 동로마 제국 역시 6세기의 고대 후기 소빙하기와 끔찍한 역병의 이중고를 겪었지만 그럼에도 1453년에 오스만 제국에게 멸망될 때까지 훨씬 오래 살아남았다.

536년과 540년의 폭발 직후 아시아 고원 지대로부터 림프절 페스트가 로마 제국의 동쪽 해안가에 도착해 서쪽으로 퍼지며 제국 전체에 유행했다. 이 전염병은 두 번째 화산이 폭발한 직후인 541년, 들쥐와 벼룩이 득실거리는 곡물 운반선을 타고 이집트 해안에 맨 처음 도착했다. 이집트의 곡창 지대는 불어나는 들쥐 개체군을 먹여 살렸고 쥐들은 로마 세계 전역으로 빠르게 확산되었다. 542년, 전염병을 옮기는 들쥐가 이집트에서 출발한 곡물 운반선을 타고 로마 몰락 이후 제국의 새로운 수도가 된 콘스탄티노플에 유입되었다. 역병은 콘스탄티노플에서부터 지중해를 거쳐 항구 도시로 확산되었고 544년에는 제국의 서쪽 끝인 브리튼 제도까지 퍼졌다. 설치류에 의해 감염된 인프라와 세계 무역이 결합해, 오늘날 우리가 유스티니아누스 역병이라고 부르는 거대한 팬데믹 폭풍을 형성했다.

제국은 역병을 200년도 넘게 앓았다. 대유행은 740년대에 마지막으로 발발한 뒤 시작할 때처럼 갑자기 끝났다. 전염병은 화산 폭발로 고대 후기 소빙하기에 돌입한 지 불과 몇 년 후에 시작되었다. 그러나 추운 날씨가 물러가고 중세 온난기에 접어들자 대유행이 끝났다는 것은 그 잠재적인 연관성을 제기한다. 림프절 페스트 대유행은 생물적 요인과 환경적 요인이 복합된 시너지 효과에서 출발했다. 2017년에 출간한 《로마의 운명: 기후와 질병 그리고 제국의 몰락The Fate of Rome: Climate, Disease, and the End of an Empire》에서 카일 하퍼Kyle Harper는 후기 로마 제국에서 선박, 도시, 곡물 창고의 확장된 기반 시설망이 어떻게 팬데믹이 일어나기 좋은 환경을 만들었는지 소개한다. 하퍼는 페스트 대유행 과정을 최소 6종이 연루된 생물학적 도미노 사건으로 기술하고 있는데 여기에는 병을 일으킨 페스트균, 세균을 옮기는 벼룩, 벼룩에 물려 감염된 사막쥐와 마멋과 곰쥐, 그리고 벼룩에 물리거나 쥐와 접촉해 병에 걸린 인간이 등장한다. 기온과 강수량의 변화는 전염병 주기에 관여한 각 생물의 서식지, 행동, 생리에 영향을 미친다. 그러므로 이 연쇄 반응의 언제 어디에서 어떤 기후 변화가 일어나느냐에 따라 전염병은 증폭될 수도 억제될 수도 있다. 따라서 고대 후기 소빙하기의 냉각과 같은 기후 변화와 전염병 사이의 연관성은 복잡하고 비선형적이다. 6세기 중반, 북대서양 진동이 양에서 음의 모드로 바뀐 것이 가장 가능성 높은 시나리오다. 그로 인해 페스트균의 근원지인 아시아의 반건조 지대에 강수량이 증가하고 사막쥐와 마멋 개체군이 폭발적으로 증가했다. 병을 옮기는 야생 동물 숙주가 급증하면서 곰쥐와 같은 다른 숙주와의 접촉이 늘어났고, 이어서 이 쥐들이 로마 제국으로 향하는 수많은 무역선을 타고 이동한 것이다.

고대 후기 소빙하기의 추위와 유스티니아누스 역병이 연속적으로 발생하자 이미 로마 과도기 때부터 약해져 있던 후기 로마에서 수많은 사람이 목숨을 잃었다. 제국 전체를 통틀어 페스트로 인한 사망률은 50~60퍼센트로 추정된다. 엄청난 인구 소실로 로마 사회는 몰락의 소용돌이에 빠졌다. 농부와 병사의 절반이 사라지면서 들판에는 작물들이 썩어 나갔고 식량이 부족해졌으며 군사 위기가 닥쳤다. 그러나 한편 이것은 이런 파괴적인 사회 경제 체제의 변화에서 살아남은 것은 물론이고 고대 후기 소빙하기 말기, 이슬람 제국의 부상에도 무너지지 않은 동로마 제국의 회복력을 반증한다. 동로마 제국은 200년의 전염병 대유행과 7세기 중반 이슬람과의 전쟁에서도 회복했다. 또한 10세기에는 번영한 비잔틴 제국으로 다시 부상해 지중해 동부의 정치적, 문화적 권역을 수 세기 동안 지배했다.

12

칭기즈 칸의 정복과 아즈텍의 멸망을 부르는 숲

몽골의 테르힌 차간누르 국립 공원 중심부의 호르고 화산 산기슭에 자리 잡은 호르고 용암 지대는 '현무암 유르트Yurt(몽골 유목민들의 전통 텐트－옮긴이)'라고 불리는 딱딱한 용암 거품이 뒤덮고 있다. 이 용암 지대는 인기 있는 관광 명소일 뿐 아니라 날씨에 민감한 노목을 찾을 수 있는 교과서적인 장소다. 몽골 중부의 이 지역은 연간 강수량이 2.5센티미터 미만으로 매우 건조하다. 검은 현무암 대지는 이곳에 드물게 분포하는 나무들이 아주 천천히 생장하는 미시 생태적 조건을 형성한다. 고대 브리슬콘소나무가 서식하는 미국 그레이트베이슨의 백운암 노두처럼 호르고 화산의 산비탈 용암류에는 토양이 별로 없어서 나무를 썩게 만드는 미생물이나 세균도 거의 없다. 죽은 나무는 서 있거나 쓰러진 채로 호르고 풍경 속에 수 세기, 심지어 수천 년 동안 남아 있다.

나는 호르고 용암 지대를 광범위하게 연구해 온 웨스트버지니아대학교의 연륜연대학자 에이미 헤즐Amy Hessl을 스카이프로 인터뷰했다. 때는 2월이었고 나는 투손의 양지바른 우리 집 베란다에 앉아 노트북 화면 속 에이미의 집 창문 밖으로 눈이 내리는 것을 보았다. 에이미는 2010년 몽골 필드 원정 당시를 회상하며 이렇게 말했다. "동료들은 내가 정신이 나갔다고 생각했어요."

하버드대학교 학술림인 하버드 포레스트 소속 닐 피더슨Neil Pederson은 몽골 야외 조사에 에이미와 동행한 생태학자로 일찍이 호르고에서 살아 있는 시베리아잎갈나무*Larix sibirica*의 표본을 채취한 적이 있었다. 그 조사에서 목편이 채취된 나무 중 가장 수령이 높은 것은 약 750살이었다. 에이미는 더 오래된 나무를 찾아 호르고 용암 지대를 다시 한번 가 보자고 제안했다. 그러나 동료들은 이 제안을 썩 반기지 않았는데, 호르고에 가려면 몽골 수도인 울란바토르에서 비포장도로를 따라 왕복 20시간 걸리는 끔찍한 여행을 해야 했기 때문이다. 그러나 어쨌든 에이미는 원정을 강행했다.

호르고로 가는 여정은 시작부터 순탄하지 않았다. 울란바토르에서 호르고로 가는 길에 널은 현지 식당에서 의심스러운 야생 버섯탕을 먹었고, 호르고에 도착할 무렵 심한 구토와 함께 크게 앓았다. 그래서 조사 첫날에 에이미는 몽골 학생 2명만 데리고 호르고 조사지에 가야 했다. 그러나 야크유를 탄 뜨거운 차에 익숙한 이들은 뜨거운 현무암 지대에서도 물 없이 하루 종일 버틸 수 있다고 자신하고 마실 물을 챙기지 않았다. 하지만 태양은 예상보다 더 뜨거웠고, 두 학생은 금세 심각한 탈수 증상을 보이고 말았다. 에이미는 자기 몫으로 챙겨 온 물밖에 없는 상황에서 아무것도 건지지 못한 채 야영지로 돌아와야 했다. 다행히 다음 날은 괜찮았다. 연구 팀은 식량과 물을 넉넉히 챙겼고 몸이 괜찮아진 닐도 함께 길을 나섰다. 그리고 제대로 크지 못한 채 누가 봐도 연로한 게 분명한 시베리아소나무*Pinus sibirica*들이 드문드문 서 있고 곳곳에 나무 그루터기와 쓰러진 통나무들이 흩어져 있는 용암 벌판을 발견했다. 연구 팀은 그곳에서 5일을 더 보내며 100개 이상의 표본을 수집해 미국으로 돌아왔다.

에이미와 닐이 몽골에서 돌아온 것은 가을 학기가 막 시작되기 직전이었다. 둘은 강의에 치여 몽골에서 어렵게 얻은 호르고 표본을 들여다볼 시간이 없었다. "무려 8개월이나 방치했죠." 에이미가 내게 말했다. "그러다 하루는 닐이 밤 8시에 문자를 보낸 거예요. 숫자만 덜렁요." 그 수는 657, 다시 말해 닐이 막 연대 측정을 마친 몽골 나이테 표본의 가장 안쪽 나이테가 기원후 657년이라는 뜻이었다. 그때부터 에이미와 닐은 바쁘게 움직였다. 오래 지나지 않아 그들은 1112년짜리 나이테 연대기를 완성했다. 그것은 아시아 스텝 초원에서 과거 가뭄 변동성을 보여 주는 가장 긴 기록이었다.

호르고 가뭄 재구성 결과 중에서도 그들이 제일 먼저 집중한 시기는 칭기즈 칸이 권력을 얻은 13세기 초였다. 몽골 역사 중 이 기간에 집중하는 것은 연구 팀에게는 직관적이고도 분명한 선택이었다. "몽골을 연구 중인 사람한테 타임머신을 타고 가장 위대한 시대로 돌아가 그 역사적 사건의 기후적 배경을 알아볼 기회가 주어진다면 당연히 여기를 봐야죠"라고 에이미가 말했다. 칭기즈 칸은 1206년에 '우주의 군주'로 추대되었다('우주의 군주'라는 말은 칭기즈 칸의 이름을 문자 그대로 해석한 것이다). 그리고 1227년에 사망할 때까지 20년 동안 성공적으로 정복 활동을 이어 갔다. 칭기즈 칸이 이끄는 몽골은 중앙아시아와 중국의 대부분을 포함하는 광활한 지역을 차지했다.

에이미와 닐이 개발한 나이테 타임머신은 과거를 명확히 보여 주었다. 칭기즈 칸은 지난 1000년 중에서도 가장 비가 넉넉히 내린 수십 년 동안 제국을 건설하고 확장했다. 정복 활동의 전성기였던 1211~1225년은 15개의 넓은 나이테가 연속적으로 나타났다. 이 기간에는 강수량이 평균 이상인 다우기가 15년 동안 지속되었는데, 지난 1112년 동안 유사한 예가 없었다. 13세기 초의 습하고 온화한 기후와 칭기즈 칸의 성공을 이어 주는 가장 직관적인 연결 고리가 있다면, 이런 날씨에서는 초원의 풀이 잘 자랐기 때문에 점점 늘어나는 군마를 먹일 사료를 충분히 제공할 수 있었다는 것이다.

기병은 몽골 군사 전술의 핵심이었다. 몽골의 말들은 키가 1.3미터로 작았고 다른 품종의 말에 비하면 조랑말에 더 가까웠지만 몽골의 궁기병들에게는 없어서는 안 될 '전쟁 기계'였다. 몽골 궁수들은 세계에서 가장 뛰어난 기수였는데 이들은 적의 화살을 피하기 위해 말의 옆쪽으로 몸을 내릴 수 있었다. 궁수는 전속력으로 달리는 말 옆구리에 매달린 채 활을 말의 턱 아래쪽으로 평행하게 들고 화살을 쏘았다. 칭기즈 칸 스스로도 말에 앉은 덕분에 세상을 정복하기가 쉬웠다고 말한 것으로 전해진다.

몽골의 전쟁 기계는 13세기 다우기에 건조한 몽골 스텝 초원의 생산성이 높아지면서 그 수가 늘어났다. 또한 온화한 날씨는 대지의 수용 능력을 증가시켰기 때문에 자원의 집중과 권력의 중앙 집권화에도 유리했다. 1220년, 다우기에 들어선 지 10년째 되는 해에 칭기즈 칸은 몽골 카라코룸의 오르콘 계곡 가장자리에 전초 기지를 세웠다. 카라코룸 전초 기지가 정치적, 군사적 중심지로 발전하기 위해서는 사람과 군대와 말이 모여야 했다. 이는 잉여 자원이라는 것이 존재하지 않는 엄격한 목축 사회의 덜 바람직한 기후 조건 아래에서는 생각할 수 없는 것이었다. 그러나 13세기 초의 날씨는 칭기즈 칸으로 하여금 몽골 제국의 정치적, 군사적 힘을 강화하고 빠르게 확산하도록 뒷받침해 주었다.

하지만 수백 개의 개별 부족으로 이루어진 거대한 제국이 하나로 통합되기 위해서는 토지 생산성과 가용한 에너지가 증가하는 것만으로는 충분하지 않았다. 거기에는 카리스마 있는 지도자가 부상하기에 적합한 사회 경제적이고 정치적인 상황이 필요했다. 바로 이 부분에서 호르고 가뭄 재구성이 몽골 역사를 새롭게 조명한다. 1211~1225년 다우기에 들어서기 직전인 칭기즈 칸의 어린 시절에는 극심한 가뭄이 계속되고 있었다. 1180년대에 시작된 이 가뭄은 13세기에 진입할 때까지 이어졌는데, 이 심각한 가뭄 때문에 몽골에서는 끝없는 내전과 기존 위계질서의 붕괴를 포함한 정치적 혼란이 함께 일어났다. 이처럼 불안정한 사회적 배경 속에서 칭기즈 칸이 권력을 잡고 최초로 몽골 제국을 통일한 것이다.

몽골에서 1180년대의 가뭄 해와 13세기 초반의 다우기로 미루어 보아 비우호적인 기후는 사회 불안정을 야기하지만 우호적인 기후는 대제국의 발흥에 도움이 된다는 결론을 쉽게 내릴 수 있다. 그러나 연륜연대학자들이 계속해서 증명한 것처럼 기후 불안정이 사회적 변화와 연관 있다고 해도, 로마 제국의 사례에서 확인한 것처럼 기후 변화는 여러 요인이 맞물린 그물망의 한 부분을 구성할 뿐이다. 기후 변화만으로 문명의 쇠락을 설명할 수는 없다는 의미다. 기후 변화가 유도하는 기존 사회 구조의 해체에는 많은 요인이 관여하는데 그중 가장 중요한 것이 사회 자체에 내재된 취약성, 복원력, 적응력이다. 전염병이나 다른 집단과의 경쟁처럼 불리한 외부 요인 역시 한몫을 차지한다. 한 사회가 임박한 재앙의 위협에 대응하는 방식은 전적으로 그 사회의 문화적 가치가 사회 경제 구조와 정치적 리더십에 어떻게 반영되는가에 달렸다. 사실 우리는 현재 훨씬 더 설득력 있는 예를 경험하고 있다. 역사상 처음으로 인류의 과학은 인간이 야기한 세계적 규모의 기후 변화가 가져올 위협을 자세히 예측할 만큼 진보했다. 하지만 이런 지식을 가지고도 변화를 완화하지 못하는 것, 혹은 적절한 조치를 취하지 못하거나 또는 취하지 않는 이유는 잘못된 정치적 의사결정 때문이거나 또는 정치적 의사결정 자체가 부재하기 때문이다.

최근 연륜연대학의 발전은, 환경적 위협에 대한 사회의 대응 방식이 이 위협을 견디고 극복하는 데 중추적인 역할을 한다는 사실을 강조한다. 인류사에서 기록이 충실한 시대의 기후 재구성은 현재 우리에게 요구되는 인간-환경 상호 작용에 큰 관심을 기울이도록 만들었다. 일례로 에이미와 동료 연구자들은 호르고 나이테 연대기를 훨씬 더 과거로 연장함으로써, 몽골 역사의 8~9세기 사건에 대한 기후 연대표를 제공했다. 이 시기는 칭기즈 칸 시대보다 450년 정도 앞서 위구르 제국이 번영하던 때이다. 에이미 연구 팀은 몽골 고원으로 필드 원정을 3번 더 다녀왔는데, 그중에는 위구르 제국의 수도와 가까운 또 다른 용암 대지인 우우르가트가 포함된다. 그 결과로 제작된 몽골 나이테 연대기는 살아 있는 나무, 고사목, 통나무에서 수집한 표본을 조합해 2700년 전인 기원전 688년까지 연장되었다. 이처럼 확장된 몽골 나이테 연대기는 기원후 744~840년에 지속된 위구르 제국의 흥망성쇠를 밝히는 믿을 만한 가뭄 재구성이 되었다.

위구르족은 돌궐족의 뒤를 이어 740년대에 아시아 내륙을 지배한 스텝 초원의 유목 민족이었다. 그들의 경제는 일차적으로 목축 경제였지만 점차 다양화하고 정교해져서 중국, 중앙아시아, 지중해 사이에서 강력한 소통과 무역 네트워크를 발전시킬 수 있었다. 위구르 지배층은 권력을 잡자마자 중국의 당나라 지배층과 상부상조하는 관계를 형성했다. 그중에는 위구르의 군사력과 말을 당시 최고의 사치품인 중국의 비단과 맞바꾸는 무역도 있었다. 이런 방식으로 위구르 제국은 실크로드의 주역으로 부상했고 서쪽의 카스피해에서 동쪽의 만주까지 세력을 뻗어 나갔다. 기원후 744~782년까지 위구르 시대 전반기에는 날씨가 온화하고 알맞게 비가 내렸으므로 말들이 자라기 좋은 환경이었고, 그래서 중국과의 비단 무역 및 수준 높은 목축 경제에 유리했다. 그러나 좋은 날씨는 783년에 끝이 나고 이어서 68년간 가뭄이 이어졌다. 이 가뭄은 처음부터 위구르 제국의 사회 구조를 뒤흔들었지만 그럼에도 불구하고 제국은 840년에 무릎을 꿇기 전까지 꼬박 70년을 버텼다.

가뭄이 시작되면서 정치적으로 불안정한 시기가 찾아왔다. 기원후 789~792년에는 티베트와 전쟁을 벌였고, 뒤를 이어 795~805년까지는 중국과의 비단 교역이 중단되었다.[31] 그 이후 가뭄이 악화되면서 805~815년에 최악의 상황까지 이르렀는데, 이 시기는 전 가뭄 기간 중에서도 가장 심했다. 이러한 극단적인 상황에서도 위구르 제국은 용케 중국과의 교역을 회복했다. 당시 중국 문헌을 보면 위구르와 중국의 말 교역은 820년대 후반 절정에 이르렀다. 위구르는 829년에 5750마리, 830년에 1만 마리의 말을 총 23만 필의 비단과 거래했다. 이처럼 회복은 물론 발전하기까지 한 위구르 제국의 교

31 이 시기 교역 중단의 원인이 말 생산성이 낮아져서인지, 위구르 군대가 말을 더 필요로 했기 때문인지, 가뭄 상황에서 장거리 말 수송의 어려움이 증가한 탓인지, 혹은 이 모든 요인이 종합된 것인지 명확하지 않다.

역은, 제국이 지속적인 기후 스트레스를 극복하고 복원력을 갖추었음을 증명한다. 위구르 제국은 지속적으로 경제의 중심을 목축, 농업, 무역, 군사 중 하나로 바꿔 가면서 경제를 다양화했고, 이를 통해 한 세대 꼬박 지속된 환경적 압박이 사회에 미치는 부정적인 영향을 완화할 수 있었다.

하지만 끝없이 이어지는 가뭄은 발달한 위구르의 경제에도 지나친 부담이 되었다. 가뭄 때문에 초원이 황폐해지고 말 생산성이 낮아지면서 830년 이후 중국에서의 비단 유입이 줄어들고 경제가 망가졌다. 경제의 붕괴는 이내 정치적 분쟁으로 이어졌다. 839~840년에 폭설과 높은 가축 사망률을 동반한 조드Dzud(혹한의 겨울)가 위구르 제국에 최후의 일격을 가했다. 조드는 나이테에 기록되지 않는다. 나무는 여름에 자라기 때문이다. 그러나 역사 문헌에 따르면 그해 겨울은 가축이 대량으로 폐사했고 전염병이 창궐했으며 기근이 만연했다. 위구르 제국의 지배를 받은 남시베리아의 키르기스족은 이 혼란을 반란의 기회로 삼아 제국의 수도를 파괴하고 황제(튀르크어와 몽골어로는 카간이라고 한다)를 죽여 한 세기 동안 존재했던 제국을 멸망시켰다. 위구르 제국이 쇠퇴한 직접적인 요인인 경제 위기, 조드, 키르기스족에 대해서는 오랫동안 알려져 있었다. 하지만 이제 몽골 나이테 연대기는 여기에 반세기 이상 지속된 가뭄을 추가했다. 끝없는 가뭄은 중국과의 무역을 중단시켰을 뿐 아니라 839~840년의 파괴적인 조드로 이어지는 경제적, 정치적 위기의 원인이 된 것이다.

위구르 제국의 위기가 발생한 곳에서 남쪽으로 약 4000킬로미터 떨어진 동

남아시아 대륙에 또 다른 세력이 나타났다. 바로 크메르 제국이다. 오늘날 캄보디아에 속하는, 크메르 제국의 수도 앙코르 유적은 세계에서 가장 중요한 고고학 유적지 중 하나로 유네스코 세계 문화유산으로 등재되었다. 1000년 전 앙코르는 제멋대로 뻗어 나가는 도시 복합체이자 광범위한 물의 도시였다. 앙코르의 도시 중심은 운하, 수로, 저수지를 포함한 수준 높은 물 관리 시스템을 통해 교외와 농지를 잇는 방대한 네트워크로 연결되어 있었다. 앙코르의 수력 네트워크는 거의 1036제곱킬로미터에 걸쳐 있으면서 여름철 몬순 시기에 내리는 비를 분배하도록 설계되었다. 대부분의 해에 여름철 몬순은 인도양에서 남아시아로 습한 공기와 비를 불러왔고 7~8월의 강수량이 최대에 이르렀다. 수력 도시인 앙코르는 몬순 체제에 잘 적응했지만 어디까지나 7~8월에 많은 비가 쏟아진다는 전제하에 움직였고 일반적인 몬순 패턴을 벗어난 갑작스러운 변화에는 대단히 취약했다.

동남아시아의 여름철 몬순이 크메르 제국에 미친 영향을 연구하기 위해 컬럼비아대학교의 러먼트 도허티 나이테 연구소의 브렌던 버클리Brendan Buckley와 동료들은 베트남에서 측백나뭇과의 희귀종인 포키에니아 호드긴시이*Fokienia hodginsii*의 나이테를 채취했다. 다른 열대 수종처럼 포키에니아는 줄기 생장이 불규칙적이라 많은 나이테가 사라졌거나 헛나이테가 섞여 있었다. 이는 나이테 교차 비교를 어렵게 만들지만 그럼에도 이 나무는 긴 수명과 훌륭한 가뭄 기록 때문에 매우 가치가 있다. 연대기를 제작할 때 보통은 나무당 목편을 2개씩 채취하지만 브랜든은 최대 7개까지 채취하고 또 비교 대조가 불가능한 표본은 제외하는 방식으로 크메르 제국 시대의 여름 몬순 변동성을 포착한 750년짜리 포키에니아 나이테 연대기를 개발했다.

브랜든의 몬순 가뭄 재구성(1250~2008년) 곡선을 보면 동아시아의 여름

동남아시아의 메가 가뭄

기원후 1250~2008년

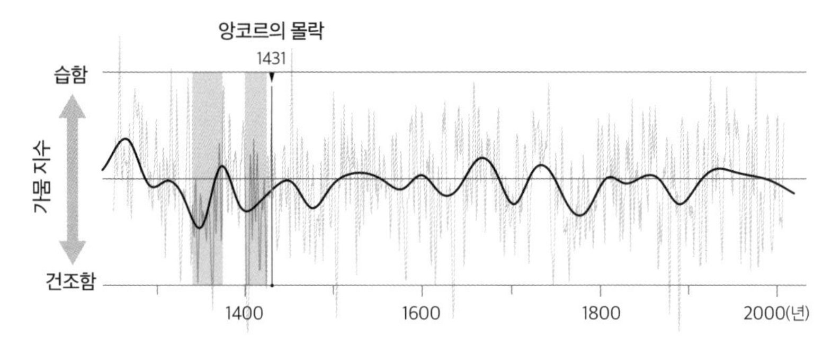

그림 17. 동아시아의 여름 몬순은 앙코르가 몰락하는 수십 년 동안 종잡을 수 없이 급변했다. 14세기 중반에 35년간 이어진 가뭄 틈틈이 극심한 몬순 홍수가 발생했고, 15세기 초반에는 단기간이지만 더 심각한 가뭄이 뒤따랐다. 앙코르의 수력 기반 시설은 가뭄에서 홍수, 또는 그 반대로의 갑작스러운 전환에 대처하는 데 적합하지 않았다.

철 몬순은 15세기 앙코르가 몰락한 시기까지 매우 변덕스러웠다.(그림 17) 14세기 중반에서 후반까지 비정상적으로 약한 비를 뿌린 몬순이 약 35년(1340~1375년)에 걸친 가뭄으로 이어졌다. 그러나 가뭄이 계속된 건 아니었고 때때로 갑작스럽게 심한 폭우가 쏟아져 홍수가 발생하기도 했다. 로마 제국의 사례에서도 보았듯이 가뭄에서 홍수로, 또 그 반대로의 갑작스러운 전환은 대처하기 힘들다. 수준 높기로 유명한 앙코르의 수력 네트워크도 이런 급격하고 극한적인 몬순 홍수에는 버틸 재간이 없었다. 앙코르의 수력 기반 시설은 규모와 복잡성 때문에 통제하거나 변형하기가 어려워 많은 장애 요소가 잠재해 있었다. 한마디로 이 시스템은 14세기 몬순의 장난을 받아 줄 능력이 되지 않았다.

앙코르의 물 관리 시스템이 망가졌다는 증거는 연륜연대학이 아니라

650년 된 놀라운 나뭇잎에서 찾을 수 있다. 이 부서지기 쉬운 물질이 앙코르의 가장 큰 운하 중 한 곳에 쌓인 퇴적물에서 회수되었고 방사성 탄소 연대 측정을 통해 14세기 후반의 것임이 확인되었다. 낙엽이 많이 쌓였다는 것은 앙코르 멸망 시기에 주변 지역이 침식되면서 넘어온 홍수 퇴적 물질로 운하가 가득 찼다는 뜻이다. 이처럼 운하에 퇴적물이 쌓이는 바람에 배후지로부터 앙코르 도심으로 제대로 물을 끌어오지 못했을 것이다. 갑작스러운 몬순 홍수는 관개와 홍수 통제가 가장 절실했던 35년 가뭄기의 절정기에, 앙코르의 수력 기반 시설에 치명타를 준 것으로 보인다.

14세기 몬순으로 인한 앙코르의 와해는 진공 상태에서 일어난 것이 아니었다. 이번에도 사회 경제적이고 지정학적인 혼란, 이웃 아유타야 왕국과의 전쟁 등이 기후 문제와 동반되었다. 14세기 몬순 가뭄이 15세기 들어서 단기적이지만 더 극심한 가뭄으로 이어졌을 때 앙코르는 계속된 기후적, 사회 경제적, 정치적 죽음의 소용돌이에 의해 치명적으로 약해졌고 마침내 1431년에 몰락하고 말았다. 결국 불교 사원인 앙코르 와트만이 세계에서 가장 큰 종교 기념물로 살아남았다.

또한 연륜연대학은 8~10세기까지 마야 후기 고전기Terminal Classic Period의 권력 이양과 추진력을 조명했다. 이는 장기력Long Count Calendar의 사용이 중단되면서 파악된 것이다. 고전기(기원후 250~750년)의 마야 문명은 세계적으로 가장 발전된 사회 중 하나였다. 풍부한 예술과 건축으로 아름답게 장식된 대규모 도시에는 수백만 명이 살았는데, 그들은 자신들의 일상과 모험을 상형 문자로 비문에 새겼다. 마야인들은 마야의 창조 신화에 따라 3000년 전 세상이 창조된 이후부터 날짜를 기록한 장기력을 사용했다(마야의 장기력에 따르면 세상이 창조된 날은 그레고리력으로 변환했을 때 기원전 3114년 8월 31일이다). 마야인들의 이런 기록은 16세기에 스페인이 마야를 정복하면서 많이 소실되었지만 건물과 기념물에 새겨진 비문은 아직 남아 있고 해독도 가능하다. 특히 마야인들이 새로 지은 건물에 조각한 달력 날짜가 이에 해당하는데, 그중 가장 이른 것은 기원후 197년으로 거슬러 올라간다. 그러나 후기 고전기(기원후 750~950년)에 마야 도시들은 날짜가 새겨진 기념물의 건립을 차례로 중단했다. 현재까지 확인된 마지막 장기력 날짜는 909년으로, 치아파스의 토니나에서 발견되었다.

700년간 이어져 내려온 장기력이 중단된 것은 갑작스러운 현상으로 보인다. 그러나 이것이 상징하는 마야 사회의 해체 과정은 역사적인 큰 틀에서 봤을 때 순환의 과정일 뿐 갑작스럽지도 않았고 또 완전한 종말로 이어지지도 않았다. 후기 고전기를 거치며 90~99퍼센트의 마야 인구가 사라졌다고 추정된다. 그러나 남아 있던 수십만 명의 마야인은 16세기에 스페인 정복자들이 도착했을 때도 열심히 싸웠고 그 과정에서 또다시 많은 인구를 잃었다. 하지만 마야의 영혼에 닥친 이 두 번째 암흑의 밤조차 이 사회를 완전히 무너뜨리지 못했고, 오늘날 메소아메리카에서 마야 인구는 600~700만 명으로 다시 회복되었다. 이처럼 마야인들은 수백 년 동안 인고의 세월을 버텨 냈다. 그럼에도 불구하고 후기 고전기에 강한 리더십과 장기력의 부재, 인구의 대량 감소, 마야 제도의 쇠락 등이 가져온 참담한 결과를 부정하긴 어렵다.

마야 문명의 해체를 가져온 정확한 원인은 아직 논의 중이지만 그중에서 기후 변화가 한 축을 담당했다는 가설은 지금으로부터 한 세기 전에 나왔다. 이 가설은 예일대학교 지리학과 교수이자 앤드루 엘리콧 더글러스와 동시대 사람인 엘즈워스 헌팅턴에 의해 처음 제기되었다. 헌팅턴은 기후 결정론Climatic Determinism에 큰 관심이 있었다. 비록 이 18세기 접근법은 과학적 인종주의, 식민주의 우생학과의 연관성 때문에 20세기 초반에 인기를 잃었지만 여전히 헌팅턴은 메소아메리카에서 발생한 다우기가 후기 고전기 마야 문명의 쇠락을 가져왔다고 보았다. 그리고 캘리포니아에서 수집한 세쿼이아 나이테 데이터를 사용해 자신의 잘못된 가설을 뒷받침했다. 헌팅턴은 유카탄반도에서 일어난 날씨 변화는 캘리포니아와 역관계에 있어서 유카탄반도가 가물었을 때 캘리포니아에는 비가 많이 오고, 반대로 유카탄반도에 비가 많이 내릴 때 캘리포니아는 가물었다고 주장했다. 헌팅턴에 따르면 캘리포니아 나이테에 기록된 기원후 10세기의 가뭄은 유카탄반도의 다우기와 일치했다.

나이테를 사용해 마야 후기 고전기를 조사하려는 헌팅턴의 발상은 더할 나위 없이 훌륭했으나 연구를 수행하는 방식은 효율적이지 못했다. 저 멀리 떨어진 캘리포니아 나이테와의 기후 역관계를 논할 것도 없이, 밀레니엄을 살아온 메소아메리카의 나무들이 직접 깨달음을 주었다. 메소아메리카 나이테 연대기 중에는 콜럼버스 이전 역사를 연구할 수 있을 만큼 긴 과거가 포함된 것이 별로 없다. 메소아메리카의 자연환경은 대부분 오래전부터 발가벗겨지고 개발되었기 때문에 나이테 연대기가 300~400년을 넘기 어렵다. 그러나 멕시코시티에서 북쪽으로 약 64킬로미터 떨어진 가파른 바랑카 드 아밀코 협곡에서 2명의 연륜연대학자가 인간의 손을 용케 피한 몬테주마낙우송*Taxodium mucronatum* 숲을 찾았다. 멕시코 두랑고 국립산림농업축산 연구소의 호세 빌라누에바 디아즈Jose Villanueva Diaz와 아칸소대학교의 데이브 스테일이 그 주인공이다. 아이러니하게도 몬테주마낙우송은 북아메리카의 세쿼이아와 관련이 있다. 그래서 어떤 면에서는 헌팅턴이 제대로 짚었다고도 볼 수 있다.

몬테주마낙우송은 멕시코를 상징하는 나무로 메소아메리카에서는 유일하게 수령이 1000년에 이르는 수종이다. 오아하카에서 수집한 어느 몬테주마낙우송 표본은 지름이 11.4미터로 세계에서 둘레가 제일 큰 나무다. 바랑카 드 아밀코의 나무들은 지름이 4미터 정도로 그렇게까지 크지는 않지만 1238년의 수령을 자랑하며 멕시코 중부의 과거 가뭄 상태를 보여 주었다. 771~2008년까지의 아밀코 몬테주마낙우송 나이테 연대기는 적어도 4번의 큰 가뭄을 기록했다. 첫 번째 가뭄은 후기 고전기에 897~922년까지 25년간 지속됐다. 아밀코 연대기를 통해 디아즈와 스테일은 후기 고전기의 가뭄 시기를 정확한 연도까지 알아냈고, 10세기에 이 지역을 괴롭힌 것은 헌팅턴이 제시한 다우기가 아닌 가뭄이었음을 밝혔다. 또한 가뭄은 유카탄반도에서 중부 멕시코 고원 지대까지 넓게 확산된 것이 확인되었다. 더 나아가 이 나이테는 톨텍 문명이 멸망한 시기(기원후 1149~1167년)와 16세기 스페인의 아즈텍 문명 정복기(기원후 1514~1539년)와 일치하는 2번의 가뭄을 더 기록했다.

앞선 후기 고전기 가뭄처럼 이 16세기 가뭄은 현재 과학계와 대중 매체들이 면밀하게 조사한 멕시코의 대규모 인구 감소와 시기가 일치한다. 아즈텍 인구의 80~90퍼센트가 유럽인들이 도착한 후 100년 동안 말살된 것으로 추정된다. 정복자들이 끌고 온 천연두나 홍역 같은 유럽과 아프리카 질병이 16세기의 대량 인구 감소에 기여하긴 했지만, 주범은 아즈텍인들이 '악성 전염병'이라는 뜻에서 코코리츨리Cocoliztli라고 부른 풍토병이었다. 코코리츨리는 유럽과 아즈텍 의사들에게 알려지지 않은 출혈열이었다. 에볼라 바이러스나 마르부르크 바이러스Marburg Virus와 비슷하게 바이러스성 감염에 의해 발생하는데, 아즈텍인들 사이에서 수차례에 걸쳐 연속적으로 빠르게 퍼져 나갔지만 스페인인들은 거의 영향을 받지 않았다. 최초의 코코리츨리 역병은 스페인이 아즈텍 제국을 정복한 지 24년 만인 1545년에 시작되어 4년간 지속되면서 멕시코 밸리에서만 80만 명의 목숨을 앗아갔다. 1576년에는 코코리츨리 전염병이 더 큰 규모로 발생해 남은 아즈텍 인구의 45퍼센트를 말살했다.

이 2번의 대유행은 1540~1625년까지 거의 한 세기 동안 지속된 가뭄기에 발생해 멕시코 중부에서 북아메리카를 거쳐 캐나다의 한대림까지 확산되었다. 아밀코 나이테 연대기를 잘 살펴보면 1545년과 1576년의 코코리츨리 유행병은 수십 년 동안 지속됐던 가뭄이 잠시 중단되고 비가 많이 내렸던 시기에 시작되었음을 알 수 있다. 16세기 후기 고전기의 가뭄과 파괴적인 인구 소실의 유사성은 놀랍기 그지없다. 이는 출혈열 유행병이 16세기 메소아메리카의 인구 감소는 물론이고 후기 고전기 마야 문명의 쇠퇴와도 연관되었을 가능성을 제시한다. 이처럼 가물거나 비가 많이 오는 사건이 번갈아 나타나는 것은 1990년대 미국 남서부의 한타바이러스 발발과 같은 다른 대유행과도 연관이 있다. 또한 우리는 앞서 수십 년 주기로 나타난 가뭄 해와 다우기의 순환이 말라리아 유행과 로마 제국의 멸망 사이에 기후적 연관성을 암시한다는 것을 보였다.

앨라배마대학교의 매튜 세럴과 멕시코국립자치대학교의 로돌포 아쿠나 소토Rodolfo Acuna-Soto는 빌라누에바 디아즈, 스테일과 함께 협업하여 아밀코 나이테 연대기를 더 확장했다. 그래서 이제 멕시코 나이테 네트워크에는 30개 이상의 더글러스전나무와 몬테주마낙우송 연대기가 포함된다. 이 네트워크는 스페인 정복 이전 아스텍인들의 신앙에 신뢰를 주었다. 아즈텍인들은 미신을 믿는 사람들로서 민속 전통을 높이 여기고 징조와 저주를 믿었다. 이 저주 중 가장 유명한 것이 '첫 번째 토끼의 저주Curse of One Rabbit'다. 그것은 52년을 주기로 순환하는 아즈텍 달력(제례력과 태양력 2개를 동시에 사용하며 52년마다 주기가 겹친다-옮긴이)에서 새로운 주기가 시작되는 해를 일컫는 '토끼해'에 기근과 참화가 일어난다고 예견했다. 연구자들은 첫 번째 토끼의 저주를 확인하기 위해 나이테로 재구성한 가뭄 곡선에서 첫 토끼해를 기준으로 앞뒤를 살펴보았다. 놀라지 마시라. 882~1558년까지 스페인 정복 이전에 있었던 13번의 토끼해 중 최소한 10개의 앞선 해에 심각한 가뭄이 있었다. 예를 들어 잘 알려진 1454년 토끼해에 기근이 일어나기 2년 전에는 평균보다 낮은 나이테 수치를 기록했는데, 이것은 가뭄과 흉년을 나타낸다. 아즈텍인들은 토끼해와 기근, 불행 사이의 연관성을 찾아냈지만 이 저주는 아즈텍 시대에서 끝이 났다. 1558년 이후, 그리고 스페인 정복 후에 돌아온 8번의 토끼해에는 가뭄이 선행되지 않았다. 코코리츨리는 아즈텍 인구뿐 아니라 그들의 토끼까지 휩쓸고 가 버린 것 같다.

13

갈증에 민감한 나무들이 최악의 가뭄을 예고하다

투손으로 옮겨 온 지 2년 뒤, 애리조나대학교 나이테 연구소와 내 연구실은 캠퍼스에 새로 지어진 특별한 디자인의 건물로 이사했다. 애리조나대학교 미식축구 경기장의 옥외 관람석 지하에서 '임시'로 거처한 지 75년 만이었다. 그 긴 세월 동안 연구소에는 나이테 표본이 기하급수적으로 쌓여 경기장 아래 공간은 미어터질 지경이었다. 그로부터 5년 뒤인 지금, 이 책을 쓰고 있는 와중에도 우리는 여전히 표본을 옮기고 있다. 표본은 모두 70만 점이나 된다.

그중에 40만 점이 미국 남서부 나이테 수집품이다. 가장 오래된 표본은 기원후 171년, 가장 최근에 잘린 쿠키는 1972년의 것이다. 이 수집품들은 미국 남서부의 1800년 역사를 이야기한다. 나이테 표본은 고대 푸에블로인[32]들의 생활 양식, 그들이 살았던 기후 조건, 그리고 이 둘의 상관관계에 대한 복잡다단한 내용을 우리와 공유한다. 산업화 이전의 많은 문명처럼, 푸에블로인들은 나무를 아낌없이 사용해 집을 짓고 음식을 만들고 난방을 했다. 콜로라도, 뉴멕시코, 애리조나, 유타 등 4개 주가 만나는 포 코너스 지역의 추운 스텝 환경에서 유적지의 목재들은 긴 세월 동안 잘 보존되었다.

그러나 1929년에 앤드루 엘리콧 더글러스가 나이테 연대 측정법을 개발할 때까지 포 코너스의 고대 푸에블로 유적의 연대는 대체로 불확실했다. 고고학자들은 오늘날 콜로라도 남부의 메사버드 국립 공원과 뉴멕시코 북부의 차코문화 국립역사공원에 보존된 대규모 푸에블로 절벽 주거지의 연대를 두고 설전을 벌였다. 예를 들어 1922년에 차코 캐니언 유적 발굴단의 단장은 푸에블로 보니토 단지가 '800년 또는 1200년 전에' 사람이 살았던 곳이라고 추정했다.[33] 더글러스는 나이테 분석을 통해 차코 캐니언에서 사용된 목재 중 가장 최근 것이 기원후 1132년에 베어진 것이라고 확정함으로써 미국 남서부 고고학계와 인류학계를 연대기의 야수로부터 해방시켰다.

연대 측정용으로 수집되어 나이테 연구소로 옮겨진 고대 푸에블로인 유적지 표본의 대부분이 불에 탄 건축 자재 또는 화로에서 요리용, 난방용으로 사용된 숯이었다. 숯은 거의 탄소로만 구성되기 때문에 미생물이 좋아하는

32 고대 푸에블로인들의 문화는 오랫동안 아나사지(Anasazi) 문화라는 이름으로 불렸다. 아나사지라는 용어는 '적들의 조상'이라는 뜻인데, 기원후 1400년경 포 코너스 지역으로 이주한 나바호족 사람들이 사용하기 시작했다. 오늘날 푸에블로 후손들을 존중하는 뜻에서 나는 아나사지라는 말 대신 고대 푸에블로라는 말을 썼다.

33 닐 저드(Neil M. Judd), "내셔널지오그래픽 협회의 푸에블로 보니토 원정(The Pueblo Bonito expedition of the National Geographic Society)" 《내셔널지오그래픽》 41, no. 3 (1922), 323.

셀룰로스와 당분이 별로 들어 있지 않아 일반 목재보다 덜 썩고 보존이 잘되는 편이다. 숯이 만들어질 때 목재의 주요 구조는 보존되므로 숯 조각은 춘재와 추재의 명확한 나이테를 보여 주고 심지어 나뭇진이 흐르는 관처럼 특별한 해부적 특징까지 남겨 두어 수종을 식별할 수 있다. 그러나 성공적으로 나이테를 비교하고 연대를 측정하려면 나이테 수가 어느 정도 이상은 되어야 한다. 만약 숯 조각이 너무 작거나 생장이 빨라 나이테의 너비가 넓은 나무라면(화로에서 발견되는 숯 중에 그런 경우가 많다) 나이테 수가 20개 미만밖에 안 될 것이다. 그걸로는 나이테 패턴을 표준 나이테 연대기와 매치해 연대를 측정하기에 턱없이 부족하다. 그런 이유로 애리조나대학교 나이테 연구소에 보관된 미국 남서부 고고학 샘플 중에서 연대가 성공적으로 측정된 것은 40퍼센트에 불과하다.

그럼에도 불구하고 애리조나대학교 나이테 연구소에서 연대가 측정된 미국 남서부 숯 표본은 몇 년 동안 꾸준히 많아졌다. 동료인 론 타우너Ron Towner에 따르면 이곳 보관고에는 연대가 밝혀진 숯 조각만 10만 점이 넘는다. 이 표본들은 수가 훨씬 적은 일반 목재들로 보완되는데 이들은 보통 들보나 기둥에서 채취한 것이다. 살아 있는 동안 지상에 남아 있던 들보 역시 숯과 마찬가지로 나무를 썩게 하는 미생물의 공격을 피해 1000년 이상 보존된다. 이렇게 유적지의 숯과 목재는 고대 푸에블로 문화의 정확한 활동 시기와 환경을 밝히고 있다.

차코문화 국립역사공원의 차코 캐니언은 고대 푸에블로 문화의 방벽이었다. 이 협곡은 길이 약 24킬로미터, 너비 1.6킬로미터에 달하며 양쪽 절벽에 다층의 대규모 푸에블로 절벽 주거지들이 지어졌다. 기원후 9세기 중반에서 12세기 중반까지 차코 캐니언은 문화, 정치, 상업의 주요 중심지였다. 지역과 문화의 중심으로서 차코 캐니언의 역할은 공공 활동 또는 예식에 사용된 건축물들에 의해 뒷받침되었다. 이런 건축물에는 12채의 대저택Great House과 그보다 수가 많은 키바Kiva(종교 예식, 정치 집회, 공동체 모임 등의 용도로 사용된 지하의 둥근 방)가 포함된다. 차코 캐니언에서 가장 크고 또 가장 많이 연구된 대저택은 푸에블로 보니타인데 면적이 2에이커로 축구장 크기에 달하고 최대 4층 높이이며 650개 이상의 방으로 구성되었다. 이 도시에서 의례가 행해지는 중심지를 건설하는 데에는 20만 개 이상의 목재가 사용된 것으로 추정된다. 차코인들은 대저택과 키바의 지붕을 덮고 지지하거나 벽을 지탱하는 내장재로 통나무를 사용했다. 작은 나무들은 지붕과 바닥, 문지방과 상인방에 쓰였다.

오늘날 차코 캐니언을 찾아가는 일은 마치 오지를 여행하는 기분이 든다. 이곳은 뉴멕시코 북서부의 외딴 구석이어서 앨버커키나 산타페 같은 도시에서 차로 3시간이나 가야 한다. 한참을 달리다 보면 이들이 어쩌다 이렇게 황량한 곳에 터를 잡고 살게 되었는지 저절로 궁금해진다. 차코 캐니언에 호텔은 없지만 유적지가 자리한 협곡의 절벽 너머로 떠오르는 해나 석양을 보고 싶다면 야영지에서 묵을 수는 있다. 그곳에는 대체로 나무가 없기 때문에 직접 장작을 들고 와 불을 피워야 한다. 피뇬소나무Pinyon Pine나 향나무류가 드물게 흩어져 있고 간혹 키 작은 폰데로사소나무나 더글러스전나무가 있지만 여기서 장작을 얻기는 힘들다. 이것이 차코가 아주 오랫동안 보여 온 풍경이다. 큰 소나무나 가문비나무, 전나무류는 1만 2000년 전인 홍적세 말기 이후로 모습을 감췄다(고대 숲쥐의 똥더미에서 나온 꽃가루를 방사성 탄소 연대 측정하여 알게 된 사실이다).

11세기까지만 해도 차코 캐니언의 인구 밀도는 낮았고, 차코인들은 건설에 필요한 나무(피뇬소나무, 향나무, 미루나무)를 지역에서 충당했다. 그러나 정착지가 확장되고 더 큰 집과 더 많은 키바가 건설되면서 협곡 주변의 질 나쁜 작은 나무들로는 그처럼 웅장한 건축물을 감당할 수 없게 되었다. 그나마 차코캐니언에서 곧고 긴 목재를 제공했던 소수의 폰데로사소나무와 더글러스전나무는 일찌감치 고갈되었고, 11세기 무렵에는 주변 산악 지대에서 나무를 공수해 와야 했다. 목재를 먼 곳에서부터 들여왔다는 사실은 주요 벌채 도구인 돌도끼가 협곡에서는 한 세기 이상 발견되지 않았지만 주변 산악 지대에는 널려 있었다는 것으로도 증명된다.

차코 유적지 목재의 출처에 대한 좀 더 분명한 증거는 연륜원산지학이 제공했다. 애리조나대학교 나이테 연구소 보관소에 있는 미국 남서부 유적지 목재들은 굳이 너비를 측정하지 않고도 시각적으로 연대를 비교할 수 있다. 론 타우너와 동료들은 수 세기에 걸친 남서부 나이테 연대기의 넓고 좁은 순서, 즉 '모스 부호'를 외우다시피 한다. 이들은 숯에 새겨진 나이테 너비의 패턴만 보고도 연대를 알 수 있다. 미국 남서부 지방의 실력 있는 연륜고고학자이자 애리조나대학교 나이테 연구소 동료인 제프 딘Jeff Dean은 남서부 표본들에 대한 나이테 서명 구간이 1250년대에서 시작한다고 했다. 전형적으로 1251년, 1254년, 1258년 나이테는 좁고 1259년 나이테는 넓다. 연대 미상의 표본에서 이 특징이 보이면 제프는 거기에서부터 출발해 나머지 순열도 일치하는지 확인한다. 이런 방법으로 제프와 론, 그리고 동료들은 과거 90년 동안 수집된 10만 점 이상의 남서부 표본의 연대를 측정했다. 그러나 연구소의 박사 과정 학생인 크리스 기터먼Chris Guiterman은 차코 유적지 목재의 원산지를 알아내기 위해 차코 대저택에서 추출한 170개의 들보 중 일부를 선별해 각각의 나이테 너비를 일일이 측정했다. 이는 시각적 연대 비교보다 훨씬 힘든 과정이다. 그런 다음 이 나이테 너비 패턴을, 차코 캐니언을 둘러싼 8개의 산악 후보지에서 얻은 나이테 연대기와 비교했다. 그는 자신이 측정한 차코 유적지 목재의 70퍼센트가 차코 캐니언 서쪽으로 80킬로미터 떨어진 추스카 산맥과 남쪽으로 80킬로미터 떨어진 주니 산맥에서 왔다는 것을 확인했다.

추스카 산맥과 주니 산맥의 산비탈에는 대저택과 키바 건설에 필요한 나무들이 자라는 커다란 혼합 침엽수림이 생성되어 있었다. 차코인들은 곧고 긴 들보에 완벽한 가문비나무, 전나무, 소나무를 수확하기 위해 협곡에서 80킬로미터를 걸어서 오갔다. 나무를 운반할 수레나 말도 없었고, 이 큰 나무를 자르는 도구라고 해 봐야 앞에서 말했던 돌도끼가 다였다. 나무를 수확하는 과정에 엄청난 시간과 에너지가 소모되었으리라는 것은 쉽게 예상할 수 있다. 추스카 산맥에서 차코 캐니언으로 들보 하나를 운반하는 데 100인시人時(한 명이 쉬지 않고 1시간 일했을 때의 노동량-옮긴이)가 들었고, 푸에블로 보니토처럼 큰 대저택을 짓는 데는 2000명 이상이 움직여야 했다. 그러나 차코인들은 자신들의 문화 본거지를 짓기 위해 용케 수만 개의 들보를 옮겨 왔다.

크리스는 더 나아가 이들이 나무를 공수해 온 지역의 변화까지도 감지했다. 1020년 이전에는 목재 대부분을 주니 산맥에서 가져다 썼다. 그러나 50년이 채 못 되어 추스카 산맥이 새로운 목재 수확지로서 주니 산맥을 추월했다. 주니 산맥에서 추스카 산맥으로 변화한 시기는 11세기 중반, 차코 번영기의 시작과 일치한다. 건설량이 급증한 11세기 후반부에, 협곡 전체의 대저택 중 절반인 7채가 지어졌고 기존 대저택도 대부분 확장되었다.

차코인들은 기념비적인 대저택의 건축 자재를 찾고 건설하는 데 초인적인 노력을 들였으면서 이 건물은 놀랄 정도로 잠깐 사용하고 말았다. 11세기 중반 맞이한 전성기로부터 불과 100년이 지난 후 차코 캐니언은 완전히 폐기되었다. 주니 산맥과 추스카 산맥에서 수만 개의 들보를 운반한 지 불과 수년 만에 차코인들은 짐을 싸서 떠났다. 스페인 점령 이전 북아메리카에서 가장 큰 건축물을 짓느라 100만 인시 이상의 비용을 들이고서는 불과 몇 세대만 사용하고 만 것이다.

이와 비슷한 이야기가 고대 푸에블로인들이 살았던 미국 남서부 지역 전역에서 발견된다. 예를 들어 베타타킨의 절벽 주거지인 카옌타 건축물은 13세기 후반에 지어졌는데 40년도 채 사용되지 않았다. 나는 론 타우너에게 이렇게 턱없는 투자 회수율에 관해 물었다. 그러자 그는 연륜연대학이 미국 남서부 고고학에 가장 크게 기여한 점은 유적지의 절대연대를 밝힌 것이며 그다음이 바로 고대 푸에블로인들이 이 건축물에 아주 잠시 머물렀다 떠났다는 증거를 찾은 거라고 대답했다. 론이 말한 대로 "연륜연대학이 등장하기 전에는 이 건축물이 800년 전에 지어졌다고 해서 800년 동안 사용된 게 아니라는 사실을 사람들이 알지 못했다."

이처럼 짧은 거주 기간이 의미하는 것은 고대 푸에블로 문화의 이동성이다. 여기에 대해 이들의 21세기 후손에게 물으면 당연한 듯 말한다. 떠날 때가 되었으니 떠난 것뿐이라고. 복잡한 조직과 사회를 버리고 이 실험적인 삶을 해체할 시간이 온 것이라고 말이다. 차코인들은 여러 지역으로 흩어져 버렸고 많은 이가 더 작고 수명이 짧은 구조물과 덜 형식화되고 덜 중앙 집권적인 이동성 생활 방식으로 돌아갔다.

우리가 밝혀낸 것처럼 차코 캐니언의 성장과 쇠퇴는 고대 푸에블로인들의 역사에 내재한 인구학적 순환 방식의 예시다. 이 순환 주기는 오랜 탐험으로 시작한다. 탐험기에 푸에블로 인구는 분산되어 새로 정착할 장소와 새로운 조직 형태를 탐색한다. 이 탐색 단계는 점차 개발 단계로 이동한다. 탐색에 성공한 사람들은 터를 잡은 다음 경작과 대저택 및 키바 건설에 에너지를 쏟아붓는다. 이윽고 개발 단계는 정점에 오른 집단의 비교적 빠른 해체로 이어지고, 느린 탐색과 함께 다시 새로운 주기가 시작된다. 이 전체 순환 과정은 100~200년 정도 걸린다.

이와 같은 사회 팽창과 축소의 인구 순환은 나이테 기록에도 나와 있다. 크로캐니언 고고학 연구소 소속 전산인류학자 카일 보친스키Kyle Bocinsky와 공동 연구자들은 포 코너스 지역에 있는 1000개 이상의 유적지에서 기원후 500~1400년을 아우르는 3만 그루의 나무가 수확된 날짜를 종합했다. 연도별 나무 수확량을 세어 보니(중유럽의 로마 시대 건축 목재 연구를 위해 우리가 한 것과 비슷한 방식) 나무의 벌목 연대가 4개의 높은 피크 구간과 4개의 낮은 피크 구간으로 명확하게 나뉘는 것을 보고 놀랐다.(그림 18) 그래프의 높은 피크는 건설 광풍의 결과였다. 반면 침체기는 탐색 단계와 일치했다. 개발 기간의 높은 피크는 각각 약 1세기 동안 지속됐고, 그보다 앞서 나무 수확이 서서히 증가하는 탐색 단계가 선행되었다. 보친스키가 고대 푸에블로 기록에서 발견한 4개의 개발 단계는 각각 기원후 600~700년, 790~890년, 1035~1145년(차코 캐니언), 1200~1285년이었다. 이 중에서 마지막 피크는 13세기 메사버드와 카옌타 문화가 번영했던 기간과 일치한다.

그러나 이전 피크와 달리 1285년 메사버드 피크 이후에는 수확량이 서서히 증가하는 탐색 단계가 이어지지 않았다. 나무가 벌목된 연도의 수는 1285년 이후 축소된 후 회복되지 않았다. 1285년의 하락은 극단적인 경우다. 차코 문화를 포함한 과거의 고대 푸에블로인들은 기존 정착지를 떠나 주

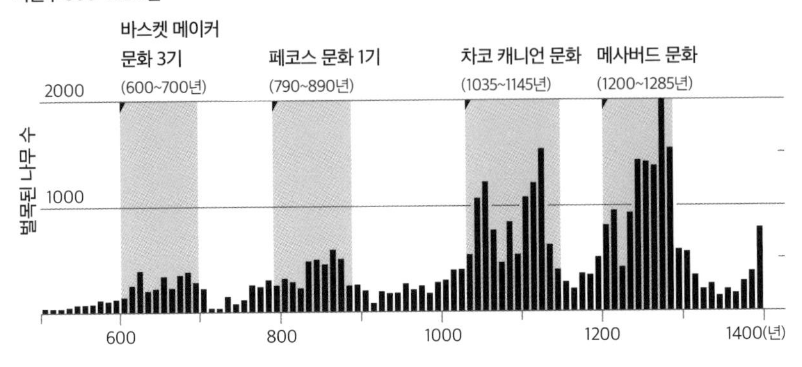

그림 18. 기원후 500~1400년까지 포 코너스 지역에서 베어진 약 3만 그루의 나무 수확 시기를 비교함으로써 건축 활동에서 4개의 뚜렷한 피크를 볼 수 있었다. 각 피크는 약 1세기 동안 지속되다가 갑작스럽게 중단되었다.

변 지역으로 이동함으로써 인구 순환 주기를 마무리했다. 그러나 메사버드 문화는 1285년에 포 코너스 지역을 완전히 떠나 다시는 돌아오지 않았다. 고대 푸에블로 사회를 정의하는 이동성과 정착 주기는 인구 밀도가 낮고 탐색할 수 있는 미개척지가 있을 경우에만 지속되었다. 그러나 13세기 말에는 이미 사람들이 지역 대부분의 경관을 채웠다. 따라서 메사버드 주민들이 떠날 무렵에 남은 선택지라고는 과거에 버렸던 땅으로 다시 돌아가거나 아예 그 지역을 떠나 남쪽으로 이주하는 것뿐이었다. 메사버드 주민 대부분은 오늘날 뉴멕시코에 있는 모골론 림과 산후안 베이슨으로 남하했다. 메사버드 고대 푸에블로인들은 1285년 이후에도 사라지지 않았다. 이들 민족과 문화는 남서부 지역의 다른 사회에 통합되었고 그 후손들은 여전히 뉴멕시코의 호피 푸에블로와 주니 푸에블로에 살면서 조상들의 터전을 찾아가 종교 의식을 치른다.

그러나 메사버드 탈출기에는 인구 밀도 증가 이상의 이유가 존재한다. 인구 과잉과 함께 진행된 천연자원 남획은 미국 남서부 지역의 취약한 환경에 치명적이었다. 포 코너스 지역의 건조한 땅에서는 물과 나무 모두 희귀한 자원이다. 또한 차코 캐니언의 폰데로사소나무와 더글러스전나무를 통해 증명된 것처럼 쉽게 고갈될 수 있다. 차코문화 국립역사공원까지 차로 달릴 때 펼쳐지는 나무 없는 황량한 풍경은 1000년 전에 일어났던 착취를 지켜본 무언의 목격자다.

그보다 300년 앞선 시기에 남동쪽으로 3200킬로미터 떨어진 곳에서 일어난 마야인들의 해체 과정처럼, 포 코너스의 과잉 개발 역시 독립적으로 일어난 것은 아니다. 이 과정은 1130년대에 차코 캐니언, 1280년대에 카옌타와 메사버드를 강타한 극심하고 지속적인 가뭄과 함께 진행되었다. 20년, 30년, 심지어 50년 동안 지속된 메가 가뭄Megadrought은 건지에 물을 대서 농사를 짓는 관개 농업을 불가능하게 만들었고, 수십 년이 아닌 고작 몇 년을 대비해 저장한 식량을 우습게 만들었다. 메가 가뭄은 우리가 최근 몇 년간 목격한 것과는 차원이 달랐는데 심지어 1930년대의 대황진Dust Bowl이나 1970년대, 1980년대의 사헬 가뭄과도 비교할 수 없는 수준이었다. 인구 밀도가 낮고 덜 헐벗은 환경의 사회라면 이런 극심한 상황에서도 버틸 방도를 찾을 수 있을지 모른다. 그러나 밀집된 인구와 과도하게 개발된 땅에서 생활한 카옌타와 메사버드 같은 사회에서는 모든 걸 버리고 떠나는 방법밖에 없었다.

이런 메가 가뭄의 존재를 어떻게 알게 되었는지 궁금한가? 물론 나이테를 통해서다. 13세기 메사버드 메가 가뭄은 그 시작부터 연륜연대학 역사의 일부였다. 1935년에 더글러스는 이렇게 썼다. "1276년에서 1299년까지의 큰 가뭄은 1200년 기록에 나타난 가뭄들 중 가장 심했고, 의심할 여지없이 푸에블로 사람들의 번영에 막대한 해를 끼쳤다."[34] 우리가 1장에서 본 것처럼 더글러스는 나이테를 이용해 포 코너스 지역 전역에서 고고학 유적의 절대연대를 밝힌 최초의 인물이다. 그는 자신이 가진 살아 있는 나무의 연대기와 유적의 표류하는 연대기(상대연대는 알고 있으나 절대연대가 밝혀지지 않은 연대기) 사이의 틈에 다리를 놓아 줄 나이테 표본을 찾아 15년간 수없이 많은 표본을 수집하고 나이테 패턴을 비교했다. 그리고 마침내 1929년, 어렵게 구한 표본 HH-39를 가지고 두 연대기의 간극을 메웠다. 그 간극은 더글러스가 '대가뭄'이라고 부른 시기의 한복판인 1286년을 포함한다.(그림 1 참조) 더글러스가 이 틈을 채우기까지 그렇게 오래 걸린 이유는 크게 2가지로 볼 수 있다. 우선 그 시기에 고대 푸에블로인들이 메사버드와 카옌타를 포함한 포 코너스의 많은 푸에블로 지역에서 철수하는 바람에 분석할 목재 양이 현저하게 줄었다. 그러나 13세기 후반에 발생한 메사버드 메가 가뭄 또한 이 간극을 벌리는 데 한몫했다. 가뜩이나 수가 부족한 13세기 말 나이테 표본에는 가뭄으로 인해 실종된 나이테와 미세 나이테 천지라 분석을 크게 방해했다. 1929년 12월《내셔널지오그래픽》에 실린 〈수다스러운 나이테가 푼 사우스웨스트의 비밀〉이라는 기사에서 더글러스는 HH-39에 새겨진 13세기 말 나이테 순열(여기에는 제프 딘의 1250년대 나이테 서명도 들어 있다)에 대해 다음과 같이 설명했다. "우리는 나무의 심지를 향해 나이테를 안쪽으로 읽어 나가며 대가뭄의 기록을 살폈다. 1299년과 1295년에 겪었던 역경을 말해 주는 아주 작은 나이테들이 있었다.

34 앤드루 엘리콧 더글러스,《미국 남서부 지역의 푸에블로 보니토와 그 밖의 유적의 절대연대 측정에 관해서(Dating Pueblo Bonito and other ruins of the Southwest)》, 푸에블로 보니토 시리즈 1권(Pueblo Bonito Series, Washington, DC: National Geographic Society, 1935), 49.

나이테를 더 조사하다 보니 1288년, 1286년, 1283년, 1280년 나이테 또한 우리가 다른 들보에서 발견했던, 흉년과 다른 어려운 시기에 대한 이야기를 똑같이 하고 있었다. 그리고 1278년, 1276년, 1275년 나이테는 다른 통나무들이 우리에게 알려 준 일지 기록을 보강해 주었다… 1258년은 힘든 해였고, 1254년은 그보다 더 힘겨웠다고 말했다. 모든 나무가 1251년과 1247년 나이테를 통해 '내가 얼마나 목말랐었는지 아냐고' 외치고 있었다."

메사버드와 다른 유적지가 폐기된 것이 대가뭄과 연관이 있다는 더글러스의 가설은 처음에 비판을 받았다. 남서부 고고학자들은 더글러스의 폰데로사소나무는 주로 겨울 습기에 민감하지만 고대 푸에블로인들의 주요 작물인 옥수수는 여름에 자란다고 서둘러 반박했다. 여름 농업은 북아메리카의 여름 장마 덕분에 가능했다. 이때 내린 비는 미국 남서부 대부분 지역에서 연간 강수량의 최대 절반까지 차지한다. 겨울 가뭄과 여름 가뭄의 논쟁을 해결하기 위해 앞서 아밀코 협곡에서 몬테주마낙우송 숲과 노스캐롤라이나에서 고대 낙우송 발견을 주도했던 데이브 스테일은 남서부 나이테 열에서 아예 춘재와 추재의 너비를 따로 측정했다. 그리고 분석 결과 남서부 지역 수종 중 겨울 강수량에 영향을 받는 춘재와 북아메리카 장마의 여름비에 반응하는 추재 사이에 뚜렷한 경계를 형성하는 나무가 있다는 사실을 발견했다.

데이브는 13세기 후반의 대가뭄을 말해 줄 만큼 오래 산 나무를 찾기 위해 뉴멕시코의 엘 말파이스 국립 기념물을 찾아가 에이미 헤즐이 몽골에서 발견한 곳과 유사한 용암 지형에 서식하는 살아 있는 나무, 그리고 죽은 나무의 잔해를 수집해 분석했다. 그 결과 생성된 엘 말파이스 나이테 연대기는 2000년 이상을 아우른다. 데이브 연구 팀은 엘 말파이스 표본에서 춘재와 추재의 너비를 계산하느라 꼬박 한 달 넘게 애썼다. 그 노력의 결과 별개의 두 강수량 재구성 곡선을 손에 넣게 되었다. 하나는 춘재의 너비를 바탕으로 한 겨울 강수량, 다른 하나는 추재의 너비를 바탕으로 한 여름 장마 강수량 곡선이다. 데이브의 연구에 따르면 13세기 대가뭄은 실제로 겨울에 일어난 현상이었고, 반면에 1950년대의 남서부 가뭄 같은 경우는 전반적으로 기간은 더 짧았지만 겨울부터 여름까지 내내 지속되었다는 것을 보여 주었다.

더글러스가 간극을 메운 후 미국 남서부 지역에서 수백 개의 나이테 연대기가 생산되었다. 나이테 과학의 100년 역사를 자랑하는 이 지역의 나무들은 오래 살았고 가뭄에 민감하며 과학자들은 강인하다. 남서부 지역 나이테 네트워크에는 캘리포니아의 센트럴 밸리에서 만들어진 8000년 브리슬콘소나무 연대기와 더글러스참나무 연대기가 포함된다. 두 나무 모두 세계 최고의 가뭄 기록자들이다. 시간이 지나면서 강수량에 민감한 나무들의 나이테 연대기가 북아메리카 나머지 지역과 온대 지역 대부분에서 개발되었다. 컬럼비아 대학교의 러먼트 도허티 나이테 연구소 소속 에드 쿡은 이 나이테 네트워크를 사용해 북아메리카 가뭄 아틀라스North American Drought Atlas를 제작했다.[35] 이 2000년짜리 재구성 네트워크를 제작하는 데 무려 20년이 걸렸는데, 가장

35 다음 웹사이트를 참조하기 바란다. http://drought.memphis.edu/NADA/

최근 버전은 북아메리카에서 위도와 경도 모두 0.5도 단위로 모든 지점에 대한 과거 가뭄 상태의 상세한 정보를 제공한다. 이후에 에드 연구 팀은 유럽(구대륙 가뭄 아틀라스), 몬순 아시아, 멕시코, 오스트레일리아를 대상으로 비슷한 가뭄 지도를 제작했다. 또한 스테일의 춘재-추재 분리 기술을 이용해 여름 가뭄과 겨울 가뭄을 구분해서 재구성한 계절별 가뭄 아틀라스를 작업 중이다.

북아메리카 가뭄 아틀라스에서 가장 큰 단일 사건은 12세기의 차코 메가 가뭄이며 13세기의 메사버드 가뭄('대가뭄'이라고도 함)이 그 뒤를 바짝 따르고 있다.(그림 19) 그러나 아틀라스를 통해 우리는 메가 가뭄의 지리적 규모까지 연구할 수 있다. 북아메리카 가뭄 아틀라스 덕분에 우리는 이제 차코와 메사버드 가뭄이 미국 남서부에 제한된 것이 아니라 서부 전역에 걸친 현상이었음을 알게 되었다. 차코 가뭄과 메사버드 가뭄은 중세 이상 기후 시기에 일어났는데, 하키 스틱과 스파게티 접시에서 보았듯이 당시 북반구 기온은 이어지는 소빙하기보다 섭씨 약 0.72도 정도 더 높았다. 유럽에서 중세 온난기는 바이킹이 세력을 확장하고 영국이 포도를 재배하게 북돋았다. 그러나 미국 서부에서 따뜻한 기온은 중세 메가 가뭄의 유행을 일으켰다. 결국 가뭄이란 강수량이나 적설량을 통해 지구 시스템에 유입되는 물의 양과, 증발과 증산 작용을 통해 지구 시스템에서 방출되는 물의 양으로 결정되는 함수다. 그런 의미에서 지구 시스템은 인체와 다르지 않다. 시원한 날에 등산할 때와 무더운 날에 등산할 때 어느 쪽이 더 많은 땀을 흘리고 탈수되기 쉬운지 생각해 보자. 같은 방식으로 중세 이상 기후 시기부터 소빙하기까지 강수량은 크게 달라지지 않았지만, 중세의 더 따뜻한 기온이 더 길고 심한 가뭄을 일으켰을 것이다.

중세 시대의 고온은 최근 수십 년간 인간이 초래한 기후 변화에 추월당했

미국 남서부의 메가 가뭄

기원후 800~2000년

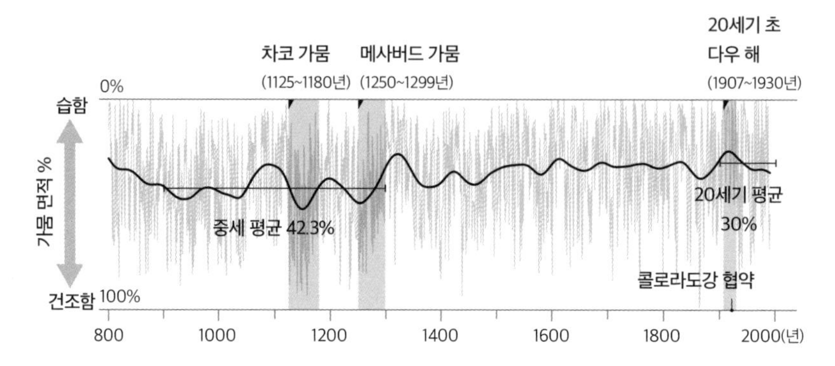

그림 19. 북아메리카 가뭄 아틀라스에서 가장 큰 메가 가뭄은 기원후 1150년경에 발생한 차코 가뭄이다. 과거 1000년 중 가장 습한 시기는 20세기 초, 이는 공교롭게도 콜로라도강 협약을 체결하던 시기였다. 콜로라도강 협약은 30년 이내의 데이터를 바탕으로 설정된 주와 주 사이의 물 권리 협정이다.

다. 우리는 미국 서부 지역에서 최근 온난화의 효과를 직접 목격하고 있다. 캘리포니아는 2012~2016년까지 5년간의 가뭄을 견뎠다. 이 가뭄은 나와 동료들이 밝힌 것처럼 500년 만에 최저치의 시에라네바다 적설량을 기록하며 끝이 났다. 미국 남서부는 1999년에 시작되어 2018년까지 20년간 지속된 가뭄을 경험했고, 미드호를 비롯한 다른 저수지에는 과거의 더 높았던 수위를 표시한 '욕조 땟자국Bathtub Ring'이 남았다.

1999년 6월, 애리조나 주지사 제인 디 헐Jane Dee Hull은 주에 가뭄 비상사태를 선포했고 이는 20여 년이 지난 지금도 여전히 유효하다. 그러나 최근의 상황이 아무리 심각하다 하더라도 중세 시대의 메가 가뭄에 비하면 아무것도 아니다. 중세 가뭄은 최대 50년까지 오랫동안 지속되기도 했거니와 20세기와 21세기 최악의 가뭄보다 더 심했고 널리 확산됐다. 만약 그런 메가 가뭄이

다시 찾아온다면 현재의 서부 지역 물 관리 시스템은 엄청나게 곤란해질 것이다. 유출량이 부족해 저수지를 채울 수 없기 때문이다. 만약 미국 서부 전체가 중세 가뭄과 비슷한 상황을 겪게 된다면 시에라네바다는 물론이고 콜로라도강이 공급하는 물에 의존하는 캘리포니아 남부까지 큰 곤경에 처하게 될 것이다.

중세의 메가 가뭄이 오롯이 기후 시스템의 자연적인 변동에 의해서 일어났다는 사실을 떠올리면 걱정이 앞선다. 예를 들어 12세기 차코 가뭄은 태양 활동이 절정에 이르고 화산 활동이 침체기였던 시기에 일어났다. 이러한 요인이 기온을 높여 미국 서부 가뭄을 직접적으로 악화시켰을 뿐 아니라 라니냐 현상처럼 남서부에서 가뭄과 관련 있는 대양-대기 동적 패턴을 촉진함으로써 간접적인 영향을 미쳤다. 이와 같은 기후 시스템의 자연적인 변이는 미래에 언제든 재발할 수 있고, 그러면 인간이 만든 온난화는 한층 악화될 것으로 생각할 수 있다. 요약하면, 중세의 메가 가뭄으로 미루어 보아 기후 시스템은 그 자체로도 심각한 가뭄을 일으킬 수 있다. 그러나 대기 온난화, 인구 증가, 토지 사용 변화, 그와 연관된 수자원의 초과 할당 등의 요인이 이 가뭄을 메가급으로 키울 가능성이 크다.

그러므로 북아메리카 서부의 물 관리 계획안을 개발할 때 나이테가 제공하는 장기적인 메가 가뭄 정보를 고려하는 것이 중요하다. 우리는 이를 콜로라도강 협약Colorado River Compact을 통해 어렵사리 배웠다. 콜로라도강 협약은 1922년, 허버트 후버Herbert Hoover 위원장 이하 콜로라도강 위원회에 의해 작성된 협약으로 미 서부 7개 주와 멕시코 사이에 콜로라도강 하천수의 할당량에 대한 '강의 법칙Law of the River'을 정한 것이다. 협약에 따르면 콜로라도강 유역은 오늘날 그랜드캐니언 유람선 출발지인 애리조나 북부의 리즈 페리Lees Ferry를 기준으로 상류 유역과 하류 유역으로 나뉜다. 협상가들은 상류 유역과 하류 유역에 연간 할당할 수량을 결정하는 기준값으로 리즈 페리의 수위표를 사용했다. 협상가들이 물의 양을 얼마큼으로 예상했는지는 확실하지 않지만, 연간 16~17MAFMillion Acre Feet(백만에이커피트)를 기준으로 삼았다. 1에이커피트는 남서부에서 1년 동안 4가구를 부양할 수 있는 양이다. 확실한 것은 협상가들이 콜로라도강의 전체 유출량을 매년 15MAF로 잡고 7.5MAF는 상류 유역에, 7.5MAF는 하류 유역에 할당하면 전혀 무리가 없다고 보았다는 것이다. 1944년, 멕시코 물 조약Mexican Water Treaty에 의해 미국은 매년 1.5MAF를 추가로 멕시코에 배당했다. 따라서 콜로라도강 하천수의 법적 수혜권은 매년 최소 16.5MAF보다 높아야 한다.

이제 와서 보면 1922년 협약은 타이밍이 아주 좋지 않았다. 협약의 협상가들은 당시 기준으로 과거 수십 년의 데이터에 근거해 할당량을 정했다. 그러나 20세기 초에 측정한 하천 유출량은 장기적인 콜로라도강 하천수를 대표하지 못했다. 그렇기는커녕 1922년 협약이 과거 500년을 통틀어 가장 물이 풍부했던 기간에 작성됐다는 사실이 밝혀졌다.(그림 19) 이를 위해 콜로라도강 유역의 유출량을 나이테를 사용해 재구성했는데, 이는 나이테와 유출량이 모두 적설량이나 증발량, 증산량 같은 수문기후 요인에 의해 제어되기 때문이다. 1976년, 애리조나대학교 나이테 연구소의 척 스톡턴Chuck Stockton과 컬럼비아대학교 러먼트 도허티 나이테 연구소의 고든 저코비Gordon Jacoby는 최초로 나이테를 사용해 리즈 페리에서 콜로라도강 수위 기록을 1521년까지 재구성했다. 그들은 콜로라도강의 장기적인 평균 유량은 13.5MAF로, 협약 당시 할당량 계산에 사용된 16.5MAF보다 3MAF나 낮다고 보았다. 3MAF는 1년 동안 1200만 가구가 사용할 수 있는 물의 양이다. 추가로 연구자들은

450년간 기록에서 가장 유출량이 많았던 기간은 1907~1930년, 즉 1922년 협약의 초안이 작성된 20세기 초라는 것을 발견했다. 스톡턴과 저코비가 처음 만들었던 재구성 결과는 더 많은 나이테 데이터를 통해 다듬어지고 확장되어, 이제 리즈 페리 유출량 재구성은 기원후 762년까지 거슬러 간다. 4~5개의 리즈 페리 유량 재구성 결과는 하나같이 현재 존재하는 콜로라도강의 평균 유량과 다르며 그 추정치는 낮게는 13MAF, 높게는 14.7MAF까지 다양하다. 그러나 최고치인 14.3MAF를 적용하더라도 협약을 통해 지정된 총 할당량보다 훨씬 낮은 수치이다. 이 차이는 700만 가구 이상에 연간 공급되는 물과 맞먹는 양이다.

리즈 페리 유출량 재구성은 나이테 데이터가 최근 북아메리카 서부 가뭄 대비를 위해 장기적인 상황을 파악할 때 어떻게 도움을 주는지 보여 준다. 나이테는 서부 가뭄으로 인한 실질적인 최악의 시나리오가, 20세기와 21세기 물 관리 전략이 밑바탕으로 삼은 최악의 사례보다 더 치명적일 거라고 말하고 있다. 예를 들어 20세기에 콜로라도강은 최장 5년 동안 고수위에 이르지 못했다. 그러나 12세기 차코 가뭄 때 고수위에 이르지 못한 최장기간은 5년이 아니라 60년이었다. 최근 20년 동안 지속되고 있는 21세기 남서부 가뭄은 중세 메가 가뭄에 비하면 아직 청소년기에 불과하다. 만약 이 가뭄이 절정으로 치달아 '중년의 위기'에 도달했을 때 미드호의 수위를 상상해 보라. 고대 푸에블로인들의 실험은 미국 남서부의 자기 땅을 버리고 떠나는 것으로 끝났다. 이와 같은 결과를 피하고 싶다면, 콜로라도강 가뭄 위기관리 계획 같은 물 관리 계획을 수립할 때 나이테나 다른 고기후 데이터가 제공하는 메가 가뭄의 장기적인 맥락에 기초해야 한다. 이는 우리가 미국 서부의 물을 지속 가능한 방식으로 관리하는 데 도움을 줄 것이다. 그리고 미래의 인구,

도시, 생태계, 그리고 연륜연대학자들이 이러한 환경 속에서 번영하도록 할 것이다.

14

엘니뇨와 라니냐의 변덕스러운 마음을 나무는 알까

지구의 기후는 복잡한 시스템이다. 이는 인간이 만든 기후 변화를 통해 체감할 수 있다. 물리 법칙에 따라 온실가스 배출이 증가하면 기온이 상승한다. 말 그대로 지구가 더워지는 글로벌 워밍Global Warming이 일어나는 것이다. 하지만 실제로는 글로벌 위어딩Global Weirding에 가깝다. 글로벌 위어딩이란 지구의 날씨가 마치 정신이 나간 것처럼 요상하게 행동한다는 뜻으로, 폭염뿐 아니라 20년간 지속되는 가뭄, 산불, 5등급짜리 허리케인, 극소용돌이Polar Vortex 그리고 '스노마겟돈'의 형태로 나타난다. 이런 기후의 다양성과 복잡성은 하키 스틱 그래프 같은 지구 기후의 평균치로는 잘 나타낼 수 없다. 그러나 다행히 지난 세기에 연륜연대학자들이 집대성한 지구 나이테 네트워크 덕분에 미쳐 날뛰는 현재의 기후를 장기적인 맥락에서 더 잘 표현할 수 있게 되었다. 기후의 패턴을 공간적으로 지도화하고, 모든 이상치가 상쇄된 평균적인 패턴이 아닌 역동적인 패턴을 살펴볼 수 있도록 나이테 연대기를 고르고 선택해 짜 맞출 수 있는 것이다. 과거 북대서양 진동NAO을 재구성하기 위해 앞서 모로코의 아틀라스개잎갈나무 나이테 기록을 스코틀랜드의 석순 연층과 비교한 것이 그 좋은 예이다. 다양한 기후 대체 자료들을 서로 잘 조합한다면 북대서양 진동의 톱니바퀴가 우리의 나이테 기록 보관소 또는 엘니뇨 남방진동ENSO 같은 기후 시스템의 다른 역동적인 측면에서 다시 한번 드러날지 모른다. 또한 한 차원 더 나아가 지표만이 아니라 저 위쪽의 대기층에서 일어나는 기후 요소까지 확인할 수 있다. 예컨대 제트기류 말이다.

제트기류는 일반적인 항공기 비행 고도인 8~15킬로미터 상공에서 서쪽에서 동쪽으로 부는(지구의 자전 때문이다) 빠른 바람을 말한다. 미국에서 유럽으로 향할 때 동쪽으로 대서양을 건너는 비행이 반대 방향으로 가는 비행보다 한 시간 정도 빠른 이유도 제트기류 때문이다. 동쪽으로 비행할 때는 조종사가 제트기류를 타고 날면서 속력을 보탤 수 있다. 반면에 서쪽으로 가는 비행은 강한 제트기류의 맞바람을 피하기 위해 제트기류보다 위쪽에서 운항한다. 나는 우리가 제작한 불가리아 나이테 연대기의 가장 좁은 나이테가 발칸 지역에서 가장 추운 해로 기록된 1976년 나이테인 것을 보고, 나이테를 이용해 제트기류의 변동성을 재구성해야겠다는 아이디어를 떠올렸다.

불가리아 나이테 연대기는 유네스코 세계 문화유산으로 지정된 불가리아 남동부의 피린 국립 공원에서 수집한 표본을 바탕으로 제작됐다. 우리는 동료인 불가리아 소피아산림대학교의 몸칠 파나요토우Momchil Panayotov가 캠핑

중에 오래된 소나무를 보았다는 말을 듣고 2008년에 피린 산악 지대를 방문했다. 그곳은 발칸 지방의 전형적인 활기찬 전통문화와 가파르고 어두운 산맥이 조화를 이루는 곳이었다. 우리는 고령의 보스니아소나무를 찾아 나이테를 수집하기 위해 불가리아, 스위스, 독일, 벨기에에서 온 9명의 연륜연대학자를 모아 국제 연구 팀을 조직했다. 보스니아소나무는 피린 산맥에서 약 480킬로미터 떨어진 지역의 비슷한 고도에서 자라는 아도니스와 동일한 종이다. 이제 독자들은 연륜연대학자들의 필드 작업에 대해 어느 정도 익숙해졌을 것이다. 수목 한계선에 차린 야영지에서 아침 일찍 출발해 몇 시간 동안 산행하여 조사지에 도착한 다음 해가 떠 있는 내내 코어링을 하고 어둑해질 무렵 내려와 밤이 되기 전에 야영지에 도착하는 일과 말이다. 당시에 피린 국립 공원은 보호 구역이었다. 그래서 체인톱을 가져가 죽은 나무를 잘라오는 행위는 불법이었다. 그러나 그로부터 10년 뒤 상황은 바뀌었다. 2017년 12월, 불가리아 정부는 상업적 벌목을 합법화하고 공원 경계 안쪽에 스키 리조트 개발을 허가했다. 2018년, 생태계를 위협하는 이 조치에 반대하며 수천 명의 국내외 환경 운동가가 항의 운동을 벌였지만 이 지역을 보호하기 위한 결의안은 지금까지도 합의되지 않았다.

불가리아의 최고령 나무로 알려진 바이쿠셰프 소나무Baikushev pine는 공원의 주요 관광 명소 중 하나다. 첫 발견자인 산림 감시원 코스타딘 바이쿠셰프Kostadin Baikushev의 이름을 따서 지은 수령 1300년짜리 이 보스니아소나무는 기원후 681년에 불가리아 제국이 처음 세워진 무렵부터 있었던 것으로 알려졌다. 바이쿠셰프 소나무의 높이는 26미터, 둘레는 8미터로 무척 위풍당당하다. 하지만 이 나무의 목편을 추출하는 것은 허용되지 않는다. 국보에 구멍을 뚫는다고? 있을 수 없는 일이다. 그러나 이 나무가 진짜 1300살이라면 솔직히 나는 많이 놀랄 것 같다. 문화적 가치가 있는 보호수임은 분명하지만 그렇다고 꼭 노목이라는 법은 없다. 문제의 이 나무는 일반적으로 수령이 높은 나무들이 발견되는 수목 한계선보다 300미터 아래에 있을 뿐 아니라, 고지대에서 발견된 진짜 오래된 소나무들처럼 성장이 저해된 외형을 나타내지도 않는다. 그나마 그러한 나무들의 최대 수령도 800년이었다. 피린의 소나무들은 그리스의 아도니스나 그 동료들보다는 어린 축에 속했지만 여전히 존경할 만한 수령에 이르렀다. 우리는 실험실로 돌아가 피린 산맥에서 채취한 표본을 바탕으로 기원후 1143~2009년까지 아우르는 850여 년의 나이테 연대기를 개발했다.

우리는 유럽 남동부에 위치한 발칸 지역의 여름 기온을 재구성하기 위해 피린 나이테 표본에서 최대 추재 밀도를 측정하였다. 그 결과 1976년의 추재 나이테가 유난히 가볍고, 발칸반도에서 지난 850년 중 1976년 여름이 가장 추웠다는 사실을 발견했다. 그걸 보고 나는 좀 의아했는데, 유럽 북서부에서 1976년은 역대급으로 더운 여름이었기 때문이다. 전 세계적으로 폭염이 휩쓴 2018년 전까지, 1976년 여름은 내가 자란 벨기에에서도 더운 여름의 기준이자 상징이었다. 그래서 우리는 발칸반도 여름 기온 재구성 결과를 유럽 북서부를 대표하는 브리튼 제도의 여름 기온 재구성과 비교했다. 두 지역의 여름이 다른 것은 1976년만이 아니었다. 지난 300년간 발칸반도에서 추웠던 여름은 브리튼 제도에서는 무더웠고, 그 반대도 마찬가지였다. 발칸반도의 날씨가 평소보다 추울 때 브리튼 제도는 평소보다 더웠다. 1976년 여름은 단지 유럽 북서부와 남동부 사이의 여름 기온 양극화를 대표하는 사례에 불과했고, 우리의 나이테 분석 결과는 이런 양극화가 300년 가까이 계속 유지되었음을 보여 주었다.

2012년, 이 결과를 논문으로 발표하고 이듬해 여름에 벨기에를 찾았다. 그때 날씨는 정말로 끔찍했다. 때아닌 고약한 추위와 끝도 없이 내리는 여름비 소식이 신문에 특집 기사로 실렸다. 나는 부모님 집에서 아침을 먹으며 일간지《드 스탠다드De Standaard》를 읽다가 날씨 지도를 보고 순간 얼떨떨해졌다. 그 날씨 지도는 우리가 불과 몇 개월 전에 발표한 발칸반도-브리튼 제도 기온 양극화 지도와 매우 유사했는데, 우리가 벨기에에서 추위에 떨고 있는 동안 발칸반도는 열파에 녹아내리고 있었기 때문이다.

지도가 실린 기사에서는 이러한 양극화 패턴의 원인이, 제트기류가 평소보다 훨씬 더 남하했기 때문이라고 설명했다.(그림 20) 일반적인 여름에는 북대서양 동부의 북극 제트기류(한대 제트기류)가 북위 약 52도에서 동쪽으로 이동해 스코틀랜드와 스칸디나비아반도의 북쪽을 지나간다. 북극 제트기류는 북쪽의 차가운 북극 공기와 남쪽의 따뜻한 아열대 공기를 가르는 일종의 경계막이다. 2012년 여름처럼 북대서양 제트기류(북대서양 동부 상공의 북극 제트기류)가 평소보다 더 남하하면 북극의 차가운 공기도 덩달아 평소보다 더 남쪽으로 내려와 브리튼 제도와 벨기에까지 닿는다. 이와 동시에, 아열대에서 올라오는 따뜻한 공기는 더 이상 북쪽으로 올라가지 못하고 발칸반도 상공에 밀집해 폭염을 일으킨다. 반대로 북대서양 제트기류가 평소보다 북상한 여름에는 반대 현상이 일어난다. 그래서 브리튼 제도에는 혹서가, 발칸반도에는 상대적으로 추운 여름이 찾아오는 것이다.

어떤 해에는 북아메리카의 동부 지역에서도 북극 제트기류가 비슷한 방식으로 남하한다. 미국의 동쪽 절반에 차가운 북극 공기를 몰고 오는 이 현상을 두고 언론에서는 극소용돌이라고 부른다. 그러나 기후학적 측면에서 극소용돌이는 늘 존재한다. 북반구에서 순환하는 북극 제트기류의 위쪽으로 북극

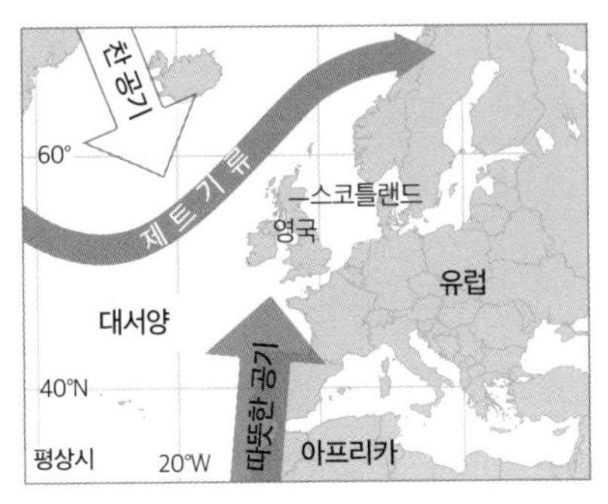

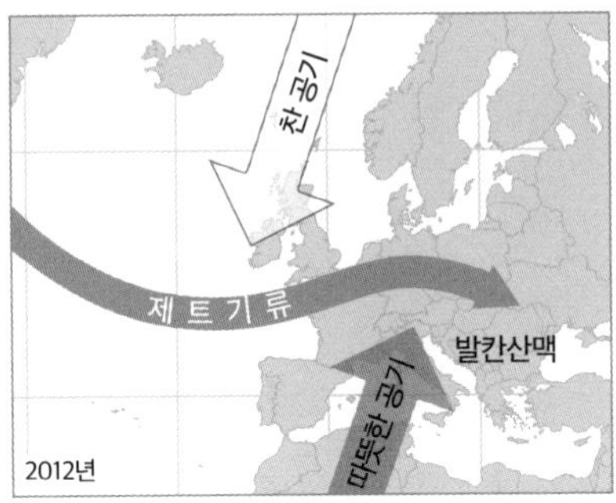

그림 20. 여름에 북대서양 제트기류는 평균 북위 약 52도, 스코틀랜드의 북쪽에서 동쪽을 향해 흐른다. 제트기류는 북쪽의 차가운 북극 공기와 남쪽의 따뜻한 아열대 공기를 가르는 경계를 형성하면서 유럽의 여름을 따뜻하게 만든다. 그러나 2012년 여름처럼 북대서양 제트기류가 평소보다 남하하면 차가운 북극 공기가 유럽 북부까지 내려온다. 동시에 아열대 공기는 발칸반도 상공에 집중되어 폭염을 일으킨다.

점을 둘러싸는 넓은 지역에 머무는, 기압이 낮고 차가운 공기가 그것이다(극소용돌이는 남극점 주위에도 비슷하게 존재한다). 그러나 때로 제트기류가 평상시보다 훨씬 남쪽까지 밀려들면 극소용돌이의 차디찬 공기도 평소보다 남쪽으로 빠져나간다. 사실 제트기류의 남하 현상은 특별한 것이 아니다. 원래 제트기류는 지구 주위를 직선이 아닌 뱀처럼 구불구불 흐르며 순환한다. 때로 제트기류가 강해지면 직선에 가깝게 흐르게 되는데 그러면 들쭉날쭉 헤매지 않고 빠른 속도로 이동하면서 극소용돌이를 극지 주변의 동심원 지역에 가둬 버린다. 반대로 제트기류가 약해지면 직선에서 벗어나 크게 구불대며 평소보다 북쪽과 남쪽으로 더 멀리까지 흐르게 된다. 그렇게 제트기류가 요동치면 지역에 따라 열대 지방의 따뜻한 공기가 더 북쪽까지 이동하기도 하고, 반대로 차가운 북극 공기(극소용돌이)가 더 남쪽으로 내려오기도 하는 것이다. 이처럼 제트기류가 크게 구불거리며 흐를 때는 상대적으로 속도가 느리기 때문에 제트기류가 경로상의 북쪽과 남쪽에서 더 오래 머무는데, 이러한 현상은 극한 날씨의 발판이 마련되었다는 뜻이기도 하다. 유럽을 예로 들자면, 제트기류가 브리튼 제도 위에 있으면 비가 내리는데 그 기간이 며칠 정도라면 별로 특별할 게 없다. 그러나 같은 장소에 몇 주씩 머무르며 끝도 없이 비를 뿌린다면 2012년 여름처럼 물난리가 난다. 한편 제트기류가 평소보다 북쪽에서 며칠 머물러 날이 더워지면 브뤼셀의 내 친구들은 모두 브뤼셀 레스 바인스 Bruxelles les Bains 축제가 열리는 도시 해변으로 향할 것이다. 그러나 제트기류가 북쪽에 한없이 머무르면 1976년에 그랬던 것처럼 쪄 죽는다고 난리들을 칠 것이다.

제트기류의 곡선과 움직임에 관한 기사를 읽고 나는 북대서양 제트기류가 유럽의 여름철 기온 양극화와 우리가 발견한 나이테 양극화의 원인임을 깨달았다. 그리고 잘하면 이 둘을 연결할 수도 있겠다고 생각했다. 기온의 양극화를 보이는 두 지역에서 얻은 나이테 데이터로 과거의 제트기류를 재구성할 수 있을까? 나이테를 이용해 몇 킬로미터 상공에서 일어나는 바람의 패턴까지 재구성하는 게 가능할까? 너무 흥미로운 발상이라 나는 미국 국립과학재단에 연구비를 신청했다. 자신의 연구가 과학재단의 지원을 받을 만큼 타당하고 실현 가능하며 긴급하다는 것을 15페이지짜리 문서로 설득하는 일은 쉽지 않다. 예비 분석 결과를 산출하고, 기본적인 발상의 합당함을 증명하는 그림(내 경우는 양극화 지도)를 보여 주는 것은 시작 단계에 불과하다. 그다음으로는 연구에 비용이 얼마나 들지 예산을 짜고 프로젝트를 함께 할 공동 연구자를 찾아야 한다. 여기까지 하는 데만도 몇 달이 걸린다. 나는 2012년과 2013년의 대부분을 이 제트기류 프로젝트에 관해 생각하고 읽고 쓰면서 보냈다. 한번은 친구네 집에서 송년 파티가 열렸는데 모두들 식탁에 둘러앉아 돌아가면서 각자의 새해 트렌드를 예측해 보기로 했다. 그런데 그날 밤 나는 어지간히 제트기류에 대해 떠들었던 모양이다. 내 차례가 오자 내가 말을 꺼내기도 전에 친구들이 일제히 "제! 트! 기! 류!"라고 외쳤다.

내 예측이 아주 틀리지는 않았다. 2013년, 제트기류가 크고 느리게 움직이는 바람에 북반구의 중위도 지역 전역에 극단적인 기상 현상이 일어났기 때문이다. 브리튼 제도에서는 4월 중순까지 눈이 오고 겨울이 계속됐다. 폭풍 크리스토퍼는 봄철 중유럽에 심한 물난리를 일으켰다. 폭우와 홍수는 그해 여름 러시아와 중국에도 영향을 미쳤다. 7월에는 폭염이 유럽 북서부를 강타하여 기온이 섭씨 30도대로 올라갔다. 12월에는 사나운 겨울 폭풍이 브리튼 제도에 심한 폭우와 홍수를 가져왔다. 같은 해 겨울, 북아메리카에서도 기온 양극화를 겪었다. 캘리포니아는 4년짜리 가뭄에서 헤어나지 못했고, 북아메리카의 동부는 극소용돌이에게 얻어맞았다. 2014년 1월에는 그 유명한 나이아가라 폭포가 얼었고, 미국 남부 앨라배마주의 버밍햄에도 눈이 내려 '스노마겟돈'이니 '스노포칼립스'니 하는 신조어가 유행했다.

최근 가뭄, 홍수, 혹한, 폭염 등 중위도 지역에서 발생하는 극한의 날씨가 증가하는 것은 제트기류의 행동이 달라지고 있다는 뜻이다. 그게 바로 우리가 목격하고 있는 것이다. 북반구의 북극 제트기류는 과거보다 파동이 심해지고 느려지면서 북쪽과 남쪽으로 한없이 이동하고 극심한 기상 현상을 더 빈번하게 일으킨다. 최근 수십 년 동안 지구 기후 시스템에는 제트기류의 극단적인 행동이 증가한 것과 인간이 만든 극적인 변화가 동시에 일어나고 있다. 그렇다면 이 둘은 서로 연관된 것이 아닐까? 온실가스 배출과 기온 상승이 최근 제트기류의 파형을 야기하고 그로 인해 중위도 지방의 극한 날씨가 빈발해진 게 아닐까? 이 질문에 답하려면 인간이 초래한 기후 변화 이전, 즉

20세기 이전까지 확장되는 제트기류 기록이 필요하다. 바로 이 부분에서 우리의 나이테가 등장한다.

우리는 발칸반도와 브리튼 제도의 나이테를 기반으로 제작된 기온 재구성을 결합해 기원후 1725년까지 거슬러 가는 연도별 유럽의 기온 시소, 즉 북대서양 제트기류의 남북 이동량을 재구성했다.(그림 21) 발칸반도-브리튼 제도 나이테 재구성은 지난 290년 동안 북대서양 제트기류의 최남단과 최북단을 모두 포착했다. 이를 1659년 이후 영국 중부에서 실측된 여름 폭염 기록과 비교했더니, 우리가 재구성한 북대서양 제트기류가 평소보다 북쪽에 머무르면서 북극의 찬 공기를 브리튼 제도 북쪽에서 내려오지 못하게 막고 있던 시기와 일치했다. 이와 대조적으로 중유럽에서 추웠던 여름은 북대서양 제트기류가 평소보다 더 남하해 극소용돌이가 남쪽으로 깊이 파고들고 북극의 찬 공기를 영국까지 끌고 내려올 때 발생했다. 제트기류가 가장 멀리까지 남하한 기록은 1782년 여름으로, 북위 42도를 기록해 평균보다 10도 더 내려왔는데 거리로 따지면 1130킬로미터에 해당한다. 역사 문헌에는 1782년 여름에 스코틀랜드 날씨가 너무 추워서 작물이 실패하고 나라 전체가 기근으로 황폐해졌다고 기록되어 있다.

더 나아가 이 재구성 결과는 극단적인 제트기류 움직임의 빈도까지 추가로 입증했다.(그림 21) 북대서양 제트기류의 위치 변동량은 평균 위치에서 북쪽 또는 남쪽으로 이동한 거리를 미터법으로 나타낸 것이다. 1960년 이후로 이 수치가 증가하면서 여름철 북대서양 제트기류가 극한의 위치에 과거보다 더 자주 도달하고 있음을 보인다. 이 사실은 매우 중요하다. 앞에서 설명한 폭염이나 홍수 같은 이상 기상 현상을 일으키는 것이 바로 평균에서 크게 벗어난 제트기류의 극단적인 위치이기 때문이다. 예를 들어 1976년 8월, 북

위도의 변화
기원후 1920~2010년

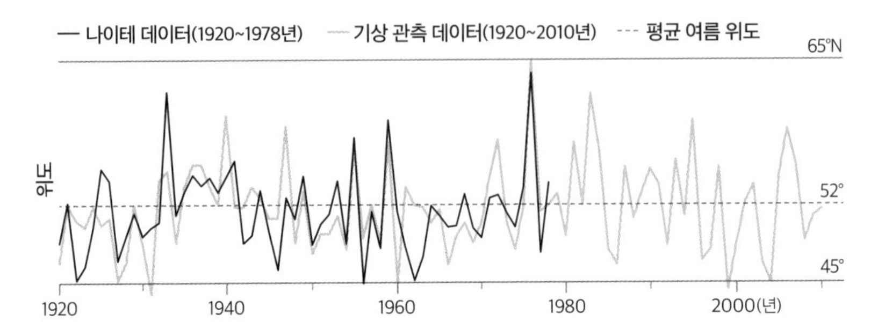

제트기류 변동
기원후 1740~1997년

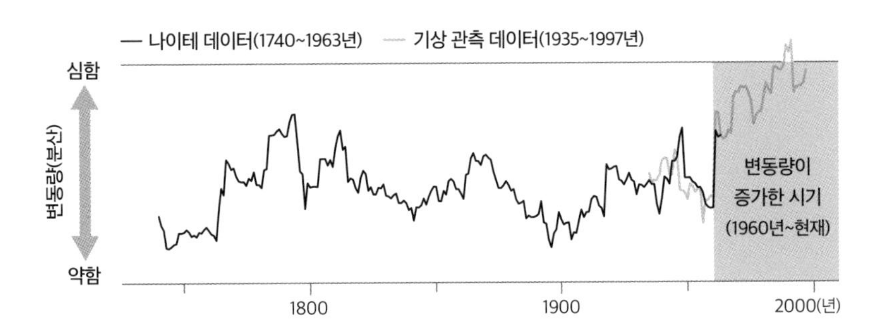

그림 21. 나이테를 사용해 스코틀랜드와 발칸반도에서 기온을 재구성하여 과거 북대서양 제트기류의 위도 변화를 추정했다. 북대서양 제트기류는 여름에 평균적으로 북위 약 52도에 머문다.(위) 그러나 1960년대 이후로 제트기류의 위치가 점차 극단적으로 변하고 있다.(아래) 제트기류의 최남단과 최북단 위치는 서로 상쇄하여 평균값에 변함은 없다. 그러나 변동량이 증가했다는 것은 극단적인 편차를 반영한다.

대서양 제트기류는 북위 65도로 평균인 52도보다 북쪽으로 13도, 거리로는 1450킬로미터나 더 올라갔다. 이러한 변동량의 증가는 우리가 최근 목격하고 있는 더 구불거리고 더 빈번한 제트기류의 극단적 위치, 그리고 중위도 지역의 극한 날씨와 일치한다. 우리의 재구성 결과는 최근 북대서양 제트기류의 변동량이 증가한 것은 과거 290년간 유례없는 현상임을 처음으로 보여 주었고, 최근 제트기류의 극한 위치와 파형이 자연적인 기후 변동성의 일부가 아니라 인간이 만든 기후 변화와 연관되어 있음을 암시한다.

북대서양 제트기류 재구성의 성공에 힘입어 우리는 대담하게 최근 수십 년간 변화해 온 지구 기후의 또 다른 특징 재구성에 도전했다. 바로 열대의 확장이다. 열대의 '어둠의 심장Heart of Darkness'은 북회귀선과 남회귀선(북회귀선은 북위 23.5도, 남회귀선은 남위 23.5도에 위치한다) 사이의 울창한 지역으로 마치 지구의 허리를 초록색 벨트처럼 두르고 있다. 이 열대의 푸른 중심부는 각각 북쪽과 남쪽으로 아열대 건조 지대와 경계를 이룬다. 아열대 건조 지역은 위도 약 30도 정도('무풍대' '바위노Horse Latitude'라고도 부른다)에 해당하며 사하라 사막, 오스트레일리아 사막, 아타카마 사막, 애리조나 투손 주변의 소노란 사막 같은 세계 대부분의 사막이 위치해 있다. 1970년대 후반 이후 이 건조한 경계 지대는 양쪽 반구에서 모두 극을 향해 확장하면서 목마른 지역을 확대시키고 있다.

열대 지방이 습하고 아열대 지방이 건조한 데는 이유가 있다. 따뜻한 공기를 적도에서 극지로 향해 옮기는 해들리 순환Hadley Circulation 때문이다. 태양열이 가장 강한 적도에서는 따뜻하고 습한 공기가 상승해 고도 약 16킬로미터 상공에 도달하면 남쪽과 북쪽으로 흩어지기 시작한다. 극 쪽을 향해 이동하던 따뜻한 공기는 위도가 올라감에 따라 점차 차가워지면서 비를 뿌려 열대 중심부의 무성한 녹색 숲에 물을 준다. 그러나 따뜻하고 습한 공기가 각각 위도 30도 정도에 도달할 즈음이면 온도가 식고 건조해져 가라앉기 시작한다. 이 차갑고 건조한 공기가 땅으로 내려오면서 원래 이곳에 비를 가져다줄 구름과 폭풍까지 밀어내기 때문에 사막 같은 풍경이 생기게 된다. 지난 40년 동안 열대의 공기가 점점 높은 위도에서 가라앉으면서 이 열대 벨트가 넓어졌다. 이러한 열대 허리선의 팽창은 그 바로 너머에 있는 아열대 지방의 수문 기후에 심각한 영향을 미칠 수 있다. 열대 벨트의 건조한 가장자리가 극 쪽으로 올라가면서, 과거에는 영향권에 바로 인접해 있던 아열대 지역과 반건조 지역이 이제는 영향권 한가운데에서 직격탄을 맞게 되었다. 그 결과는 가뭄이다. 예를 들어 오스트레일리아 남부 지역은 최근 수십 년간 북쪽에서 공격해 오는 가뭄의 침략을 받아 왔다. 멜버른, 퍼스, 애들레이드처럼 위도 30도 부근 남쪽에 위치한 도시들이 가장 큰 타격을 받는다. 북반구에서는 투손(북위 32.2도), 샌디에이고(북위 32.7도) 등이 열대 가장자리가 북쪽으로 1도만 더 이동하더라도 필요한 강수량을 다 얻지 못할 위험에 처했다.

최근 수십 년간 제트기류 변동량의 증가처럼 열대의 팽창 현상도 인간이 지구 대기를 바꿔 놓은 변화와 함께 진행되었다. 그리고 제트기류의 경우처럼 열대의 팽창 현상과 인간의 영향이 서로 연관이 있는지도 질문할 수 있다. 강화된 온실 효과가 열대를 확장시켰는가? 온실가스 배출 증가와 인간이 초래한 기후 변화를 모방하는 기후 모형 시뮬레이션에 따르면 대답은 '그렇다'이다. 그러나 기후 모형에서의 열대 확장 속도는 현실 세계의 확장 속도를 따라잡지 못한다. 실제로 현실에서는 10년에 위도 1도(약 56킬로미터)씩 늘어나고 있다. 기후 모형과 현실 간의 이런 격차는 열대 확장의 원인이 온실가스 배출 외에 다른 무언가가 더 있다는 것을 암시한다. 그것이 무엇인지는 아직 확실하지 않다. 남반구에서는 남극의 오존 구멍이 큰 역할을 할 수도 있고, 북반구에서는 매연으로 인한 오염이 관여할 수도 있다(매연은 전형적으로 화석 연료와 생물량을 태울 때 나오는데 난방용으로 장작을 때는 일이나 산불도 포함된다. 1970년대 이후로 육지가 더 넓고 연소도 더 많이 일어나는 북반구에서 매연 입자가 크게 증가했다). 그러나 자연적인 기후 변동성은 물론이고 인간이 만든 다양한 동인의 상대적인 역할은 아직 완전히 이해되지 않았다. 제트기류 연구와 마찬가지로 열대 지방의 경계 이동에 대해서도 인간이 온실가스와 매연, 오존에 구멍을 내는 염화불화탄소CFC를 방출하던 시기 이전으로 돌아가 자연적인 변동만 포착할 수 있는 기록이 있다면 도움이 될 것이다. 그리고 이번에도 나이테가 출동한다.

아르헨티나 멘도사의 국립과학기술연구위원회CONICET 산하 기술과학센터에 소속된 연대연륜학자 리카르도 빌랄바Ricardo Villalba는 나이테를 이용해 열대의 가장자리가 과거에 어떻게 이동했는지 추적하는 연구를 처음으로 시도했다. 리카르도는 1980년대 초부터 남아메리카 안데스산맥에서 나이테와 과거 기후를 연구해 왔다. 2016년, 그의 고향에서 열린 아메리카 나이테 학회에서 리카르도는 남아메리카 나이테 네트워크를 사용해 남반구에서 열대 경계의 이동을 재구성한 결과를 발표했다. 나는 그날 리카르도의 발표를 들으며 영감을 받았다. 그래서 우리 연구실의 박사 후 연구원인 라쿠엘 알파로 산체스Raquel Alfaro-Sánchez에게 북반구에 대해서도 같은 연구를 할 수 있는지, 즉 북반구 나이테 데이터 네트워크를 이용해 열대의 북쪽 가장자리 움직임을 재구성할 수 있는지 알아보게 했다. 라쿠엘은 열대의 경계에 인접한 북위 35~45도 지역에서 적합한 나이테 기록을 찾기 위해 국제 나이테 데이터 은행을 검색했다. 열대 가장자리가 평년보다 북쪽까지 도달해 열대의 허리선이 부풀어 오르는 해에는 북위 35~45도 지역이 그 영향권 아래에 놓여 가뭄을 겪을 것이다. 반대로 열대 가장자리가 평년보다 남쪽으로 내려가면 북쪽의 습한 공기가 흘러들어 나무가 잘 자랄 것이다. 우리는 이 중위도 권역에 서식

열대의 확장

기원후 1203~2014년

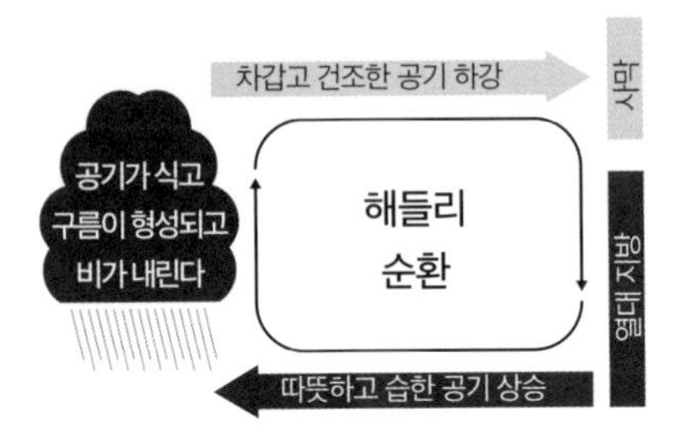

그림 22-A. 북위 35~45도 지역의 기후는 열대 벨트 가장자리의 움직임에 영향을 받아 왔다. 열대 가장자리가 평소보다 높은 위도로 올라가면 일부 지역에서는 가뭄이 들고, 다른 지역에서는 강수량이 증가한다. 열대 가장자리가 평소보다 남쪽에 위치하면 반대 현상이 일어난다. 우리는 미국 서부, 미국 중부, 터키, 파키스탄 북부, 티베트고원 등 총 5개 지역의 나이테 연대기를 수집했다.

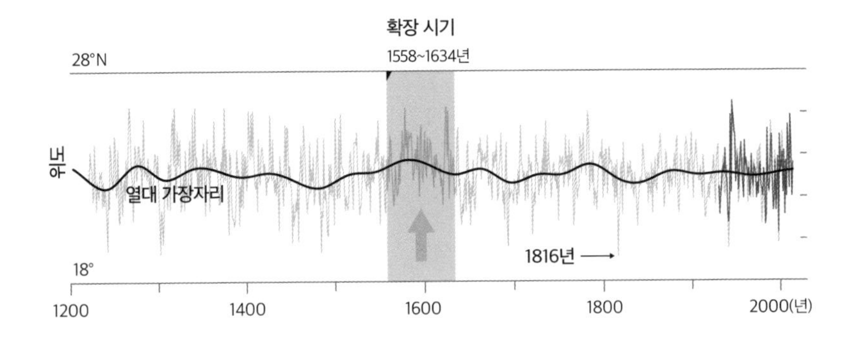

그림 22-B. 5개 지역의 나이테 연대기를 집대성해 북반구 열대 가장자리의 이동을 과거로 800년을 거슬러 기원후 1203년까지 재구성했다. 1816년은 열대가 가장 크게 수축했고, 1815년은 탐보라에서 일어난 화산 폭발로 '여름 없는 해'가 발생했다. 또한 16세기 후반에서 17세기 초반까지 60년간 열대가 확장되었는데, 이때 북반구 전역에는 가뭄과 사회적 격변이 동반되었다.

하는 나무들 중 가뭄에 민감한 수종의 나이테 데이터가 과거 열대 가장자리의 이동을 기록해 왔다고 가정했다. 라쿠엘은 미국 서부 지역(캘리포니아, 애리조

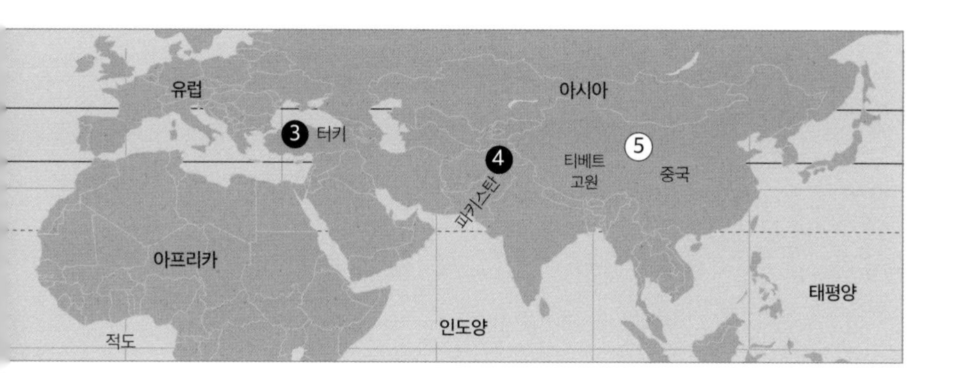

나, 뉴멕시코, 콜로라도, 유타주의 연대기가 포함된다), 미국 중부 지역(아칸소, 미주리, 켄터키주의 연대기가 포함된다), 터키, 파키스탄 북부, 티베트고원 등 5개 지역의 나이테 데이터를 수집했다. 라쿠엘은 이 5개의 독립적인 나이테 연대기를 종합해 과거 1203년까지 확장되는 북반구 열대 가장자리의 움직임을 재구성했다.(그림 22)

완성된 800년짜리 재구성 결과를 보았을 때 가장 먼저 눈에 들어온 것은 16세기 말에서 17세기 초(1568~1634년)까지 60년에 걸친 열대 팽창이었다. 20세기 후반의 열대 팽창과는 달리 16세기 후반의 팽창은 혼란스러운 기후 시스템에서 발생한 자연적인 문제였던 것 같다. 우리가 아는 한 16세기 후반에는 아직 오존에 구멍이 뚫리지 않았고, 온실가스와 매연 배출을 동반하는 산업 혁명도 시작되지 않았기 때문이다. 그러나 그 원인은 불분명할지 모르나 16세기 열대 팽창과 이에 동반된 가뭄이 위도 35도의 모든 사회(중국, 터키, 미국)에서 대혼란을 가져왔다는 것은 사실이며, 이는 곧 미래에 열대 확장이 불러올 사회적 영향력을 경고한다.

중국은 이 열대 팽창 기간에 예외적인 가뭄을 겪었다. 1586~1589년까지 4년 동안 중국 동부 약 90만 제곱킬로미터에 달하는 지역에 가뭄이 들었다. 이는 애리조나, 뉴멕시코, 네바다주를 합친 것보다 더 큰 지역이다. 가뭄의 마지막 해에는 중국에서 세 번째로 큰 담수호인 타이후호가 말라 버렸다. 1627년, 또 다른 가뭄이 베이징의 서쪽인 산시성에 닥쳤을 때는 기근이 널리 퍼지면서 중국 역사상 가장 길었던 농민 반란이 뒤따랐다. 그러나 이 두 가뭄도 1638~1641년에 뒤따른 대규모 가뭄에 비할 수는 없었다. 북위 33~35도의 허난성 동쪽 지역에서 일어난 가뭄의 끔찍한 상황은 역사 문헌에 기록되어 있다. 1639년에는 "봄과 여름에 큰 가뭄이 들어 풀과 작물이 모두 시들고, 거두어들일 곡식이 없고, 황허가 마르고, 메뚜기가 하늘 천지에서 봄여름의 햇빛을 차단하고, 극심한 기근을 견디지 못한 사람들이 결국 열두 번째 되는 달에 서로를 잡아먹었다."[36] 3번 연속된 가뭄은 경제적 고통, 정치적 혼란, 천연두 창궐, 만주족(여진족) 침략이 인구의 40퍼센트를 쓸어버린 시기와 일치했다. 가뭄 직후, 거의 3세기 동안 중국을 강력하게 지배했던 명 왕조가 무너졌다.

비슷한 사건들이 오늘날 터키인 오스만 제국에서도 일어났다. 1590년대의 심각한 가뭄이 수확을 망치고 기근과 전염병을 일으켰다. 앞에서 여러 차례 보았던 것처럼 어긋난 사회 정치적 결정이 농업 위기를 악화시켰다. 1593년 오스만 제국의 술탄은 오스트리아와의 긴 전쟁을 시작했다. 술탄은 이미 고통받고 있는 시골 지역부터 이스탄불까지 자원을 더 동원하라고 지시했다. 이어서 인플레이션으로 인해 상황이 악화되자 절망적인 농부들은 반란군을 조직하고 봉기했다. 이 젤랄리 반란Celali Rebellion은 대규모 이주와 사회

36 J. Q. 팡(J. Q. Fang), "고대 중국 문헌을 바탕으로 한 기후 재난과 이상 기후 기록 데이터베이스 구축(Establishment of a data bank from records of climatic disasters and anomalies in ancient Chinese documents)," International Journal of Climatology 12, no. 5 (1992), 499–515.

정치적 불안정으로 이어졌고 17세기 오스만 제국의 위기를 불러왔다. 이는 제1차 세계 대전이 닥치기 전까지 오스만 제국 역사상 가장 심각했던 위기였는데 이때 제국은 인구의 3분의 1을 잃었다.

16세기 말 열대 팽창으로 북아메리카에서는, 중세의 메가 가뭄에 맞먹고 20~21세기의 가뭄과는 비교할 수 없을 정도의 극심한 가뭄이 발생했다. 이 가뭄으로 인해 미국 남서부에 있는 12개의 푸에블로가 영원히 버려졌다. 가뭄은 서시에라마드레산맥, 로키산맥, 미시시피강 계곡과 미국 남서부를 가로질러 확장되었다. 멕시코에서는 대가뭄 시기가 40년 동안 지속된 치치메카 전쟁(1550~1590년) 시기와 일치한다. 이 전쟁은 멕시코 역사상 유럽 이민자들과 토착 민족 사이에 벌어진 가장 길고 값비싼 충돌이었다. 1576년 코코리츨리 대유행이 대량 인구 감소를 일으킨 것도 16세기의 열대 팽창기였다.

미국 역사를 통틀어 이 시기의 가뭄과 관련된 재난 중 가장 악명 높은 것은 초기 영국 식민주의자들이 신대륙 동쪽 해안에 정착하려다 실패한 사건이다. 1587년, 오늘날 노스캐롤라이나주의 로어노크섬에 115명의 영국인이 정착지를 세웠다. 엘리자베스 1세가 스페인 보물 함대를 급습하기 위한 사나포선의 정박 기지를 세우고자 인가한 곳이었다. 3년이 지난 1590년, 영국 원정대가 식량을 충원하려고 로어노크를 경유했다가 이 '사라진 식민지Lost Colony'가 완전히 버려진 것을 발견했다. 원래의 식민지 주민 115명이 온데간데없이 사라졌는데 싸움이 일어난 흔적은 없었다. 아마 극심한 환경을 견디다 못해 토착 민족인 크로아토안족과 함께 피난을 떠난 것으로 짐작된다. 영국이 버지니아주의 제임스타운에 미국 최초의 영구 정착지를 세운 것은 그로부터 17년 후인 1607년이었다. 하지만 제임스타운 정착민 역시 심한 역경과 끔찍한 사망률을 견뎌야 했다. 1609~1610년 기근의 시대Starving Time를 보내면서 3년 만에 80퍼센트의 주민이 세상을 떠난 것이다. 나이테는 초기 영국 정착민들의 실종 미스터리를 해결하는 데 도움을 주었다. 아칸소대학교의 데이브 스테일이 낙우송 데이터로 기원전 1185년부터 현재까지의 가뭄을 재구성한 결과, 로어노크 식민지가 자취를 감춘 시기는 미국 동부에서 800년 만에 일어난 3년짜리 최악의 가뭄(1587~1589년) 때였다. 신대륙 정착에 이보다 나쁜 시기는 없었을 것이다.

라쿠엘은 열대 가장자리 이동을 재구성하기 위해 북반구 전역에 걸친 경계의 바로 북쪽에 있는 지역의 나이테 연대기를 사용했다. 또한 같은 맥락에서 습한 열대 지방의 나이테 기록 네트워크를 토대로 엘니뇨 남방진동 시스템을 재구성했다. 엘니뇨 남방진동 시스템은 지구에서 가장 강력한 기후 역학 동인이다. 엘니뇨라는 이름은 1800년대 말에 페루 어부들이 지었다. 크리스마스 즈음이 되면 태평양 어장의 수온이 따뜻해졌는데, 이런 현상이 수년째 이어졌고 어부들은 이를 가리켜 '아기 예수'라는 뜻에서 엘니뇨라고 불렀다. 이처럼 열대 태평양 동부 지역의 온난화는 서쪽으로 부는 무역풍이 약화된 결과다. 평년에는 무역풍이 남아메리카에서 따뜻한 대양의 물과 습기를 아시아 쪽의 열대 태평양으로 운반한다. 이제 우리는 2~7년마다 서쪽으로 부는 이 바람이 약해지면 엄청나게 많은 양의 따뜻한 바닷물이 서쪽으로 이동하지 못하고 태평양 남아메리카 연안에 가두어져 열대 폭풍과 홍수를 일으킨다는 걸 알고 있다. 동시에 반대편인 아시아와 오스트레일리아에서는 평소보다 습기를 덜 받아 가뭄과 산불이 확산된다. 엘니뇨 남방진동 시스템의 이 단계가 바로 엘니뇨다. 엘니뇨 해 다음에는 보통 라니냐 해가 뒤따르는데 이때는 반대 현상이 일어난다. 서쪽으로 부는 바람이 평년보다 강해지면서 따뜻한 바닷물은 물론이고 거기에 동반한 구름과 비가 태평양 서쪽까지 이동해 아시아와 오스트레일리아 근처까지 도달한다. 그 결과 라니냐 해에는 아시아와 오스트레일리아에 홍수가 일어나지만 남아메리카에는 가뭄이 발생한다.

엘니뇨 남방진동 시스템은 열대 태평양의 따뜻한 물의 이동을 책임지고, 열대 태평양 분지를 둘러싼 지역의 수문기후에 영향을 준다. 그러나 엘니뇨 남방진동은 원격 상관Teleconnection을 통해 훨씬 먼 지역의 수문기후에도 영향을 미친다. 즉, 서로 멀리 떨어진 곳에서 일어나는 기후 현상들이 연결된다는 뜻이다. 예를 들어 카리브해에서는 엘니뇨 해보다 라니냐 해에 허리케인이 더 자주 일어난다. 그리고 내가 미국 본토에서 가장 남쪽에 있는 스키장인 투손 근처 레몬 산에 스노보드를 타러 갈 수 있는 유일한 해는 엘니뇨가 미국 남서부에 비와 눈을 많이 내려 줄 때뿐이다. 또한 그 옛날 탄자니아에서 기차 선로를 휩쓴 바람에 크리스토프와 내가 3일간 버스를 타고 키고마에 갈 수밖에 없게 만들었던 그 홍수는 엘니뇨가 일으킨 것이다. 엘니뇨 남방진동의 일차적인 영향권은 태평양 해역이지만, 그 원격 촉수는 거의 전 지구에 뻗어 있으므로 그 '변덕스러운 기분'을 잘 이해하는 것이 전 세계 물 관리자들에게는 중요하다. 엘니뇨 현상 자체는 주로 겨울에 일어나지만 그것의 수문기후적 영향은 보통 다음 해 여름까지 확장되기 때문이다. 이는 다시 말하면 엘니뇨 남방진동 예측이 물 관리자들에게 가뭄과 홍수에 대비할 6개월의 시간을 벌어 준다는 뜻이기도 하다.

연륜연대학자들은 엘니뇨 남방진동과 그 원격 상관에 관해 수 세기에 달하는 기록을 복원함으로써 열대 태평양에 설치된 기후 메트로놈을 한층 더 이해하게 되었다. 예를 들어 홍콩대학교의 진바오 리Jinbao Li와 동료들은 열대 태평양의 동쪽인 남아메리카와 서쪽인 아시아 양쪽에서, 그리고 강한 엘니뇨 남방진동 원격 상관관계에 있는 양 반구 중위도 지역 5곳에서 2000개 이상의 나이테 기록을 종합해 기원후 1301~2005년까지 700년간의 엘니뇨 남방진동을 재구성했다. 리의 재구성 결과는 19세기의 엘니뇨와 라니냐를 반영하는 중앙 태평양의 두 산호 기록(하나는 메이아나 환초Maiana Atoll, 다른 하나는 팔미라 환초Palmyra Island다)과도 놀라울 정도로 잘 일치한다. 나무가 나이테를 형성하는 것과 마찬가지로 산호는 매해 생장 띠를 형성하는데, 여기에 산호를 둘러싼 바닷물의 수온과 화학 성질이 기록된다. 따라서 이를 엘니뇨 남방진동 변동성의 대체 자료로 사용할 수 있는 것이다. 엘니뇨 남방진동의 방대한 영향력만이 중앙 태평양에서는 산호를, 아시아, 남북아메리카, 뉴질랜드에서는 나이테를 만들고 모두가 같은 박자에 맞춰 춤추게 한다.

리의 엘니뇨 남방진동 재구성을 라쿠엘의 열대 가장자리 이동 재구성과 비교했더니 700년의 북반구 열대 벨트가 엘니뇨 해에는 수축하고 라니냐 해에는 팽창하고 있었다. 예를 들어 지난 16세기 열대 팽창기는 식민지의 실종, 명의 멸망, 오스만의 위기에 기여했는데 이는 라니냐가 우세한 시기와 일치한다. 엘니뇨 남방진동과 열대 가장자리 재구성은 한 가지 더 공통점이 있는데, 둘 다 화산 폭발과 그로 인한 에어로졸에 강한 기후 반응을 보인다는 것이다. 빙하 코어 기록에 포착된 대형 열대 화산 폭발 이후에는 전형적으로 엘니뇨 해가 뒤따랐고, 그 기간 동안 북반구 열대 경계는 수축했다.

화산 폭발과 열대 수축 사이의 연관성은 우리가 과거 기후 변동성을 이해하도록 도와줄 뿐 아니라 미래를 경고하기도 한다. 화산 폭발의 냉각 효과는 인간이 초래한 기후 변화를 완화하려는 기후 공학Climate Engineering에 영감을 주었다. 앞으로도 온난화가 지속될 것으로 예측되는 가운데 이에 대한 미봉책으로 태양 복사 관리Solar Radiation Management, SRM와 같은 인위적인 대규모 개입이 고려되고 있다. 태양 복사 관리는 항공기나 풍선을 이용해 성층권에 에어로졸을 주입함으로써 화산 분출의 효과를 인공적으로 모방하는 방법이다. 태양 복사 관리는 우주 거울처럼 햇빛을 차단하는 다른 기후 공학 솔루션과 비교했을 때 상대적으로 비용이 낮고 구현하기 쉽지만(SRM의 비용은 작은 국가, 대기업, 심지어 아주 부유한 개인이 부담할 수 있는 수준이다), 해양 산성화를 비롯해 온실가스 배출 증가가 야기하는 많은 부정적인 영향을 해결하지는 못한다. 게다가 일부 지역이나 나라에는 이익을 줄지 모르지만, 다른 나라에는 해를 줄 수도 있다. 나이테를 비롯한 고기후 대체 자료가 기후에 미치는 화산 분출의 영향을 새롭게 조명함에 따라 태양 복사 관리와 연관된 위험도 분명해지고 있다. 엘니뇨 남방진동과 열대 가장자리 재구성은 화산이 성층권에 분출한 에어로졸이 지구 표면을 식힐 뿐 아니라 대기 순환 시스템을 방해하고 강수량과 바람 패턴을 재조직할 수도 있다고 말한다. 과거에 있었던 화산 폭발과 그 뒤를 잇는 열대 축소는, 인공 에어로졸 주입이 특히 중동과 사헬처럼 이미 수문기후 변화에 매우 취약해진 곳에 더욱 해로운 영향을 미칠 것이라고 암시한다. 시간이 지날수록, 그리고 온실 효과가 심해질수록 기후 공학은 우리가 가스 배출 완화와 탄소 포집을 통해 대기 중 온실가스 농도를 줄일 수 있을 때까지 버티게 해 주는 임시방편으로 진지하게 고려되고 있다. 하지만 16세기의 열대 팽창을 통해 알 수 있듯이, 기온뿐 아니라 강수량 패턴의 변화가 초래하는 사회적 위험은 방대하다.

15

불에 탄 상처도 품고 품어서 나이테로 만들다

2018년 11월 8일 동트기 직전인 새벽 6시 무렵, 캘리포니아 퍼시픽 가스 앤 일렉트릭 컴퍼니PG&E의 한 시설 관리자가 북캘리포니아 버트 카운티의 송전선 아래에서 화재가 발생한 것을 보았다. 그날 아침, 바람은 시속 80킬로미터 속도로 빠르게 불었고 습도는 낮았다. 불은 걷잡을 수 없이 커졌다. 오전 8시, 불길이 파라다이스에 도달했고 인구 2만 6800명으로 추정되는 이 작은 언덕 마을은 불과 4시간 만에 지도에서 사라졌다. 불이 너무 빨리 번져서 파라다이스의 많은 주민이 미처 대피하지 못해 적어도 86명이 목숨을 잃었고 주택 1만 4000여 호가 파괴되었다. '캠프 파이어Camp Fire'라 불리는 이 산불은 27일 동안 진압되지 못했고, 결국 캘리포니아 역사상 가장 치명적이고 파괴적인 화재로 기록되었다. 현재 파라다이스의 인구는 2000명으로 캠프 파이어 이전의 10퍼센트에도 미치지 못한다. 2018년, 캘리포니아에서는 산불 집중 발생 시기를 통틀어 총 8500건 이상의 산불이 일어났고 7800제곱킬로미터 이상 지역의 소도시, 숲, 관목지를 태웠다. 미국 납세자들은 35억 달러를 비용으로 지불해야 했는데 그중 절반이 화재 진압에 사용되었다.

2018년 캘리포니아 화재는 산불의 파괴력, 규모, 경제적인 영향 측면에서 미국 서부 전역에 우려할 만한 추세를 나타내고 있다. 캘리포니아에서 가장 넓게 퍼졌던 산불 15건 중 12건이 2000년 이후에 일어났다. 미국 서부에서 산불 계절은 더 길어졌고, 1980년대 초기 이후로 400헥타르 이상을 태운 대형 산불이 점차 증가하고, 매년 7개의 대형 산불이 추가로 발생해 전년도보다 3만 6000헥타르를 더 태웠다. 기후 변화나 산림 관리 방식 등 지난 40년 동안 미국 서부에서 산불을 일으킨 요인들이 합쳐지는 지점을 명확하게 밝히기 위해서, 우리는 미국 서부의 화재 역사가 어떤 식으로 기후 역사와 인간 역사에 연결되었는지 이해할 필요가 있다. 여기에서도 연륜연대학은 중추적인 역할을 한다.

미국 서부의 건조한 저지대 및 중지대 산림에서 자연적으로 발생하는 산불은 강도가 낮은 지표화Surface Fire로 구성된다. 이것은 불이 나무줄기에 남긴 흉터를 보고 알 수 있다. 지표화는 전형적으로 바닥을 타고 번지며 숲의 상층부인 수관까지는 도달하지 않는다. 하층부에서 풀, 관목, 묘목, 새싹 등을 태우지만 크고 성숙한 나무들에는 흉터 외에는 대체로 큰 해를 주지 않는다. 사실 나이 든 나무들은 지표화 발생 이후 더 잘 자라는데 물과 영양분을 두고 벌여야 하는 경쟁이 제거되고 산불 연료 사다리Fuel Ladder, 즉 불이 숲 바닥에서 상층부까지 타고 올라가게 만드는 하층부 식생의 발달을 제한하기 때문이다. 그러나 일단 불이 상층부까지 번지면 큰 나무들에게도 파괴적이다.

미국 남서부와 캘리포니아의 많은 숲이 화상을 입은 나무들을 품고 있다. 이 나무들은 한때 5~10년을 주기로 빈번하게 발생한 지표화의 산증인들이다. 서부 지역의 나무들은 수백 년에 걸친 흉터로 화재를 기록해 왔다. 나무 한 그루에 그런 상처 20개쯤은 기본이다. 나는 캘리포니아 트러키 근처의 도그 밸리에서 수집한 어느 그루터기 표본에서 기록적인 개수의 흉터를 발견했다. 내 나이테 연대에 따르면 그 그루터기는 1854년에 베어진 나무의 잔해다. 나무는 300년을 살면서 무려 33개 이상의 화흔을 기록했다.

화재로 인한 흉터는 종종 산비탈에 자라면서 산의 정상 방향으로 바늘잎, 가지, 심지어 통나무 같은 잔해들을 쌓아 놓은 나무의 기부基部에서 발견된다. 지표화가 산의 경사면을 타고 올라갈 때 이 언덕 지점에서 더 오래 머무르면서 연료를 제공받아 더 뜨겁고 강렬하게 타오른다. 강한 불이 나무껍질을 뚫고 들어가면 고양이 얼굴Cat Face(고양이 흉터라는 말이 어디에서 유래했는지는 확실치 않지만 어쨌든 그 흉터는 고양이 얼굴을 하나도 닮지 않았다)이라고 알려진 세모 모양의 노출된 흉터를 남긴다. 인간과 달리 나무에게는 상처를 치유할 메커니즘이 없다. 나무가 상처를 입으면 할 수 있는 최선의 치료는 새로운 목재 세포를 키워 상처 부위 양쪽에서부터 흉터를 덮고 자라 마침내 닫아 버리는 것이다. 그러나 불이 5~10년 만에 한 번씩 자주 일어나면 대개는 상처가 밀봉되기 전에 다음 불에 노출되고 만다. 그러면 상처 부위는 나무를 보호하는 껍질도 벗겨진 상태고 또 상처 조직에는 나뭇진 함량이 높기 때문에 연속적인 화상에 추가로 손상되기 쉽다. 그래서 보통 같은 자리에 또 상처를 입어 고양이 얼굴이 커지고 나무는 상처를 덮기 더 어려워진다. 몇 년 뒤 세 번째 불이 덮치면 또 다른 흉터가 추가되고 고양이 얼굴은 한층 넓어지고 그렇게 상처 입는 패턴이 반복한다. 한 나무가 계속해서 불에 델 때마다 나이테로 화재 시기를 추정할 수 있는 새로운 상처가 추가되는 것이다. 각 화흔은 특정한 나이테 안에서 확인된다. 표본의 나이테 순서를 해당 지역의 나이테 연대기와 비교하면 각 화흔을 입힌 산불이 일어난 정확한 연도를 밝힐 수 있다.(그림 23) 더 대단한 것은 나이테 안에서 화흔의 정확한 위치(흉터가 난 곳이 춘재냐 추재냐, 아니면 두 고리 사이의 경계냐)를 따지면 산불이 발생한 계절까지 추정할 수 있다는 점이다.

불에 탄 나무들은 대부분 체인톱으로 표본을 추출한다. 숙련된 나무꾼들은 톱이 들어갈 자리에 홈을 내는 것으로 시작해, 살아 있는 나무줄기에서 불에 심하게 손상된 부분을 전체 표면의 10~20퍼센트가 넘지 않는 선에서 쐐기 형태로 제거한다. 이것은 보기 좋은 모습은 아니지만 나무를 크게 아프게 하지 않는다. 그루터기나 쓰러진 통나무는 상처 조직에서 분비한 나뭇진 덕분에 고양이 얼굴이 가장 잘 보존되는데, 나무를 죽일 걱정이 없으므로 그냥 일반적인 톱질로 훨씬 쉽게 표본을 잘라 낼 수 있다. 화흔 표본을 필드에서 실험실까지 옮기는 일은 배낭에 나무젓가락 같은 목편을 한 다발씩 들고 다니던 것과 비교하면 아주 고된 작업이다. 무거운 나뭇조각과 쿠키를 산 아래까지 들고 내려가는 것도 힘들지만, 그다음에 수백 킬로그램짜리 나무 덩어리를 대륙을 가로질러, 또는 대륙에서 대륙으로 운송할 때에는 더 골치 아픈 문제들이 있기 때문이다.

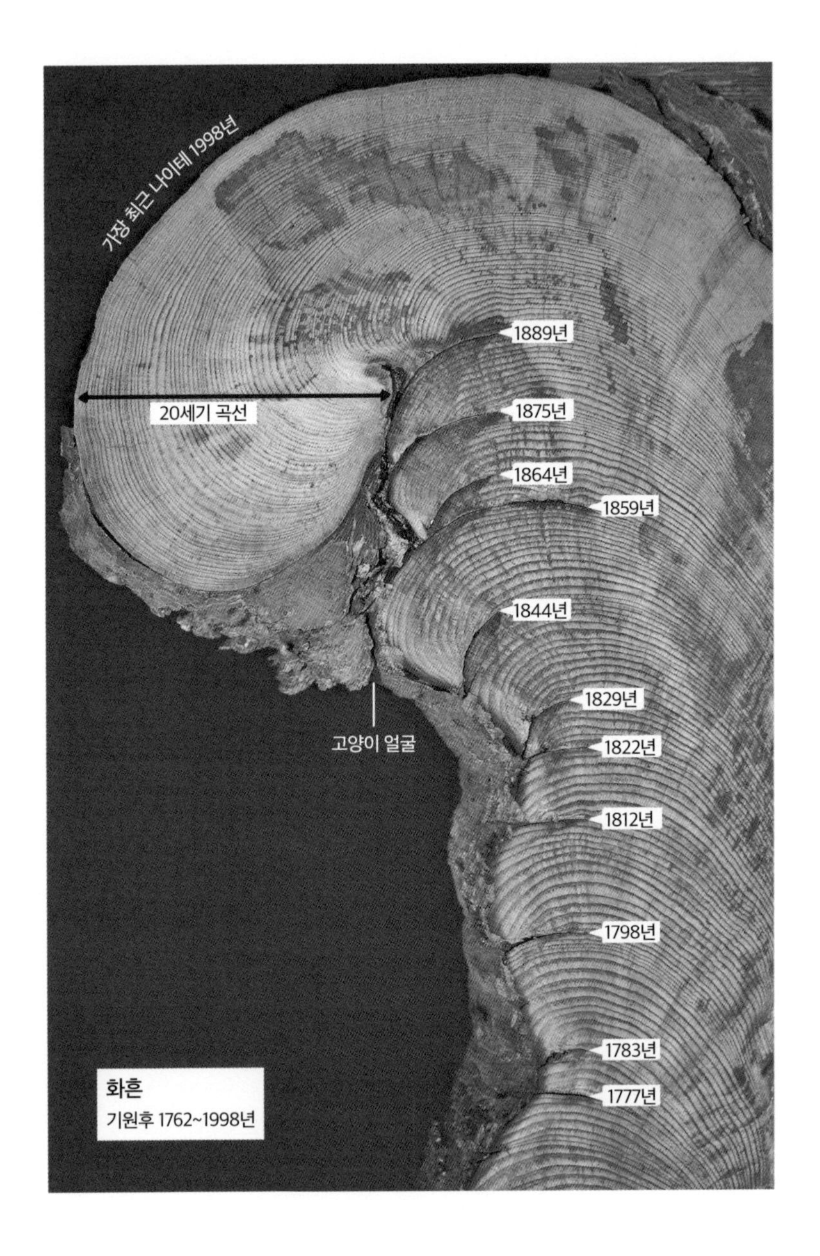

그림 23. 산불은 나무에 흉터를 남긴다. 북캘리포니아에서 채취한 제프리소나무(Jeffrey Pine)의 나이테 순열을 표준 나이테 연대기와 대조 비교해 각각의 흉터가 생긴 산불의 발생 시기를 측정했다. 1800년대에는 지표화가 빈번했었다. 그러나 1905년에 신설된 미국 산림청의 산불 진압 노력 덕분에 20세기에는 거의 산불이 일어나지 않았다.

애리조나대학교 나이테 연구소의 톰 스웨트넘Tom Swetnam은 나이테에 기반한 산불의 역사를 지도상에 기록한 과학자다. 나는 애리조나대학교 임용이 결정된 후 그가 자기 집에서 열어 준 바비큐 환영 파티에서 톰을 처음 만났다. 톰은 파티 후 청소를 하면서 닐 영의 노래를 집 안 전체가 울리도록 틀어 놓았다. 나는 금방 그가 마음에 들었다. 톰과 톰의 오랜 연구 단짝인 크리스 베이산Chris Baisan은 1970년대 후반부터 미국 남서부에서 화흔을 수집하기 시작했다. 그리고 북아메리카 서부 지역의 대부분을 포함한 900개 조사지를 바탕으로 화흔 연대기 네트워크를 구축했다. 그중 많은 연대기가 이제는 국제 멀티프락시 고산불 데이터베이스International Multiproxy Paleofire Database로 집대성되어 일반인에게 공개되었다. 고산불 데이터베이스는 국제 나이테 데이터 은행과 다르지 않지만 별도로 분리되었다. 데이터베이스에서 가장 오래된 기록은 요세미티와 세쿼이아 킹스 캐니언 국립 공원의 거대한 세쿼이아 숲에서 수집한 것이다. 톰과 크리스는 엄청난 크기의 세쿼이아 그루터기를 잘라 낼 때 대형 고양이 얼굴 안쪽까지 충분히 닿기 위해 체인톱으로 500조각 이상을 잘라 내야 했다. 이렇게 찾아낸 가장 오래된 화흔은 기원전 1125년의 것이다.

그러나 미국 서부의 화흔에 관해 흥미롭게 보아야 할 부분은 과거 3000년의 역사만이 아니다. 가장 최근의 역사도 마찬가지다. 이 지역에서 활동하는 산불 역사학자라면 20세기 이후에 발생한 화흔을 찾는 것이 얼마나 어려운지 잘 알 것이다. 그 이유 중 하나는 연륜연대학자들이 연대를 측정한 화흔의 상당수가 19세기 후반 유럽인 정착기에 잘려 나간 나무 그루터기에서 온 것이기 때문이다. 그러나 살아 있는 나무에서 추출한 대부분의 표본에서도 가장 최근 흉터는 보통 19세기 후반으로 간다. 그 이후 한 세기 이상 나무는 산불을 겪지 않았다는 말이다.(그림 23 참조) 불에 덴 흉터가 생기지 않은 한 세기는 미국 서부 산불 역사에서 대단히 예외적이다. 20세기 전에는 산불이 빈번하게 일어났고 산불 사이의 간격도 짧았다. 앞에서 언급한 도그 밸리의 나무 그루터기는 300년 동안 33개의 화흔을 기록함으로써 약 10년에 한 번씩 산불이 났었다고 말한다.

20세기에는 왜 화흔이 없을까? 이 수수께끼는 미국의 산림 관리 역사를 보면 쉽게 풀린다. 1905년, 시어도어 루스벨트 주니어 대통령은 미국 산림청을 신설하고 국유림 약 80만 제곱킬로미터의 보전, 보호, 관리 책임을 맡겼다. 국유림 대부분은 미시시피강 서쪽에 있었다. 처음에 루스벨트의 보전 전략은 그 땅에 제한 없이 접근하길 원한 서부의 목재, 철도, 광산 회사들의 극렬한 반대에 부딪혔다. 그러나 루스벨트의 산림 보호 계획에 대한 저항은 1910년 대화재Great Fire 이후 급격히 사그라들었다. 이 화재로 이틀 만에 로키산맥 북부의 1만 2000제곱킬로미터(대략 코네티컷주 정도의 크기다)가 넘는 숲이 타 버렸고 100명 이상이 사망했는데 대부분 산림청 소방관들이었다. 1910년 대화재 이후 화마와 싸운 산림청 경비대는 국가의 영웅이 되었고, 산불과의 전쟁은 국가적 대의가 되었다.

지난 세기에 산림청이 산불과 대단히 훌륭하게 싸워 낸 덕분에 20세기에 산불이 일어났다는 증거를 찾기 어렵다. 산불이 잦았던 19세기에 비해 20세기에 산불 발생률이 거의 제로로 떨어진 것은 산불 역사학자들 사이에서 스모키 베어 효과Smokey Bear Effect로 알려졌다. 사실 이 용어는 어떤 면에서는 오류다. 산불 예방 홍보 마스코트인 스모키 베어는 1940년대가 되어서야 현장에 투입되었기 때문이다. 스모키 베어는 "오직 당신만이 산불을 예방할 수 있습니다"라는 유명한 슬로건과 함께 광고판, 라디오, 만화에 등장해 산불이 얼마나 큰 피해를 줄 수 있는지 알리고 산불 예방을 위해 싸워야 한다고 주장하는 상징적인 존재가 되었다. 톰 스웨트넘은 수십 년 동안 스모키 베어 포스터의 원본을 수집해 왔고, 그걸로 애리조나대학교 나이테 연구소 산불 생태 연구실을 온통 장식했다. 스웨트넘 실험실에 들어가면 눈을 어디로 돌리든 스모키 베어가 아이러니한 손가락으로 당신을 가리킬 것이다.

우리는 미국 서부 전역에서 수십 년간의 산불 역사를 연구하며 잦은 지표화가 실제로 이 지역의 건조한 숲에 나쁘지 않다는 사실을 발견했다. 오히려 지표화는 숲을 건강하고 활력 넘치게 유지하고, 덤불이 산불의 연료가 되지 않도록 조절하는 데 필요했다. 그러나 불길이 체계적으로 진압된 한 세기 동안 산불 결핍Fire Deficit으로 인해 하층부 관목들이 이례적으로 조밀하게 자라 버렸다. 20세기 스모키 베어 효과로 인해 산불의 연료가 밀집되고 구조가 변화하면서, 서부의 산불 유형Fire Regime은 강도가 낮은 지표화에서 강도가 세고 피해도 큰 수관화Crown Fire로 바뀌었다. 산에 불이 났다고 해서 무조건 물을 뿌려야 하는 것이 아님에도 지난 한 세기 동안 지나치게 열심히 불과의 사투를 벌여 왔고 그 위험한 결과를 이제야 체감하고 있다. 미국 서부에서 지난 40년 동안 규모와 파괴력이 큰 산불이 늘어나는 추세는, 산불을 '일절 허용하지 않은Zero-Tolerance' 철저한 관리로 인해 원래보다 자주 발생했어야 하는 지표화가 일어나지 않은 탓으로도 볼 수 있기 때문이다.

그러나 이 이야기는 여기서 그치지 않는다. 2018년 11월의 캠프 파이어와 2017년 12월의 토머스 파이어Thomas Fire는 21세기 캘리포니아에서의 산불 계절이 길어졌음을 단적으로 보여 준다. 역사적으로 캘리포니아의 산불은 뜨겁고 건조한 여름과 가을에 주로 일어났고 습한 지중해성 기후가 나타나는 겨울에는 잘 발생하지 않았다. 그러나 이제 산불은 계절을 가리지 않는 행사가 되었다. 이처럼 산불 계절이 연장된 것은 현재 우리가 직면한 산불 문제가 단지 한 세기의 열정적인 산불 진압의 결과만은 아님을 암시한다. 따라서 단지 '숲을 긁어내는 것'만으로는 해결할 수 없다. 점점 산불의 강도가 높아지는 것은 따뜻해진 기온, 그리고 가뭄 증가와 맞물려 있다. 온난화로 인해 눈이 일찍 녹으면 산불은 늘어난다. 또한 온난화는 더 뜨거운 가뭄을 일으키기 때문에 그로 인해 산불 연료가 더 쉽게 탄다. 서부의 숲에는 그간 오래 지속된 심각한 가뭄으로 나무들이 죽어 나가면서 이미 평균 이상의 산불 연료 물량Fuel Load이 적재되어 불에 탈 것들이 더 늘어났다. 이 곤경에서 벗어나려면 연방 정부의 재정적 지원이 더 필요하다. 화재를 진압하거나 사람들을 구조하고 보호하는 것은 물론이고 통제화입Controlled Burn(처방화입이라고도 한다), 즉 고의적인 산불을 통해 연료를 없애거나 간벌을 통해 숲의 가연성을 감소시키는 작업에 노력을 기울여야 한다.

미국 서부의 산불 연구는 20세기의 스모키 베어 효과로 인한 산불 결핍으로 난항을 겪었다. 나이테 화흔 연대기가 없었다면 과거 서부 건조림의 '정상적인' 산불 유형이 낮은 강도의 빈번한 지표화라는 것도 몰랐을 것이다. 스모키 베어 효과가 일어나기 전 수 세기의 산불 역사를 제대로 알지 못한다면 기후 변화가 산불에 어떤 영향을 미치는지 파악하기 힘들 것이다. 또한 산불의 현재 상황을 해석할 때 인간이 만든 기후 변화와 산불 진압 효과를 분리해 내지 못하고, 온난화가 지속될 때 앞으로 수십 년 동안 어떤 일이 일어날지 예측하기 힘들 것이다. 다행히 미국 서부 여러 지역에서 수 세기를 아우르는 화흔 연대기가 큰 도움이 된다. 예를 들어 나이테를 기반으로 한 산불 역사 기록을 북아메리카 가뭄 아틀라스처럼 완전히 독립적인 가뭄 재구성과 비교하면, 서부 지역에서 일어난 강력한 산불 활동의 원동력이 언제나 가뭄이었는지 확인할 수 있다. 미국의 남서부 지역, 로키산맥, 캘리포니아, 어디든 과거 500년 동안 발생한 대형 산불의 대부분은 가장 건조한 여름에 발생했다. 따라서 산불 역사 네트워크에서 나무에 화흔이 많이 수집된 연도는, 번개와 같은 점화원의 빈도가 늘었기 때문이 아니라 숲의 상태가 대형 산불이 일어나기 좋은 조건을 갖추었기 때문으로 해석할 수 있다. 습한 날에는 성냥불을 아무리 많이 던져도 그렇게 큰불로 이어지지 않는다. 그러나 바싹 마른 여름철에는 한 개비의 성냥불이 대형 산불을 일으킬 수 있다. 그렇다면 미국 서부 산불 기록이 건조한 해에 산불이 발생했다고 일관되게 보여 주는 것도 당연하다. 하지만 사정은 이보다 훨씬 복잡하다.

미국 서부에서 대부분의 해는 건조하지만 그렇다고 매년 대규모 산불이 일어나는 것은 아니다. 건조한 봄과 여름만으로는 건조한 남서부 숲에서 대형 산불을 일으킬 수 없다. 산불이 일어나려면 연료가 필요하다. 그리고 연료가 축적되려면 큰불이 발생하기 전에 건조한 해를 대신해 오히려 평균보다 더 습한 해가 와야 한다. 톰 웨스트넘은 산불 역사를 연구하면서 과거 남서부에서 대형 산불이 났던 해의 특징을 알아냈는데, 바로 비정상적으로 습한 해가 2~3년 있고 난 뒤에 찾아온 비정상적으로 건조한 해였다는 사실이다. 이는 미국 남서부 지역에서 엘니뇨 남방진동이 만들어 낸 기후 그 자체다. 엘니뇨 해를 맞아 평상시보다 습한 날씨 때문에 연료가 축적된 후에 산불이 일어나기 쉬운 건조한 라니냐 해가 그 뒤를 따랐다.

톰은 미국 지질조사국 고생태학자이자 고기후학자이며 친구이기도 한 훌리오 베탕코트Julio Betancourt의 집에서 맥주를 마시던 중 처음으로 산불과 엘니뇨 남방진동의 연관성을 떠올렸다(과거에 우리가 허리케인 연구에 난파선을 이용하려는 발상을 처음 떠올린 계기와 비슷하다). 당시 엘니뇨 남방진동 활동을 연구 중이던 훌리오는 톰이 미국 남서부 화흔 기록에서 1893년, 1879년, 1870년, 1861년, 1851년 등 특기할 만한 해를 나열하는 걸 들었는데, 그중 다수가 자신이 연구하는 라니냐 해와 일치한다는 걸 알아챘다. 게다가 톰이 이어서 설명한 화흔이 거의 없는 해(1891년, 1877년, 1869년, 1846년)는 엘니뇨 해였다는 것을 인식하면서 두 사람은 자신들이 중요한 사실에 도달하고 있음을 깨달았다. 이들은 열대 태평양의 엘니뇨 남방진동 시스템이 미국 남서부의 산불 역학에 중요한 원동력임을 발견한 것이다. 그것은 과거 산불과 기후의 상호 관계를 밝히는 기념비적인 사건이었다. 두 사람은 이 사실을 1990년 《사이언스》에 발표했다.

내가 15년 전 처음 산불의 역사를 연구하기 시작했을 때 톰 스웨트넘과 훌리오 베탕코트의 논문은 전설이나 마찬가지였다. 이후 다른 많은 프로젝트가 이 거인의 어깨를 밟고 올라섰다. 내가 펜실베이니아주립대학교에서 박사 후 과정으로 일할 때 앨런 테일러가 캘리포니아 시에라네바다산맥에서 과거 산불 유형의 기후적 원동력을 찾기 위해 계획한 프로젝트도 마찬가지였다. 캘리포니아 토박이였던 앨런은 엘니뇨 남방진동이 캘리포니아 시에라네바다 기후에 큰 영향을 미치지 않는다는 걸 알았다. 엘니뇨 남방진동이 아니라면 무엇이 과거 이 지역에서 산불의 변화를 이끌었을까? 이 부분이 우리가 알아내려고 한 것이었다. 이 프로젝트에서 내게 주어진 첫 과제는 시에라네바다산맥에서 8주간 화흔이 있는 표본을 수집해 오는 것이었다. 앨런은 일주일에 걸쳐 내게 불 때문에 흉터가 생긴 나무나 그루터기를 찾고 샘플을 채취하는 방법을 알려 주었다. 그리고 이제, 번잡하고 교양 있는 유럽의 수도에서 갓 독립한 도시 병아리가 날개를 펼치고 창공을 날아야 할 시간이 되었다. 차를 빌리고 식료품과 곰 퇴치 스프레이를 챙긴 나는 그해 남은 여름 동안 혼자서 시에라네바다를 헤집고 다니며 국유림에서 샘플링하고 산림청 막사에서 잠을 잤다. 앨런과 나 못지않게 산림청에서도 캘리포니아 산불의 역사를 알고 싶어 했고, 조사지마다 소방대원들이 성심껏 도와주었다.

미국에서의 첫 여름을 시에라네바다산맥의 숲에서 보내며 인구가 조밀한 벨기에에는 존재하지 않는 '야생'에 익숙해지는 하루하루가 꿈만 같았다. 소방대원들은 "유럽 어디요, 덴마크? 불가리아? 어디에서 왔다고 했죠?"라고 농담을 해 가며 이 어리숙한 과학자와 즐겁게 작업해 주었다. 하루는 플리머스 국유림의 깊은 숲에서 2명의 소방관과 함께 소방 막사를 사용했다. 저녁을 먹은 뒤 두 사람은 굴러다니는 DVD를 발견했다며 같이 보자고 불렀다. 영화 제목은 〈블레어 위치〉였다. 3명의 아마추어 영화 제작자가 마녀에 관한 다큐멘터리를 촬영하러 깊은 숲속에 들어갔다가 실종되는 공포영화였다. 아직 이 영화를 보지 않은 독자들을 위해 말해 주면, 인적 없는 산속에서 볼 만한 영화는 아니었다. 소방대원과 팀을 이루어 작업하는 전략은 긴 여정의 좋은 벗을 얻을 수 있는 것 외에도 효과적인 측면이 있다. 나는 새로운 숲에 도착할 때마다 먼저 며칠에 걸쳐 고양이 얼굴이 제일 많고 또 잘 보존된 최고의 그루터기를 탐색했는데, 도그 밸리에서 33개짜리 흉터를 가진 표본도 그렇게 찾은 것이다. 그리고 다음 날에 소방대원들과 함께(종종 소방차의 엄호를 받으며) 현장에 와서 그들의 도움으로 표본을 수집했다. 나는 내 불안한 체인톱 실력으로 표본을 망치지 않아도 되었고(미숙련 사용자가 체인톱을 휘둘렀다가는 섬세한 화흔이 모두 망가질 수 있다), 소방대원들은 산불이 일어날 때까지 대기하는 중에 체인톱 기술을 연마할 수 있어서(체인톱 기술은 산불 지역 주변에서 나무줄기를 포함한 인화성 물질을 제거하여 방화선을 만드는 작업에 유용하다) 모두에게 윈윈이었다.

나는 그해 여름, 북쪽의 래슨 국유림에서 남쪽의 세쿼이아 국립 공원까지 총 800킬로미터에 걸쳐 29개 조사지에서 300개 이상의 화흔 표본을 수집했다. 실험실로 돌아간 나는 표본의 나이테 패턴을 비교하고 연대를 측정해 분석한 후 앨런과 그의 학생들, 그리고 공동 연구자들이 수집한 방대한 카탈로그에 데이터를 추가했다. 우리는 이제 시에라네바다산맥에서 수집한 2000개에 가까운 표본 데이터 집합을 보유했다. 이 데이터 집합에 포함된 최소 2만 개의 화흔을 가지고 우리는 캘리포니아 산불 역사에서 날씨의 영향을 이해하기 위한 임무를 수행했다. 그리고 이 엄청난 데이터 집합이 우리에게 말해 준 결과는 과거 시에라네바다 지역의 산불이… 가뭄에 의해 발생했다는 것이었다. 우리는 2000개의 표본을 수집했고 내가 2만 개의 화흔을 분석하는 데만도 2년이 걸렸다. 그 끝에 알게 된 사실이 고작 시에라네바다 지역에서는 가뭄으로 건조해졌을 때 산불이 났다는 것이라니. 참 내. 이 결과를 얻으려고 이렇게까지 공을 들였어야 했나 하는 허탈한 생각이 절로 들었다.

1600~1907년까지 3세기에 걸친 시에라네바다산맥 산불 재구성을 통해 가뭄과의 연관성 외에 다른 정보를 알아내기까지는 시간이 좀 걸렸다. 하지만 마침내 우리는 해냈다. 우리의 산불 역사 기록을 20세기 연간 산불 피해 면적 시계열과 통합했더니 산불 역사에서 3번의 뚜렷한 변화가 드러난 것이다. 1776년, 1865년, 1904년을 기점으로 산불의 특징이 눈에 띄게 달라졌다.(그림 24) 우선 기록상의 첫 175년 동안 산불은 상당히 안정적으로 일어났다. 시에라네바다 나이테 산불 네트워크에 속한 조사 지역 중 평균 22퍼센트에 해당하는 면적이 매년 불에 탔다. 그러다가 1776년에 큰 변화가 있었다. 이후 한 세기 가까이 시에라네바다의 산불 유형은 좀 더 세고, 빈번하고, 크고, 넓게 확산되었다. 1776~1865년 사이에 매년 38퍼센트의 면적에서 산불

이 발생했다. 1865년 이후 산불 유형은 다시 보통의 화재 활동으로 돌아가 초창기처럼 전체 조사지의 20퍼센트 면적에서 매해 산불이 났다. 하지만 이 변화는 우리가 그동안 작업한 기후, 가뭄, 엘니뇨 남방진동의 기후 재구성 중 어느 것과도 일치하지 않았다. 1776년, 1865년, 1904년의 산불 유형을 변화시킨 요인이 기후가 아니라면 과연 무엇일까?

3번의 변화 중 가장 최근인 1904년의 경우를 제일 쉽게 설명할 수 있었다. 이때는 루스벨트 대통령이 산림청을 설립하고 연방 국유림에 대한 산림 진압 정책을 수립한 시기와 일치한다. 1865년을 기점으로 이전에 활발했던 산불 활동이 보통 수준으로 돌아온 이유도 분명했다. 우리가 시에라네바다산맥에서 수집한 화흔 표본의 대부분이 그 시대에 벌목된 나무의 그루터기에서 수집된 것이다. 즉, 당시는 캘리포니아 골드러시 시대다. 1848년, 콜로마에서 금맥이 발견되면서 10년간 약 30만 명으로 추정되는 사람들이 미국 전역과 해외에서 캘리포니아로 유입되었다. 황금 사냥꾼들의 수요를 충족하기 위해 캘리포니아는 물품과 가축들을 빠르게 들여왔다. 1862년 캘리포니아에는 약 300만 마리의 양이 있었는데 1876년에는 그 수가 2배로 늘었다. 19세기 후반, 매해 여름이면 사람들은 시에라네바다 숲을 가로질러 고산 초원까지 양들을 몰고 다녔다. 그러면 양들은 미래에 산불의 연료가 될 만한 것들을 먹어치웠다. 가축의 방목이 증가하면서 연속적으로 이어졌던 산불 연료 분포가 파편화되거나 끊어졌고, 그러면서 1865년 이전에는 빈번하고 넓게 확산됐던 산불의 빈도가 줄고 규모도 작아졌다. 골드러시 기간에 광산, 주거지, 철도 건설에 필요한 목재를 대느라 벌목이 집중적으로 일어난 것도 1865년 산불 유형 변화에 기여했다. 우리는 시에라네바다의 가장 깊숙한 오지에서도 당시에 벌목된 나무의 그루터기를 발견했는데, 이는 벌목이 도시 주변이나 교통의

시에라네바다의 4대 산불 유형 변화 구간

1600년~현재

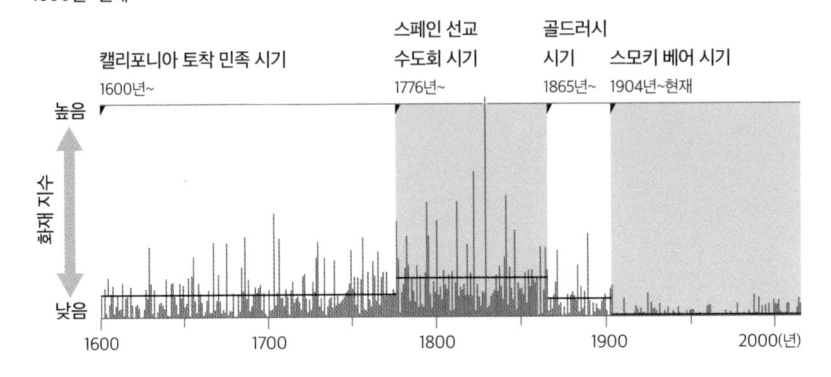

그림 24. 300년에 걸친 캘리포니아 시에라네바다의 화흔 데이터를 20세기의 연간 산불 피해 면적 데이터와 결합했더니 산불 유형이 4구간으로 뚜렷하게 분리됐다. 1776년 이전에 캘리포니아 원주민들은 농업과 사냥을 위해 소규모 지역을 태웠다. 유럽인들이 북아메리카에 정착하고 질병으로 토착 민족의 인구가 크게 줄면서 넓게 확산된 대형 산불의 빈도가 증가했다. 골드러시 시대에 캘리포니아로 가축이 유입되면서 산불은 다시 줄었다. 그리고 마침내 1904년, 대대적인 산불 진압과 예방으로 인해 산불 활동은 전례 없이 줄어들었다.

중심지에 제한되지 않고 널리 확산되었음을 암시한다.

1904년의 스모키 베어 효과와 1865년의 골드러시로 인한 산불 유형 변화는 모두 인간의 토지 사용 변화와 관련이 있다. 따라서 1776년 산불 유형 변화의 원인 또한 토지 사용 변화를 중점으로 찾아보았다. 1776년까지 시에라네바다 산불 활동은 보통 수준이었고 상당히 일관되게 나타났다. 그러다가 1776년 이후 산불이 좀 더 빈번해지고 여러 지역에서 동시다발적으로 일어났으며 연소 면적도 22퍼센트에서 38퍼센트로 2배 가까이 늘었다. 내가 표본을 수집한 29개 조사 지역 모두 1776~1865년까지 90년 동안 불에 타지 않은 해는 한 번도 없었다. 가장 큰 화재는 1829년에 발생했는데, 남쪽의 세쿼이아 킹스 캐니언에서 북으로 래슨 국유림까지 29개 지역 중 25개 지역에 번졌다.

그렇다면 1776년을 기점으로 시에라네바다산맥에 산불이 더 빈번하고 동시다발적으로 발생하게 만든 것은 무엇일까? 내가 다른 사람들에게 우리 연구에 대해 설명한 후 1776년에 무슨 일이 있었던 걸까 물으면 가장 많이 듣는 대답이 바로 독립 선언이다. 물론 미국 독립 선언이 1776년에 있었던 건 맞지만 캘리포니아와는 상관이 없다. 간혹 캘리포니아 역사를 잘 아는 몇몇 사람이 스페인 선교 수도회 설립을 언급했는데, 그 연관성은 충분히 검토할 가치가 있었다.

1769~1833년까지 프란체스코 수도회 사제들은 캘리포니아에 21개의 선교 수도회를 세웠다. 이들은 당시 500~600개 부족으로 이루어진 토착민들에게 복음을 전도하는 것을 목표로 삼았다. 스페인 선교사들은 성경은 물론이고 천연두처럼 토착민들이 면역력을 가지지 않은 유럽의 질병까지 들고 왔다. 결국 선교 수도회가 설립된 직후 전염병이 유행하기 시작했다. 수도회는 캘리포니아 해안을 중심으로 세워졌지만 부족 간의 광범위한 교역망 때문에 전염병은 센트럴 밸리와 시에라네바다 구릉 지대까지 빠르게 번졌다. 1855년, 캘리포니아 토착 인구의 85퍼센트가 대유행으로 목숨을 잃었다. 이런 급속한 대량 인구 감소는 화재 유형을 포함해 캘리포니아 경관에 큰 영향을 미쳤다. 선교 수도회가 설립되기 이전에 토착 부족들은 수준 높은 산불 관리로 야생 지역에서의 나무 수확, 풀, 사냥감의 생산성을 향상시켰다. 예를 들어 서부의 모노족은 더글러스참나무의 하층부를 태워 비에티아 엘라타 *Wyethia elata*라는 다년생 풀(그 씨를 먹을 수 있다)의 생장을 촉진했다. 시에라 지역 부족들이 불을 놓는 것을 본 자연주의 작가 존 뮤어John Muir는 1894년 일기에 이렇게 썼다. "인디언들은 특정 지역의 하층 관목을 태워 손쉽게 사슴을 사냥한다." 캘리포니아 토착민들은 소규모 불을 자주 일으켜 숲에서 산불 연

료의 연속성을 줄였고, 군데군데 불연속적으로 산불이 일어난 모자이크 경관을 만들었다. 이런 소규모 산불은 오늘날 방화대와 같은 방식으로 산불이 번지는 것을 막아 준다.

1769년 이후 캘리포니아 토착 민족 수가 급격히 줄면서 산불 관리와 소규모 산불의 빈도도 감소했다. 시에라네바다산맥 전역에서 산불 연료가 더 연속적으로 분포하면서 대형 산불의 가능성이 증가했다. 톰 스웨트넘과 동료들은 뉴멕시코 북부의 헤이메즈산Jemez Mountains에서 토착민 인구 감소가 산불 유형에 미치는 아주 비슷한 효과를 발견했다. 뉴멕시코에는 스페인 선교회가 1598년에 일찌감치 세워졌다. 20년 후, 선교회의 확장은 헤이메즈인들의 대규모 인구 감소로 연결되었고, 시에라네바다에서와 마찬가지로 산불 양상이 좀 더 빈번하고 크고 동시다발적인 형태로 옮겨 갔다.

산불은 캘리포니아 토착 민족 시기(1600~1775년), 스페인 선교 수도회 시기(1776~1865년), 골드러시 시기(1866~1903년), 스모키 베어 시기(1904~현재)의 4개 산불 유형 구간에서 모두 날씨가 덥고 건조할 때 발생했다. 그러나 산불과 가뭄의 관계는 인간의 토지 사용 방식에 따라 완화되거나 증폭되었다. 가뭄이 산불에 미친 영향은 스페인 선교 수도회 시기에 가장 강했는데, 이때는 토착 민족에 의한 소규모 산불 발생이 감소한 이후이며 골드러시 기간의 연료 파편화 이전이기도 했다. 선교회가 설립된 이후 거의 한 세기 동안 시에라네바다 숲에 손을 댄 사람은 없었다. 토착민의 산불 관리와 가축 방목으로 인한 연료 소진이 부재한 가운데 날씨는 제멋대로 산에 불을 질렀다. 나는 현재 미국 서부 지역의 산불과 관련한 난제에서 우리가 배울 점이 있다고 믿는다. 다음 세기에 캘리포니아 기후는 더 뜨겁고 건조해져 더욱 심각한 산불이 일어날 것이라는 데 의심의 여지가 없다. 그러나 우리의 연구 결과는, 과거 인간의 토지 사용 변화가 산불과 기후의 관계에 영향을 미쳤다는 걸 보여 준다. 만약 시에라네바다 지역에서 간벌이나 처방화입을 통해 연료의 연속성을 줄이고 모자이크에 가까운 산림 경관을 형성한다면 숲에 생성되는 연료 부하를 줄일 수 있을 것이다. 이를 통해 미래에 발생할 산불의 강도와 규모를 줄이고, 향후 예상되는 기후 변화에 의한 타격도 완화될 수 있기를 희망한다.

미국 서부의 밀도 높은 화흔 네트워크 덕분에 우리는 복잡하고 미묘한 산불 역사의 많은 퍼즐을 맞출 수 있었다. 그러나 전 세계의 많은 지역에서 산불 역사에 대한 이해는 훨씬 제한적이고 이제 막 생겨나기 시작했다. 미국 서부에서 거의 30년 동안 나이테를 사용해 과거의 산불 유형을 재구성해 온 톰 스웨트넘은 2010년, 미국 항공우주국NASA의 재정 지원을 받아 시베리아 타이가의 산불 역사를 연구하기 시작했다. 마침 그 무렵 애리조나대학교 나이테 연구소에 들어간 나에게 톰은 야쿠티아 필드 조사에 함께 가자고 했다. 그때까지만 해도 나는 야쿠티아를 보드게임 〈리스크Risk〉에 등장하는 정복지로만 알고 있었다. 그런 내가 캄차카반도의 서쪽, 유라시아 대륙의 동북쪽 끝에 어렴풋이 보이는 외딴 시베리아 땅에 직접 방문하게 되리라고는 예상하지 못했다. 나는 "일단 한번 해 보겠습니다"라는 내 신조에 따라 오래 생각하지 않고 바로 합류하기로 했다. 하지만 야쿠티아 이후 나는 이 신조를 적용하는 데 좀 더 신중해졌다.

공식 명칭이 러시아 사하 공화국인 야쿠티아는 어느 기준에서 보아도 방대하다. 인도의 면적과 엇비슷한 260만 제곱킬로미터의 땅덩어리에 100만

명도 채 안 되는 사람이 살고 있다(2020년 인구 통계에 따르면 비슷한 면적의 인도에는 13억 명 이상이 살고 있다). 톰은 야쿠티아에서 화흔 샘플을 수집하기 위해 애리조나대학교 나이테 연구소 연구자 5명과 러시아 측 연구원 5명으로 이루어진 팀을 짰다. 사하 공화국의 수도인 야쿠츠크에서 레나강을 따라 720킬로미터를 달려 러시아 측 연구자 중 한 명인 예고르의 고향 보툴루로 갔다가 거슬러 오면서 샘플을 수집하는 10일짜리 일정이었다. 이 열흘 동안 광활한 시베리아의 극히 일부밖에 경험하지 못할 거라는 건 알고 있었지만, 애초에 계획한 720킬로미터를 횡단하는 일조차 아주 야심 찬 목표였다는 사실은 전혀 예상하지 못했다.

야쿠티아 원정은 투손에서 야쿠츠크까지 30시간이 넘는 비행으로 시작했다. 다행히 우리에게는 길을 떠나기 전에 이틀 정도, 야쿠츠크 시내에서 필요한 나머지 물품을 사고 매머드 박물관에 들를 시간이 있었다. 야쿠츠크는 섭씨 35도의 기온과 최소 70퍼센트의 습도를 자랑하는 뜨겁고 후덥지근한 곳이었는데 이런 날씨는 일정 내내 한결같았다. 그런데 출발을 기다리며 호텔 앞에서 대기 중이던 우리 앞으로 굴러 들어온 2대의 조사 차량은 지프나 여타 SUV가 아니라 원시적인 사륜구동에 에어컨도 없는 소비에트 시대의 밴이었다. 그리고 구글 지도로 야쿠츠크에서 인구 815명인 보툴루로 가는 길을 검색하면 다음과 같은 메시지가 나온다. "미안하지만 차로는 갈 수 없는 곳이야." 정확했다. 야쿠츠크에서 보툴루까지 가는 도로는 길 하나로 이어졌고, 포장되지 않았으며, 양쪽으로 조밀한 잎갈나무와 소나무 숲이 늘어서 있었다. 이 길은 도로가 얼어서 운전이 가능해지는 겨울에나 주로 사용되었다. 여름철 도로는 거대한 진흙 목욕탕이나 다름없었다. 1미터 깊이로 패인 바퀴 자국 웅덩이들이 운전자의 주의를 끌려고 마구 경쟁했다.[37] 야쿠츠크에서 보툴루까지 가는 데에는 꼬박 4일(중간에 샘플 수집도 하지 않았는데)이나 걸렸는데 우리는 그 시간의 대부분을 밴 밖에서 보냈다. 왜냐하면 차의 무게를 줄여 차가 진흙 웅덩이에 빠지거나 바퀴 자국에 갇히지 않게 해야 했고, 그래도 진창에 빠지면 빼내려고 뒤에서 밀기도 했으며, 깊은 웅덩이를 건너기 전에 운전사가 나무판자로 임시 다리를 만드는 걸 기다려야 했기 때문이다. 중간에 밴 한 대가 고장 나는 충분히 예상했던 사건 때문에 일정을 이틀이나 더 잡아먹었다. 근처 마을에서 자동차 부품이 도착하기를 기다리는 동안, 러시아 원정대 대장인 예고르는 "옛날에는 길이 다 뭡니까. 있는 거라고는 방향밖에 없었어요"라는 말을 주문처럼 반복하며 사람들의 기운을 북돋아 주려고 애썼다. 흙탕물투성이, 땀투성이의 4일을 보내면서 나는 솔직히 말해 차라리 '길이 없는 편이' 나았겠다는 생각이 들었다.

보툴루로 가는 그 힘겨웠던 여정을 돌아봤을 때 720킬로미터를 따라 결국 300그루가 넘는 나무의 표본을 채취했다는 건 정말 대단한 일이었다. 극한의 작업 시간이 이 놀라운 생산성에 기여했다. 7월의 북위 62도 지역에는 19시간 동안 작업할 수 있도록 햇빛이 비추었다. 거기에 해가 뜨고 지기 전 여명과 황혼의 시간까지 추가하자. GPS 기록을 확인해 보니 가장 늦게까지 샘플 작업을 한 시각이 밤 11시 54분이었다. 나는 저 열흘의 밤 동안 밤하늘, 아니 심지어 희미한 별조차 본 기억이 없다. 우리는 아침 6시쯤 일어나 아침을 먹고 짐을 싼 뒤 운전하다가(또는 밀고 기다리고 걸으면서) 중간중간 내려서 표본을 채취했다. 오후 4~6시쯤 점심을 먹고 마침내 자정 무렵에 운전을 멈췄

37 원정 대원 타이슨 스웨트넘(Tyson Swetnam)이 유튜브에 우리의 야쿠티아 모험 영상을 올렸다. 직접 보면 우리가 어땠을지 바로 알 수 있을 것이다. https://www.youtube.com/watch?v=9n_fElk6mTo.

는데 이때도 밖은 여전히 밝았다. 텐트를 치고 저녁을 먹은 뒤 의무적으로 보드카를 털어 넣은 다음 새벽 2~3시에 잠자리에 들었다. 그리고 다음 날 6시에 같은 일과가 반복됐다. 러시아 공동 연구자들은 이 힘든 일정 속에서도 믿을 수 없을 정도로 친절하고 헌신적이었다. 우리보다 먼저 일어나서 모닝커피를 준비하고 식사를 차렸으며 밤에는 저녁을 먹고 우리가 잘 때까지도 깨어 있었다. 과연 이 사람들이 잠을 자기는 했는지 모르겠다. 추가로 이들은 캠프용 샤워 텐트를 가져와 매일 밤 꼼꼼하게 텐트를 치고 심지어 몇 리터씩 물을 데우기도 했다. 시베리아 타이가에서는 상당히 사치스러운 일이지만, 이 잔인한 일정 속에서 잠시의 즐거움을 위해 시간을 낸 사람은 대원 중 나밖에 없었을 것이다. 이 작은 위안에도 나는 일정 내내 몹시 힘들었다. 투손으로 안전하게 돌아오고 한참 시간이 지난 어느 날, 나는 야쿠티아 나이테 원정이 평생 가장 고된 필드 조사였다는 톰의 이야기를 듣고 매우 기뻤다. 30년 필드 경험으로 단련된 연륜연대학자도 힘들었다면 내가 느꼈던 불편과 고통은 지극히 정상적이고 정당한 것이었을 테니까 말이다.

야쿠티아 필드 조사가 그렇게 힘들었던 것은 복합적인 요인들이 작용한 결과였다. 후끈한 열기, 어디나 쫓아오는 모기와 말파리들, 대화가 불가능할 정도로 덜컹대는 밴의 소음, 진흙탕, 속이 터질 듯 느린 진행, 끝없는 작업 시간, 10명의 대원 중 유일하게 여자라는 점, 남자 대원 중 그 누구도 열흘간의 힘든 육체노동과 야생에서의 캠핑 속에서 땀범벅이 되어도 씻을 생각이 없었다는 사실 등이다. 그러나 이 모든 어려움 중에서도 최악은 내 저혈당증이었다. 나는 혈당이 낮아지면 제대로 기능하지 못하고 허기가 져서 까칠해진다. 이것은 아무리 좋은 상황에서도 즐겁지 않은 일이다. 야쿠티아 원정에서는 러시아 동료들이 끼니에 관련된 모든 것을 담당했다. 장도 이들이 봤고 식사 준비도 이들이 했으며 무엇을 언제 먹을지도 이들이 결정했다. 이들이 준비한 음식은 맛있었지만 식사 스케줄은 정말 잔인했다. 새벽 6시에 아침을 먹으면 오후 4시에 점심을 먹을 때까지 아무것도 주지 않았다. 그러고는 자정이 넘어 저녁을 먹을 때까지 또 아무것도 먹지 않았다. 끼니 사이의 8시간 공복은 저혈당이 있는 사람에게는 최악이었다. 참고로 그 8시간 동안에는 진흙탕에서 차를 끌어내고 숲속을 몇 킬로미터씩 돌아다니며 코어링하고 톱질을 했다. 첫날을 이렇게 보낸 나는 상황이 파악됐다. 피레네에서의 경험을 돌이켜 보건대 내 남자 동료들은 자기들이 배고프다는 것을 인정하느니 차라리 굶어 죽고 말 거라는 사실을 일찌감치 깨달은 것이다. 그래서 나는 이튿날 정오 무렵에 간식을 요청했다. 예고르는 마지못해 사과를 한 알 주었다. 다음 날에도 사과를 달라고 했다. 그러나 사과는 없었다. 예고르는 열흘의 여행을 준비하면서 10명을 위해 딱 10개의 사과만 가져온 거였다.

다행히도 나는 경험 있는 저혈당 필드 노동자로서 최소한의 대비는 되어 있었다. 브뤼셀을 경유하면서 초콜릿을 입힌 벨기에 와플을 10개 사서 짐에 넣어 둔 것이다. 사과는 없고 혈당 수치는 떨어지고, 더 이상 참을 수 없는 순간이 왔을 때 나는 차 안에서 첫 번째 와플 봉지를 뜯었다. 초콜릿을 입은 가로세로 7센티미터짜리 정사각형의 천국을 입안에 넣으려는 순간 그만 시선을 위로 올리는 치명적인 실수를 저질렀다. 5명의 탐욕스러운 눈길이 내 손안의 와플에서 떠나지 않았다. 나는 코딱지만 한 와플을 절망에 찬 다섯 영혼과 나눌 수밖에 없었다. 사과 때문에 혹독한 교훈을 얻은 나는 와플을 철저히 관리했고, 남은 일정 동안 밴에 탄 6명이 하루에 와플 하나를 나누어 먹었다. 그걸로 저혈당이 회복될 리는 없었지만 적어도 벨기에 와플과 초콜릿이 사기를 진작시키는 효과에는 감명을 받았다. 야쿠티아 대원 중 한 사람은 6년이 넘은 지금까지도 벨기에 와플의 장점을 칭찬하는 이메일을 정기적으로 보내오고 있다.

우리는 야쿠티아 숲 어디에서나 화흔을 입은 나무들을 발견했고, 결국 야쿠티아에서 보툴루까지 횡단하면서 32개 조사지에서 300개 이상의 표본을 채취하는 데 성공했다. 우리가 고양이 얼굴을 샘플링한 소나무와 잎갈나무들은 모두 200~300년 된 나무들이었고, 한 그루당 2~16개의 화흔을 보였다. 쓰러진 나무에서 찾아낸 가장 오래된 화흔은 기원후 1304년에 생겼고, 가장 어린 상처는 2010년 화재의 결과였다. 각 조사지에서 찾은 화흔의 연대를 조합하자 산불 발생의 주기, 즉 얼마나 자주 산불이 났는지 알 수 있었다. 전체 조사 지역의 데이터를 나열해 전반적으로 이 지역 전체에 산불이 얼마나 자주 일어났고 구체적으로 몇 년도에 큰불이 났는지 알아냈다. 현재 우리는 시베리아 전역에서 점점 더 많은 지역을 포함하는 화흔 네트워크를 축적하고 있다. 또한 이 네트워크는 공동 연구를 통해 몽골과 중국 동북부로 확장하고 있다. 그러나 아시아에서 산불 역사 네트워크는 느리게 성장하고 있으며 더 많은 철저한 필드 조사가 필요하다. 우리가 미국 서부에서 한 것처럼, 현재 이 오지의 산불 역학을 밝힐 수 있을 정도로 네트워크가 발전하려면 시간이 좀 더 걸릴 것이다.

16

우리의 과거,
나무의 현재, 지구의 미래

1995년, 고고학자 하르트무트 티메Hartmut Thieme와 그의 연구 팀(니더작센주 문화유산청 소속)은 독일 동부 쇠닝겐 노천 탄광에 노출된 퇴적층의 두꺼운 진흙 속에서 12년간의 끈질긴 발굴 끝에 고대의 것임을 부정할 수 없는 4개의 나무창을 발견했다.

의도적으로 균형을 맞추어 신중하게 제작된 3개의 창은 1.8미터짜리 재블린(투창용 창)으로 보였고, 짧은 나머지 하나는 양 끝이 날카로웠는데 아마 찌르는 용도였을 것이다. 이 진흙층에는 도살된 것이 분명해 보이는 말 20여 마리의 뼛조각이 창과 함께 묻혀 있었다. 과거에 호숫가였던 쇠닝겐 유적지는 침수된 상태라 나무창과 말의 뼈 같은 유기 물질이 놀라울 정도로 잘 보존되었다.

'말 도살장 유적지Horse Butchery Site' 또는 '스피어 호라이즌Spear Horizon'으로 알려진 이곳은 정녕 놀라운 고고학적 발견이었다. 그래서 티메는 약 25명의 동료 학자를 초빙해 이 유적지를 직접 확인하게 했다. 1995년, 이 탄광에 다녀온 미국 선사 시대 역사학자 니컬러스 코나드Nicholas Conard는 이렇게 설명했다. "도살된 모스마흐 말 수십 구, 완벽하게 보존된 여러 개의 나무창, 다수의 화덕, 수많은 석기 유물 등 고고학적 연관성이 있는 유물을 발견했다는 티메의 주장은 제정신인 고고학자라면 불가능한 일이라고 생각할 것이다… 11월 1일, 나는 튀빙겐에서 쇠닝겐으로 향하는 장거리 기차 안에서 티메의 말이 사실일 리 없다고 생각했다… 오늘의 분위기는 희열이라고밖에 설명할 수 없다. 고고학 역사에서 그 무엇과도 견줄 수 없는 발견을 두 눈으로 보았다는 걸 모든 참석자가 깨달았기 때문이다."[38]

유적지에 있던 유기 물질은 방사성 탄소나 나이테로 연대를 측정하기에는 너무 오래되었지만(즉 5만 년 이상 과거의 것이라는 의미다), 열 발광 연대 측정Thermoluminescence[39]과 같은 다른 기법으로 유적지의 위아래 퇴적층을 조사함으로써 이 나무창의 연대를 꽤 정확히 측정할 수 있었다. 이 창들은 33만 7000년에서 33만 년 전 사이에 만들어진 것으로 인류사를 통틀어 나무로 만

38 N. J. Conard, J. Serangeli, U. Böhner, B. M. Starkovich, C. E. Miller, B. Urban, and T. Van Kolfschoten, "쇠닝겐 발굴과 인간 진화의 패러다임 이동(Excavations at Schöningen and paradigm shifts in human evolution)," Journal of Human Evolution 89 (2015), 1 – 17.

39 쇠닝겐에서 발견된 수석(Flint) 조각 같은 광물은 오랫동안 에너지를 축적해 왔는데 여기에 열을 가하면 빛을 발산한다. 발광량은 물질의 나이에 따라 다르므로 발광량을 측정하면 물질의 연대를 추정할 수 있다.

든 유물 중 가장 오래전에 제작된 것으로 드러났다. 심지어 이 창들은 네안데르탈인이 활동한 30만 년 전보다도 앞섰으므로 아마도 호모 하이델베르겐시스에 의해 만들어졌을 것으로 추정된다. 호모 하이델베르겐시스는 호모 사피엔스와, 약 100만 년 전에 지구를 배회했던 더 오랜 조상인 호모 에렉투스의 특징을 모두 보여 주고 있다. 쇠닝겐 발굴은 초기 석기 시대의 원시 인류인 호미닌Hominin의 행동과 인류 진화를 이해하는 데 필요한 놀라운 패러다임의 변화를 이끌었다. 구석기 시대Paleolithic에 만들어진 이 나무창들은 쇠닝겐의 호모 하이델베르겐시스가 정교한 무기와 도구를 만들어 사용했고 먹이 사슬의 꼭대기에 있는 숙련된 사냥꾼이었음을 보여 준다. 이런 사냥꾼이 되기 위해서는 네안데르탈인 이전의 인류에게는 해당되지 않고 오직 현생 인류에서만 나타난다고 보았던 특징인 계획, 사회적 조율, 수준 높은 의사소통 능력이 필요하다.

또한 쇠닝겐 창들은 높은 수준의 나무 활용이 25만 년보다 훨씬 오래된 먼 과거, 인류 진화의 초기 시절부터 인간 문화의 일부였음을 강력하게 증명한다. 초기 인류가 나무를 자원으로 사용한 것은, 나무는 어디든 자라기 때문에 쉽게 구할 수 있고 정교한 도구 없이도 가공할 수 있기 때문이다. 오랜 세월 동안 나무는 인간에게 필요한 기본적인 음식, 피난처, 에너지를 제공해 왔다. 수천 년이 지나면서 내구성 높은 구리, 청동, 철기 도구가 석기 도구를 대체한 덕분에 목공 기술은 꾸준히 발전해 나무 사용은 보편적이 되었다. 이처럼 선사 시대와 역사 시대에 인류가 나무를 양껏 사용한 덕분에 연륜고고학자들은 전 세계 고고학이 발굴한 유물들의 연대를 정확하게 측정하고 분석할 수 있었다.

연륜연대학자나 역사학도들에게는 다행히도 목조 건축의 역사는 길고, 나무는 생각보다 훨씬 광범위하고 다양하게 사용되었다. 인간이 목조 건물을 지었다는 가장 오래된 증거는 기원전 약 9000년의 중석기 시대Mesolithic에 지어진 영국 노스요크셔의 스타 카Star Carr 유적지에서 발견되었다. 고고학자들은 스타 카 유적에서 실제로 목조 건축물을 발견한 것이 아니라 지름 약 4미터의 원형으로 배열한 기둥 구멍을 찾았는데, 이는 한때 이곳에 나무로 만든 원형 오두막이 세워져 있었다는 증거였다. 스타 카 유적의 기둥 구멍을 통해서도 알 수 있듯이 고대의 지상 목조 건축물은 잔해가 거의 남아 있지 않기 때문에 과거 문명이 나무에 덜 의존했을 거라고도 생각할 수 있다. 예를 들어 로마인들은 벽돌의 틀을 만들거나 타락한 로마 황제들을 위한 대규모 건축물을 세우는 데 쓸 목재 기중기를 만들 때 나무를 풍족하게 사용했음에도 수많은 로마 시대 목조 건축물 중 현재까지 남아 있는 것은 우물의 마감재로서 침수된 나무들뿐이다. 이처럼 침수된 환경에서는 목재가 무산소 상태에서 온전히 보존되므로 목재 사용과 목공의 역사를 엿볼 수 있다. 침수 환경은 우리에게 구석기 시대의 쇠닝겐 나무창, 신석기 시대의 무르텐호 호상 가옥, 그리고 영국의 스위트 트랙을 남겼고, 기원전 6000년 전에 살았던 유럽 최초의 농부들이 최초의 목수이기도 했다는 사실을 가르쳐 주었다. 유럽의 중세 고딕 대성당이나 고대 푸에블로인들의 대저택과 키바처럼 보다 최근에 지어진 건축물에 사용된 목재는 썩을 시간이 부족했고 지상에서 발견되었으므로 나이테로 연대를 측정할 수 있었다.

최근 몇 세기 동안 나무는 발견의 시대와 산업 혁명을 이끈 주된 원동력이었다. 우리가 카리브해 허리케인을 재구성하기 위해 집계한 스페인 난파선은 단단한 활엽수로 지어졌고, 시에라네바다산맥에서 산불 역사를 재구성하기 위해 사용했던 상처 입은 그루터기들은 대부분 콤스톡 시대(1859~1874년)의 광산 붐 기간에 벌목된 나무들의 것이다. 1859년 헨리 콤스톡Henry Comstock이 시에라네바다산맥의 동쪽 사면에서 귀한 광물을 발견한 이후 시작된 '실버 러시Silver Rush'는 엄청난 양의 목재를 요구했다. 이 목재는 갱도를 건설하고 광산 야영지를 세우고 제재소를 짓는 데 사용되었을 뿐 아니라, 채굴한 광물과 필요한 자재들을 실어 나르기 위해 화물 기차와 철도를 세우는 데도 사용되었다. 나무는 전 세계에서 광산을 건설할 때뿐 아니라 광물에서 금속을 제련하기 위해 높은 온도의 불을 피우는 데에도 필요했다.

건물, 우물, 공예품, 숯, 나무 그루터기 등 많은 고고학적, 역사적 목재의 잔해들은 우리가 이 귀중한 천연자원을 활용한 방법 중 극히 일부에 불과하다. 나무는 사냥과 전쟁에 들고 나갈 무기의 재료가 되었고 도구, 가구, 스포츠용품, 인쇄용 목판, 종이를 만드는 데에도 사용되었다. 심지어 지금 독자가 읽고 있는 이 책도 나무 덕분에 활자를 인쇄하는 것이 가능했다. 산업 혁명 이전, 화석 연료가 보편화되기 전까지 나무는 가정과 산업에서 주요 에너지원이었다. 우리가 알고 있는 인류 문명은 나무에서 비롯되었다고 해도 과언이 아니다.

1774년, 제임스 쿡 선장은 왕립 학회가 후원하는 선박 레졸루션호HMS Resolution를 타고 남아메리카에서 동쪽으로 3700킬로미터 넘게 떨어진 남태평양의 어느 외딴 섬 백사장에 상륙했다. 섬을 향해 다가가자 황량하고 헐벗은 풍경 속에서 수직으로 우뚝 선 기둥 몇 개가 시야에 들어왔다.

인간의 목재 사용과 산림 벌채의 오랜 역사는 경관, 인간 사회, 그리고 지구 시스템 전체에 발자취를 남겼다. 극단적인 벌채의 가장 분명한 결과는 이스터섬(라파누이Rapa Nui)에서 발견할 수 있다. 이곳은 인간이 정착한 마지막 섬들 중 하나다. 부족장 호투 마투Hotu Matu가 이스터섬에 최초로 발을 디딘 것은 1200년경이었다. 화산 분화구에서 추출한 꽃가루 데이터를 통해, 당시 이 섬에는 거대한 야자나무를 비롯해 약 20종의 나무가 숲을 이루고 있었음을 알 수 있다. 그러나 1772년, 네덜란드 탐험가 야코프 로헤베인Jacob Roggeveen이 유럽인으로서는 최초로 이 섬에 도달했을 때 이곳에 나무는 한 그루도 남아 있지 않았다. 라파누이 사람들은 이스터섬에 정착한 이후 500년 동안 섬에서 숲을 완전히 걷어 냈고 자생하던 나무들을 모조리 멸종시켰다. 오늘날 이 섬을 방문하면 자연적인 식생이라고는 풀밭과 간혹 보이는 덤불 정도가 전부일 것이다. 그러나 사람들이 지구에서 가장 오지인 이 섬에 풀밭을 보러 가는 건 아니다. 이곳으로 방문객들을 끌어들이는 것은 라파누이의 거대 조각품인 모아이 석상이다. 1400~1680년까지 라파누이 사람들은 응회암(화산재가 압축되어 만들어진 암석)을 조각해 900개 이상의 모아이를 세웠다. 가장 큰 것의 높이는 9미터가 넘고 무게는 80톤 이상이다. 900개의 석상은 면적이 430제곱킬로미터도 안 되는 섬을 감안하면 너무 많다. 라파누이 사람들은 이 모든 석상을 운반하고 세우기 위해 나무껍질로 만든 밧줄과 목재가 대량으로 필요했다. 게다가 카누와 집을 지을 목재와 땔감도 있어야 했다. 그래서 사람들은 섬에 도착한 직후 숲을 개간하기 시작했고 1400년대에 산림 벌채가 절정에 이르렀다. 1600년대의 이스터섬 풍경은 황무지였고 이는 18세기에 야코프 로헤베인과 쿡 선장이 목격한 것과 다를 바 없다. 그리고 이 풍경은 지금도 마찬가지다.

8장에서 우리는 라파누이의 산림이 파괴되기 이전 시기에, 지구 반대편인 아이슬란드가 어떻게 똑같은 운명을 맞아야 했는지 살펴보았다. 기원후 874년, 노르드인이 도착했을 때 아이슬란드는 4분의 1이 숲으로 덮여 있었다. 그러나 3세기가 채 지나지 않아 정착민들은 실질적으로 이 섬의 모든 숲을 연료, 목재, 농업용으로 사용했다. 따라서 노르드 정착민들은 아주 일찍부터 스칸디나비아 본토에서 목재를 수입해야 했다. 아이슬란드 국립 박물관은 아이슬란드에서 노르드인들의 역사를 보여 주는 방대한 양의 목조 공예품들을 전시하고 있다. 그러나 13세기의 십자가 한 점을 제외하면 모든 물건이 수입 목재로 만들어졌다. 집약적인 산림 복구 노력에도 불구하고 21세기가 시작할 무렵, 이 섬에서 숲이 차지하는 비율은 약 1퍼센트에 불과하다. 따라서 아이슬란드는 세계 나이테 지도에서 빈 공간일 뿐이다.

과거의 모든 산림 개간이 아이슬란드와 이스터섬처럼 실질적으로 자생숲 전체를 제거해 다시 회복될 수 없는 극단적인 결과로 이어진 것은 아니다. 그러나 목재 고갈과 산림 파괴의 역사는 길다. 산림 파괴는 인류 역사상 가장 오래된 문헌으로 알려진, 기원전 3000년의 서사시 《길가메시》에도 언급되었다. 이 책에는 〈숲으로의 여행〉이라는 제목의 이야기가 있다. 길가메시는 현재의 이라크에 해당하는 메소포타미아 지역의 도시 국가 우루크의 왕이었다. 그는 자신의 이름을 역사에 길이 남기고자 도시에 사원과 궁전과 방벽을 세우기로 결심했는데, 그러려면 나무가 아주 많이 필요했다. 운이 좋게도 5000년 전 메소포타미아 지방의 산비탈에는 광활한 시더 숲이 펼쳐져 있었다. 〈숲으로의 여행〉에서 길가메시는 고대의 시더 숲으로 여행을 떠난다. 그는 먼저 시더 숲을 지키는 괴물, 훔바바를 물리친다. 훔바바는 메소포타미아 신들이 이 숲을 인간의 욕심으로부터 보호하고자 내려보낸 수호자였다. 하지만 길가메시는 이에 동요하지 않고 숲에서 가장 크고 신성한 나무를 포함해 시더 숲 전체를 남김없이 베어 버린다. 그는 시더 목재로 뗏목을 만들어 유프라테스강에 띄워 보냈고, 신성한 나무로는 우루크에 들어서는 문을 만들었다.

길가메시 서사시는 신화이고 길가메시는 가공의 인물이지만 〈숲으로의 여행〉은 수천 년 인류의 문명과 나무 착취로 파괴된 중동 지방 시더 숲의 운명을 보여 준다. 길가메시 시대 이후 세계의 인구는 기하급수적으로 증가했고, 나무에 대한 수요도 마찬가지다. 전 세계적으로 숲은 목재와 연료원의 공급을 위해 베어진 것만이 아니다. 증가하는 인구를 먹여 살릴 경작용 토지를 개간하기 위해서도 잘려 나갔다. 우리는 세계 곳곳에서 산림 개간의 역사를 찾아볼 수 있는데, 특히 인구가 밀집되어 살았던, 역사가 긴 유럽에 기록이 잘 남아 있다. 이탈리아의 거의 모든 숲이 이미 로마 시대에 사라졌다. 이 시기의 로마 제국에서 목재와 숲에 대한 수요가 치솟았기 때문이다. 15~16세기에 이베리아반도가 그 뒤를 따랐다. 근대 초기, 스페인은 대서양을 횡단해 제국을 건설했는데 아메리카 대륙을 오가는 함대와 선단을 만들려면 목재가 필요했다. 그런데 스페인 북동부의 아라곤에 위치한 모네그로스 사막이 이런 집중적인 산림 파괴의 결과라는 주장이 있다. 1580년대에 펠리페 2세는 아라곤 숲을 모조리 베어 영국을 공격할 함대를 건설했으나 1588년, 영국 침략은 실패로 돌아갔다. 이때 스페인의 많은 숲이 사라졌는데 이는 해상의 패권을 유지할 자원이 사라진 것과 마찬가지였다. 한때 거대한 아라곤 숲이 펼쳐졌던 모네그로스 사막은 오늘날 일렉트로닉 음악 팬들이 축제 참가를 위해 연례 순례를 오는 시기에만 생명이 모여드는 황량한 풍경이 되었다.

목재 고갈을 완화하고 적응하려는 노력 또한 유럽 역사에 잘 기록되었다. 우리는 연륜산지학을 통해 영국, 프랑스, 벨기에, 네덜란드 등 북해를 둘러싼 국가들이 1200년대부터 발트해 지역에서 목재를 수입했다는 것을 알고 있다. 베네치아 공화국은 선박을 제조하고 방대한 제방 시스템을 유지하는 데 필요한 목재를 지속적으로 공급하기 위해 15세기부터 본토의 사유지에 대한 수준 높은 산림 보전 정책을 꾸준히 실시했다. 베네치아는 시대를 훨씬 앞서서 방대한 산림을 보호 구역으로 정하고 이를 국가가 관리했다. 벨기에에서는 로마인들, 중세 도시, 근대의 평민과 귀족들의 끊임 없는 목재 수요 때문에 '숯 숲'이라는 뜻의 실바 카보나리아Silva Carbonaria와 아르두에나 실바Arduenna Silva라는 이름의 갈리아 숲Gallic Forest이 고갈되었다. 그러다가 19세기 산업 혁명의 에너지 수요를 충족시키기 위해 벨기에 남부 아르덴의 넓은 땅에 성장이 빠른 가문비나무로 다시 숲을 일구었다. 150년 후, 이 어리고 단조로운 숲은 어린 시절의 나에게 숲에 대한 이미지를 심어 주었다. 영국에서는 산업 혁명 무렵, 나무와 에너지 부족이 다른 방식으로 해결되었다. 바로 석탄이다. 석탄은 중세 시대부터 브리튼 제도에서 가정용 연료로 태워져 왔다. 그러나 대규모 채광은 영국이 주요 에너지원을 숯에서 석탄으로 전환한 18세기에 시작되었다. 영국의 산업가들은 석탄의 정제된 버전인 코크스(골탄, 해탄)를 개발했는데, 철의 제련과 강철 생산에 사용될 정도로 불순물이 적었다. 석탄이라는 에너지원과 강철이라는 건설 재료의 결합은 영국에서 산업 혁명의 발판을 세웠고, 곧 나머지 세계도 그 뒤를 따랐다.

산업 혁명이 진행되면서 석탄은 2개의 다른 화석 연료, 석유와 천연가스로 대체되었다. 이 화석 연료들은 식물과 플랑크톤이라는 유기 물질에서 기원했기 때문에 탄소가 많이 들어 있다. 화석 연료는 대기, 육지, 바다 사이에서 탄소가 교환되는 지구의 자연적인 탄소 순환을 거치며 수백만 년에 걸쳐 천천히 저장된 구성 요소다. 육지-대기 사이의 탄소 순환은 훨씬 빠르게 일어나는 호흡과 광합성, 이 두 과정에 의해 균형을 유지한다. 사람을 포함한 동물과 식물은 호흡을 통해 이산화탄소를 대기 중으로 내보내고, 그것은 광합성하는 식물에 의해 대기에서 다시 추출된다. 식물은 대기에서 가져온 탄소를 이용해 잎, 뿌리, 목질부를 키운다. 식물이 죽어서 썩으면 그 안에 있던 탄소는 땅에 섞이는데, 거기에서 토양 미생물이 호흡을 통해 다시 대기 중으로 내보낸다. 수백만 년이라는 긴 시간 동안 죽은 식물(과 플랑크톤) 중 일부는 석탄과 천연가스로서 땅속 더 깊은 층에 통합된다. 자연적이고 균형 잡힌 탄소 순환에서 지권Geosphere(흙과 암석으로 이루어진 지각과 지구 내부-옮긴이)에 저장된 탄소는 풍화 작용과 변성 작용(열, 압력, 화학 작용으로 인해 암석의 광물 구조에 일어나는 느린 변화)을 통해 마찬가지로 느리게 대기 중으로 방출된다.

우리는 화석 연료를 태움으로써 자연적인 탄소 순환의 한 단계를 드라마틱하게 가속시키고 균형을 깨뜨렸다. 산업화가 시작된 이후로 200년도 채 되지 않아 우리는 화석 연료에 들어 있던 수백만 년 분량의 탄소를 대기로 방출했다. 그렇게 번개 같은 속도로 대기 중에 탄소를 더하면서 자연적인 탄소 균형을 정상 상태에서 벗어나게 만들었고 온실가스 효과를 증가시켰다. 이렇게 증가한 온실가스 효과의 영향은 이미 잘 알려져 있고 여전히 진행 중이다. 지구 기온이 상승하고, 빙하의 만년설이 녹고, 해수면이 높아지고, 폭염, 가뭄, 홍수, 극소용돌이가 빈번해지고, 산불철이 길어졌다. 사실 증가한 온실가스가 지구 시스템에 미치는 효과는 너무 광범위해서, 현 지질 시대는 이제 인류세Anthropocene라는 이름으로 불린다. 이 시기의 인간은 지구 시스템에 일어나는 가장 강력한 변화의 원동력이 되어 지질 기록에 영구적인 흔적을 남겼다. 예를 들어 우리가 무한정 생산하고 소비하는 플라스틱 생수병과 '플라스틱으로 된 가짜 나무Fake Plastic Trees(라디오헤드의 노래 제목-옮긴이)'들은 태평양의 거대한 쓰레기 구역에 모인다. 게다가 플라스틱괴Plastiglomerate라는 형태를 띠기도 하는데 이것은 녹은 플라스틱, 모래, 현무암 등으로 구성된 새로운 형태의 암석이다. 만약 인간이 오늘 당장 지구에서 사라진다고 해도 우리가 지구의 대기권, 생물권, 수권, 지권에 만든 변화는 수천 년이 지나도 감지될 것이다.

1946년, 미국은 소련과의 핵 경쟁에 돌입하면서 태평양 한복판에 있는 비키니 환초에서 핵 실험을 시작했다. 그 후 12년 동안 23개의 핵 장치가 이 환초에서 폭발했는데, 그중 하나가 캐슬 브라보Castle Bravo라는 핵융합을 이용한 수소 폭탄 실험이었다. 이 실험의 폭발 규모는 15메가톤으로 히로시마와 나가사키를 파괴한 원자 폭탄보다 약 1000배 더 강하다.

제2차 세계 대전 이후 세계화, 산업화, 인구 증가가 한꺼번에 진행되었다. 그러면서 지구에 대한 인류의 영향은 화석 연료 연소, 매연, 플라스틱 오염, 방사성 동위 원소의 흔적과 더불어 급격히 가속화되었다. 인류세의 시작을 제2차 세계 대전 종전 무렵으로 보는 견해가 많다. 이때부터 핵폭탄 실험이 본격적으로 시작되어 나이테나 호수 퇴적물과 같은 생물학적이고 지질학적인 기록 보관소에 영구적이며 추적 가능한 방사성 표시를 남겼기 때문이다. 핵폭탄 실험과 인류세의 세계적인 영향력을 증명하기 위해 뉴사우스웨일스대학교의 연륜연대학자 조너선 파머Jonathan Palmer와 연구 팀은 '세계에서 가장 외로운 나무'인 시트카가문비나무*Picea sitchensis*의 나이테를 연구했다.[40] 남극의 시트카가문비나무는 1900년대 초 뉴질랜드에서 한참 남쪽으로 내려간 남극해에 있는 캠벨섬에 심어졌는데, 가장 가까운 이웃 나무와 270킬로미터나 떨어져서 자라는 유일한 나무다. 조너선이 이 가문비나무의 나이테에서 방사성 탄소 함량을 측정했더니 지상 핵폭탄 실험의 종식을 알린 부분적 핵 실험 금지 조약Partial Test Ban Treaty 2년 후인 1965년 나이테에서 방사성 탄소 '폭탄 피크'를 발견했다. 조너선과 동료들은 이 결과를 근거로 하여 1965년을 인류세의 시작으로 보았다. 핵 실험이 지구에서 가장 외롭고 외딴곳에 있는 나무에조차 흔적을 남긴 해라는 이유에서였다.

하지만 다른 과학자들은 인간이 훨씬 오랫동안 지구에 씻을 수 없는 영향을 끼쳐 왔고, 나무와의 관계가 그 중심에 있다고 주장한다. 버지니아대학교의 고기후학자 빌 러디먼Bill Ruddiman은 '초기 인류세 이론'의 강력한 옹호자다. 《인류는 어떻게 기후에 영향을 미치게 되었는가》에서 러디먼은 지구 시스템에 대한 인간의 돌이킬 수 없는 영향력, 특히 대기권에 대한 영향력은 1960년대보다 훨씬 일찍 시작됐고 심지어 산업 혁명을 앞선다고 제안했다. 러디먼은 인간의 영향력이 8000년 전 최초의 농업 및 산림 벌채와 함께 시작되었고, 서서히 강해지다가 산업 혁명 때 크게 가속화되었다고 주장한다. 산림 파괴로 광합성량이 줄다 보니 나무에 탄소가 덜 저장되고 그 결과 호흡을 통해 대기로 유입되는 탄소보다 더 적은 양의 탄소가 대기에서 제거된 것이다. 기원전 6000년경 유럽 남동부의 초기 농부들이 농작물을 기르기 위해 산림을 개간하면서 자연적인 탄소 순환 중 광합성이 제외되기 시작했고 이 순환 과정을 불안정하게 만들었다. 대기 중 이산화탄소의 과다 농축이라는 결과는 농업과 산림 벌채가 확산되면서 꾸준히 증가했다. 더 나아가 러디먼의

40 조너선이 이 나무의 목편을 추출하는 영상은 아래 웹사이트에서 볼 수 있다. https://theconversation.com/anthropocene-began-in-1965-according-to-signs-left-in-the-worlds-loneliest-tree-91993

초기 인류세 이론은 산림 파괴의 영향력이 가진 가장 어두운 측면을 조명함으로써, 지속적으로 상승하던 이산화탄소 곡선이 왜 일시적으로 하강했는지 설명한다. 6세기와 14세기에 발생한 페스트, 유럽 식민지 시대 이후에 아메리카 대륙에서 발생한 천연두 등 대륙 차원의 유행병은 수천만 명의 사람을 죽였는데 인구가 급격히 줄고 과거 경작지였던 수억 에이커의 땅에 나무들이 다시 살게 되자, 육지의 광합성 용량이 늘고 이산화탄소 농도가 일시적으로 감소한 것이다. 직설적으로 말해 인간에게 죽음이 더 많이 찾아올수록 숲의 형편이 나아졌다는 뜻이다.

초기 인류세 이론은 지질학계에서 치열하게 논쟁 중인데 과거 농업 확산과 산림 벌채의 규모와 속도에 대해 견해차가 있기 때문이다. 그러나 산림 벌채가 탄소 순환과 그와 연관된 온실 효과 증가에 영향을 미친다는 것은 논쟁의 여지가 없는 기본 원칙이다. 21세기에 열대 지방에서 행해진 산림 벌채는 증가한 온실 효과 비중에서 약 30퍼센트를 차지한다. 좋은 소식은 그 반대도 사실이라는 점이다. 숲이 늘어나면 광합성도 늘어나고 따라서 대기로부터 더 많은 탄소를 제거할 수 있다. 우리는 유럽에서 이러한 효과를 확인했다. 기원후 1500~1850년의 근세Modern Period에 유럽의 많은 숲이 농경과 목재 공급을 목적으로 개간되었다. 마치 아라곤 숲이 스페인 무적함대를 지은 것처럼 말이다. 그러나 19세기 초, 산업 혁명이 일자리를 제공하는 도시로 사람들이 이주하면서 서유럽, 중유럽, 스칸디나비아의 시골 지역들은 버려졌다. 그리고 숲이 되살아났다. 버려진 시골 지역들이 차츰 주변 숲에 잠식당하거나 적극적으로 조림Afforestation(전에 숲이 없던 곳에 처음으로 숲을 가꿈)된 것이다. 내 고향인 벨기에의 남부 지역도 마찬가지였다. 그래서 1800년경까지 유럽의 토지는 벌채를 통해 많은 탄소를 잃었지만, 이어지는 2세기 동안 조림과 재조림Reforestation(과거에 숲이었던 땅에 다시 숲을 가꿈)을 통해 탄소 소실의 많은 부분이 회복되었다. 그러나 유럽의 산림 전환이 산림 벌채로 잃어버린 탄소를 역전했을지는 모르지만, 화석 연료의 연소를 통해 대기 중으로 유입되는 엄청난 양의 탄소를 상쇄하지는 못했다.

화석 연료를 태워서 배출되는 온실가스의 균형을 맞추려면 현재 진행 중인 벌채를 최소화하고 세계적 차원에서 새로운 숲을 심어야 한다. 나는 이 전략에 대해 특별히 한마디 하고 싶다. 숲은 세상을 오염시키지 않는다. 숲은 목재와 생태 관광 같은 상품과 서비스를 생산하는데 이것은 얼마든지 꾸준히 관리될 수 있다. 또한 강력해진 온실 효과 그 자체가 산림녹화 노력의 지렛대가 될 수 있다. 지구 기온이 올라가면서 과거에는 추워서 숲이 자랄 수 없었던 넓은 지대가 이제는 숲이 될 수 있는 잠재력을 갖게 된 것이다. 좋은 예가 북아메리카와 러시아의 극지 지역이다. 이곳에는 새로운 숲이 될 만한 땅이 충분하고, 온난화는 지구 평균보다 두세 배 빨리 진행되어 왔다. 이런 고위도 지방에서는 높아진 기온이 나무의 생장기를 늘리고, 더 나아가 숲이 탄소를 흡수할 잠재력을 높인다. 마지막으로, 한 연구에서 미래에 탄소 비옥화Carbon Fertilization의 역할을 조사했는데 대기 중 이산화탄소 농도가 높아지면 식물이 대기로부터 더 많은 탄소를 포집해 광합성한다는 결과가 나왔다. 탄소 비옥화는 우리 집 개 로스코처럼 행동한다고 볼 수 있다. 내가 작은 밥그릇에 사료를 주면 로스코는 그걸 다 먹고 건강하게 지낸다. 하지만 더 큰 밥그릇에 밥을 주어도 여전히 다 먹어 버리고 훨씬 더 통통해질 것이다. 탄소 비옥화 이론은 나무들도 로스코처럼 자기 통제에 익숙하지 않다고 가정한다.

안타깝게도 인간이 만든 기후 변화 문제는 나무를 많이 심는다고 해서 해결되는 게 아니다. 화석 연료에 들어 있던 수백만 년 분량의 탄소를 한꺼번에 투척하고는 현재와 미래의 숲이 알아서 해결해 주리라 믿는 것은 대단히 위험한 도박이다. 게다가 숲을 가꾸는 것 자체도 쉬운 일이 아니다. 숲이 자라려면 탄소 이상으로 많은 것이 필요하다. 숲은 공간과 물, 그리고 질소와 인 같은 영양소가 있어야 한다. 물과 영양소가 부족하면 탄소 비옥화를 감소시킬지도 모른다. 나무에게 아무리 많은 탄소를 먹이더라도 물과 질소의 양이 함께 늘지 않으면 비옥도는 제한을 받을 것이다. 게다가 새로운 숲은 토지, 물, 영양분을 두고 인간을 위한 식량 생산과 경쟁한다. 우리는 지구촌 75억 인구의 먹거리를 포기하지 않고서는 지구 전체에 나무를 심을 수 없다. 심지어 쌀이나 감자보다 나무가 자라기에 적합한 지역에서도 의도하지 않은 부정적인 결과를 얻을 수 있다. 예를 들어 북극 지방을 푸르게 한다는 것은 눈 덮인 하얀 벌판을 짙은 녹색으로 바꾼다는 것인데, 그렇게 되면 태양에서 유입되는 복사선을 반사하기는커녕 더 많이 흡수해 복사선으로 인한 온난화가 강화된다. 산림 교란도 고려해야 한다. 수십 년 또는 수 세기 동안 신중하게 계획된 숲의 생장과 탄소 격리가 대규모 허리케인의 상륙, 심각한 가뭄, 또는 산불에 의해 일시에 사라질 수 있다. 질병 역시 산불처럼 퍼져 나무와 나무의 탄소 포집 잠재력을 죽일 수 있다. 예를 들어 밤나무줄기마름병Chestnut Blight은 20세기 초 미국에 우연히 유입된 병원성 곰팡이인데, 미국밤나무*Castanea dentata*를 공격해 단기간에 광범위한 폐사를 일으켰다. 미국밤나무는 한때 북아메리카 동부의 숲에서 흔히 보이는 나무였으나 1940년 밤나무줄기마름병에 의해 대부분 전멸당했다. 또한 숲은 미국 서부 전역에서 소나무를 공격해 죽이는 소나무좀과 같은 곤충들의 극성으로 인해 심하게 훼손될 수 있다. 불행히도 기온 상승은 나무의 생장기뿐 아니라 곤충의 활동기도 연장시키기 때문이다.

인간이 초래한 기후 변화를 완화하는 데 숲이 차지하는 중요성을 감안하면 산림 탄소 격리가 가지는 잠재적 경고와 위험을 잘 파악해야 한다. 인도나 중국처럼 땅덩어리가 넓은 나라들은 2015년 파리 기후 협약과 같은 국제 협약에 대한 약속을 이행하기 위해 신규 조림, 재조림, 산림 벌채 축소 등을 고려하고 있다. 이러한 협약은 숲의 탄소 포집 가능성에 대한 정확한 정량화에 의존하고 있다. 그러므로 토지 이용 정책은 탄소 격리 및 기후 변화 완화에 최적화될 수 있다. 만약 우리가 나무를 조사해 목재가 얼마나 자랐고, 또 얼마나 탄소를 저장하며, 목재 생장이 물의 가용성, 기후 변이, 숲의 교란 등에 얼마나 민감한지 알 수 있다면 어떨까?

연륜연대학자들은 이 탄소 퍼즐을 푸는 데 도움이 될 강력한 도구를 손에 쥐고 있다. 우리는 나이테 측정기를 가지고 서로 다른 수종, 수령, 토양, 기후의 나무에서 얼마나 많은 목질부가 자라고 얼마나 많은 탄소가 저장되었는지 조사할 수 있다. 우리는 길어진 생장기가 어떻게 목질부 생장에 영향을 미쳤는지 알 수 있다. 또한 가뭄, 극한의 날씨, 상승하는 기온이 어떻게 생장에 영향을 미쳤는지, 기후가 변화하면서 이러한 영향이 어떻게 달라졌는지, 산불과 곤충으로 인한 발병이 얼마나 빈번하게 일어나고 숲 생장에 얼마나 많은 영향을 미치는지 알 수 있다. 나이테는 우리에게 기후 변화가 어떻게 과거 사회에 영향을 끼쳤는지 가르쳐 주었다. 과거 한 문명이 쇠락하는 과정에서 기후 변화는 사회 붕괴를 이끄는 사회생태학적 그물망의 일부가 되었다. 또한 창의성과 적응력이 정의하는 한 사회의 복원력에 따라, 그 사회가 열악한 환경에서 일시적인 퇴행을 겪더라도 다시 재기할 수 있을지, 아니면 완전히 무너져 해체될지가 결정된다.

이 책의 마지막 단락을 쓰는 지금, 인간이 바꿔 버린 기후는 우리가 인류의 번영을 보장하기 위해 정복해야 할 큰 적이 되었다. 수 세기에 걸친 과학적 발견과 연구 덕분에 우리는 인류 역사상 처음으로 우리 앞에 놓인 기후 변화에 대한 선견지명이 생겼다. 나이테는 우리가 예상치 못한 기후 변화에 과거 사회가 어떻게 대처했는지 이해하는 데 도움을 준다. 이뿐 아니라 나이테는 속삭임과 고함을 통해 자신들의 이야기를 들려줌으로써 우리로 하여금 최악의 결과를 완화하거나 거기에 적응할 수 있는 혁신적인 방법을 발견하도록 격려한다. 이 새로운 영역을 탐험하고 그 잠재력을 활용하기 위해 연륜연대학자들은 산림학자, 생태학자, 지리학자, 사회학자, 인류학자, 생물지구화학자, 대기과학자, 수문학자, 정책 입안자들과 협력해야 한다. 그러므로 우리 앞에는 정말 힘겨운 과정이 놓여 있는 셈이다.

2022년, 나는 팀을 꾸려 다시 한번 그리스 핀두스산맥의 스몰리카스산을 찾아간다. 지금까지 제작된 나이테 측정기 중 가장 큰 측정기를 들고 간 덕분에 마침내 아도니스의 수심에 이른다. 유럽에서 가장 오래된 나무들이 자라는 이 산을 내려오면서, 나는 3000년 동안 인간 문명이 다듬어 온 이 지역에서 이토록 오래 살아남은 생명에 대해 생각해 본다. 인간과 나무가 공존하고 공생할 가능성을 떠올리면 엄숙해진다. 나는 핀두스의 험준한 풍경 속에서 풍차가 무한히 재생 가능한 탄소 중립 에너지를 만들어 내는 것을 바라본다. 새로 심은 나무들이 그 젊고 활기찬 힘으로 공기 중의 이산화탄소를 게걸스럽게 먹어 치우는 것을 본다. 산기슭의 사마리나에 도착하자, 저번에 우리가 방문했을 때에는 없었던 태양광 패널이 호텔 지붕에 설치된 것을 알게 된다. 밤에는 이 지역에서 생산한 적포도주를 들고 우리의 신념에 대해 건배한다. 좋은 친구들과 함께하는 좋은 과학을 위해 건배!

감사의 말

이 책을 머릿속 생각에서 현실로 바꾸는 데 도움을 준 많은 분께 감사드리고 싶다. 가장 먼저 존스홉킨스대학교 출판부의 티파니 개스바리니Tiffany Gasbarrini에게 감사하다. 티파니는 나에게 이 책의 아이디어를 심어 주고 결실을 맺을 때까지 도와주었다. 고마워요, 티파니. 당신의 믿을 수 없는 열정이 나를 계속해서 나아가게 했고, 또 선을 넘을 수 있게 해 주었어요. 이 책이 출간되기까지 모든 세부 사항을 처리해 준 조앤 앨런Joanne Allen, 에스더 로드리게즈Esther Rodriguez, 존스홉킨스대학교 출판부 팀에게 감사한다. 또한 이 작업에 기꺼이 동참해 이렇게 훌륭한 그래프와 그림을 그려 준 올리버 유베르티Oliver Uberti에게 감사하다.

자기들의 나무 이야기를 내게 나눠 준 모든 분께도 고맙다는 말을 하고 싶다. 특히 수많은 질문을 허락한 제프 딘, 에이미 헤즐, 프리츠 슈바인그루버, 데이브 스테일, 론 타우너에게 깊이 감사드린다. 또한 내가 우리의 이야기를 완전히 풀어놓을 수 있게 허락해 준 크리스 베이산, 수마야 벨메케리, 울프 뷘트겐, 얀 에스퍼, 데이비드 프랭크, 크리스토프 하네카, 클라우디아 하틀,

폴 크루식, 톰 스웨트넘에게도 감사한다.

공식적인, 또는 비공식적인 모든 리뷰어에게도 고마움을 전한다. 덕분에 원고가 훨씬 나아졌다. 킴 코코Kym Coco, 다고마 데그루트Dagomar Degroot, 루크 델리시Luc Delesie, 헨리 디아즈Henry Diaz, 제니퍼 믹스Jennifer Mix, 닐 피더슨, 랜들 스미스Randall Smith, 피터 자이데마Pieter Zuidema, 그리고 익명의 세 리뷰어에게 고마움을 표한다. 데이터, 사진, 참고 문헌을 공유해 준 브라이언 애트워터, 마이크 베일리, 카일 보친스키, 브렌던 버클리, 파올로 체루비니Paolo Cherubini, 에드 쿡, 홀게르 가르트너Holger Gärtner, 크리스 기터먼, 자키아 하산 카미시, 맬컴 휴스, 멜레인 르 로이, 르 칸 남Le Canh Nam, 스콧 니컬스Scott Nichols, 샬럿 피어슨Charlotte Pearson, 앨런 테일러, 빌리 테겔, 매튜 세럴, 에드 라이트에게도 감사한다.

연구비를 지원해 준 미국 국립과학재단grant AGS-1349942, 그리고 이 책을 위한 애리조나대학교 유달 센터 펠로우 프로그램과 애리조나대학교 프로보스트 작가 후원 기금에도 감사하다. 내가 이 책에 매달려 있는 동안 우리 연구실 팀원들, 라쿠엘 알파로 산체스, 톰 드 밀Tom De Mil, 에이미 허드슨Amy Hudson, 맷 메코Matt Meko, 구오바오 수Guobao Xu, 디아나 자모라 라예스Diana Zamora-Reyes, 그리고 공동 연구자들이 보여 준 인내와 독립심에 대해 깊이 감사한다.

언제든 내가 원하는 만큼 이 책에 대해 이야기를 나눠 준 친구들에게도 감사를 전한다. 에리카 비지오Erica Bigio, 나탈리 카펜티어Nathalie Carpentier, 엘스 드 거셈Els De Gersem, 바트 에크호트Bart Eeckhout, 안드레아 핑거Andrea Finger, 레이철 갤러리Rachel Gallery, 모이라 헤인Moira Heyn, 크리스 쿠펜스Kris Kuppens, 데이비드 무어David Moore, 톰 스피테일스Tom Spittaels, 사이먼 스톱포드Simone

Stopford, 코리엔 반 즈웨든Corien Van Zweden에게 감사한다. 한결같이 나를 지지해 준 엄마와 우리 자매들에게 감사한다. 무엇보다 내게 집과 글을 쓸 공간, 그리고 모든 것을 준 윌 피터슨Wil Peterson에게 감사한다.

역자 후기

DNA를 다루는 전공자라면 제일 먼저 배우는 실험이 있다. 실험용 한천 가루로 얇고 판판한 묵(젤)을 만들어 한쪽에 DNA 시료를 주입한 다음 양쪽에서 전극을 걸어 주면 DNA는 음전하를 띠므로 젤을 통과하며 양극 쪽으로 이동한다. 이 실험의 목적은 간단하다. 눈에 보이지 않는 DNA에 관한 정보를 캐는 것이다. 시료에는 염료를 섞었기 때문에 특수한 조명을 비추면 DNA가 있는 부분에서 빛이 난다. 이 실험으로 DNA의 크기나 순도 등을 간접적으로 추측할 수 있다.

내가 나이테 책에서 뜬금없이 DNA 이야기를 꺼낸 것은 현미경으로도 보이지 않는 극미한 물질, 타임머신을 타지 않고는 돌아갈 수 없는 과거처럼 인간의 힘으로 직접 닿을 수 없는 곳에 에둘러서라도 가까이 가려는 인간의 집요한 추론의 힘을 말하고 싶어서다. 우리 인간은 볼 수 없고 갈 수 없어도 포기하지 않고 간접적인 증거를 통해 기어코 그 존재와 상태를 캐내는 의지와 능력을 소유했다. 이 책에서 대체 자료 또는 '프락시'라고 말하는 것이 그 간접 증거로서, 과학자들은 빙하에 구멍을 뚫고 화석을 캐고 꽃가루, 산호, 석순을 찾아 거기에 적힌 기록을 보고 추리력을 최대로 발휘해 과거의 기후를 재구성한다. 그중에서도 이 책은 나이테 사냥꾼의 이야기다.

나이테 과학자라고 해서 단순히 "나이테를 세는 일로 먹고사는" 건 아니다. 특히 저자와 같은 연륜기후학자들에게 나이테 개수보다 중요한 것은 나이테의 간격이고, 그 간격들의 순열이다. 이 책은 굵은 빨대 같은 목편 막대기에 새겨진 눈금들이 과연 과거의 기후에 대해 어디까지 말할 수 있는지 보여 주고 있다. 그러나 연륜기후학자들이 과거의 기후를 애써 재구성하는 것은 단순히 "옛날엔 그랬었지"라고 말하기 위해서가 아니다. 이들이 밝히는 과거는 현재의 기후 변화를 인정하고 미래를 예측, 계획하는 가장 실질적인 기초 자료가 되기 때문에 중요하다. '기준점 이동 증후군'이라는 게 있다. 새로운 세대는 자신이 현재 경험하는 환경을 기준으로 삼아 판단하기 때문에 실제적인 변화의 규모를 제대로 인지하지 못한다는 것이다. 그렇기 때문에 객관적인 과거의 상태를 파악하는 것이 현재를 이해하는 데 필수적이고 그 일에 나이테만 한 것이 없다는 게 소위 나이테 과학자들의 (좋은 의미에서) '나이테부심'이다.

이 책은 정말 구석구석에서 나이테부심이 느껴진다. 연륜연대학은 저자의 말처럼 "처음부터 연륜연대학자가 되겠다는 꿈을 안고 성장한 과학자는 없고" 우연히 발을 들였다가 눌러앉은 이들이 대부분인, 굳이 따지자면 비인기 학문에 속한다. 그런데 이처럼 보편적인 선호도가 높지 않은 분야에 몸담고 있는 소수의 사람들은 자기 일에 대해 가지는 애정과 자부심이 유난하고 흡인력은 말 그대로 장난이 아니다. 그런 열정에 전염되어 본 적이 있어서 그런가, 나는 이 책을 옮기면서 책 전반에 흐르는 좋은 열정의 기운과 에너지를 많이 받은 것 같다. 한편으로는 그게 저자가 의도하는 바이기도 할 것이다.

이 책은 지치고 좌절에 빠진 저자가 안식년을 맞아 "기후 변화의 비관적인 전망을 곱씹는 대신 과학적 발견의 흥분된 순간"을 전달하고자 썼기 때문이다. 그런데 그 발견의 순간들 속에 저자가 하고픈 말들이 다 들어 있다는 것이 신기할 따름이다.

사실 이 책은 한 연륜기후학자가 처음부터 끝까지 나이테와 기후에 관해 쓴 것이지만, 나는 분야를 막론하고 자연과학도들이 읽으면 참 좋겠다고 생각했다. 우선 이 책은 "그거 해서 직장은 구할 수 있겠니?"라는 엄마의 걱정으로 대학원 생활을 시작한 저자가 세계적인 나이테 과학자가 되기까지의 과정을 에피소드 중심으로 진솔하게 그렸다. 솔직히 처음에 이 책을 받았을 때 빼곡한 글씨와 과학 논문에나 실릴 법한 도표와 그래프들을 보고 굉장히 무미건조하고 학술적인 과학책일 거라고 생각했다. 그런데 한 페이지 두 페이지 옮기다 보니 은근히 재미있는 데다 어느 순간부터 내가 내 친구 발레리와 함께 탄자니아, 스위스, 시에라네바다, 시베리아로 나이테 사냥을 떠나는 기분이 들었다(진짜다).

한편 이 책은 '육체노동-단순노동-두뇌 노동'이라는 연구의 3요소가 완벽하게 조화를 이루며 "과학이란 이렇게 하는 것이다"의 구체적이고 상세한 실례를 보여 준다. 오지를 헤매며 노목을 찾아 목편을 추출하는 고된 육체노동은 실험실에서 수천 점의 나이테 패턴을 보고 또 보고 또 보는 극강의 단순노동으로 이어져 수많은 데이터를 생산한다. 그러나 이 데이터는 인간의 두뇌가 추론의 힘을 발휘해 의미를 부여했을 때 비로소 꽃을 피우고 논문이 된다. 과학 하는 사람들에게 유레카의 순간은 흔치 않으므로 필드에서의 육체노동이 되려 의미 있다는 저자의 말은 의미심장하다.

그럼에도 불구하고 이 책은 마냥 쉬운 책은 아니다. 연륜연대학, 그중에서도 연륜기후학적 발견과 그 의미를 꽤 전문적으로 설명하기 때문이다. 하지만 독자들은 걱정하지 않아도 된다. 동료들의 대화를 따라잡지 못해 동료들 몰래 자기 분야의 핵심 개념을 위키피디아에서 찾아봐야 했던 경험 때문인가, 저자는 친절한 선생님처럼 "나이테란 무엇인가"부터 시작해 모든 개념과 연구 과정을 찬찬히 설명해 준다. 하여 이 책은 조금 집중해서 읽을 때 더 재밌을 것이다. 저자의 이야기를 차근차근 따라가면서, 나무가 매년 하나씩 새겨 넣은 눈금이 기록한 과거의 기후, 인간의 역사와 문화를 알아 가다 보면 유레카의 순간과 나이테부심을 저절로 느끼게 될 거라고 장담한다.

이 책에 나온 곡 목록

〈The Wind Cries Mary〉 지미 헨드릭스 (1967)

〈Once Upon a Time in the West〉 엔니오 모리코네 (1968)

〈After the Gold Rush〉 닐 영 (1970)

〈Hey Hey, My My (Into the Black)〉 닐 영 & 크레이지 호스 (1979)

〈Africa〉 토토 (1982)

〈It's the End of the World as We Know It〉 R.E.M. (1987)

〈Disintegration〉 더 큐어 (1989)

〈Wind of Change〉 스콜피언스 (1990)

〈Fake Plastic Trees〉 라디오헤드 (1995)

〈99 Problems〉 제이 Z (2003)

〈Single Ladies (Put a Ring on It)〉 비욘세 (2008)

이 책에 나온 나무 종 목록

일반명	영어 일반명	라틴 학명
거삼나무	Giant Sequoia	*Sequoiadendron giganteum*
구주소나무	Scots Pine	*Pinus sylvestris*
낙우송	Bald Cypress	*Taxodium distichum*
남극너도밤나무	Antarctic Beech	*Nothofagus antarctica*
더글러스참나무	Blue Oak	*Quercus douglasii*
독일가문비나무	Norway Spruce	*Picea abies*
로키마운틴브리슬콘소나무	Rocky Mountain Bristlecone Pine	*Pinus aristata*
몬테주마낙우송	Montezuma Bald Cypress	*Taxodium mucronatum*
미국밤나무	American Chestnut	*Castanea dentata*
미루나무	Eastern Cottonwood	*Populus deltoides*
바오밥나무	Baobab	*Adansonia digitata*
보스니아소나무	Bosnian Pine	*Pinus heldreichii*
북미사시나무	Quaking Aspen	*Populus tremuloides*
브리슬콘소나무	Bristlecone Pine	*Pinus longaeva*
사시나무	Cottonwood	*Populus* spp.
삼나무	Japanese Cedar	*Cryptomeria japonica*
서양적삼나무	Western Red Cedar	*Thuja plicata*
서양주목	Yew	*Taxus baccata*
세쿼이아	Coastal Redwood	*Sequoia sempervirens*

스위스산소나무	Mountain Pine	*Pinus uncinata*
스위스잣나무	Stone Pine	*Pinus cembra*
습지소나무	Slash Pine	*Pinus elliottii*
시베리아소나무	Siberian Pine	*Pinus sibirica*
시베리아잎갈나무	Siberian Larch	*Larix sibirica*
시에라향나무	Western Juniper	*Juniperus occidentalis*
시트카가문비나무	Sitka Spruce	*Picea sitchensis*
신양벚나무	Cherry	*Prunus cerasus*
아라파리	Arapari	*Macrolobium acaciifolium*
아틀라스개잎갈나무	Atlas Cedar	*Cedrus atlantica*
알레르세	Alerce	*Fitzroya cupressoides*
여우꼬리소나무	Foxtail Pine	*Pinus balfouriana*
올리브나무	Olive	*Olea europaea*
유럽밤나무	Chestnut	*Castanea sativa*
유럽참나무	European Oak	*Quercus robur*
유칼립투스	Eucalypt	*Eucalyptus* spp.
치롄향나무	Qilian Juniper	*Sabina przewalskii*
티크	Teak	*Tectona grandis*
페트라참나무	Sessile Oak	*Quercus petraea*
편백	Japanese Cypress	*Chamaecyparis obtuse*
포키에니아 호드긴시이	Fujian Cypress, Po Mu	*Fokienia hodginsii fokienea*
폰데로사소나무	Ponderosa Pine	*Pinus ponderosa*
향나무	Juniper	*Juniperus* spp.
휴온파인	Huon Pine	*Lagarostrobus franklinii*

추천 도서

Atwater, B. F., Musumi-Rokkaku, S., Satake, K., Tsuji, Y., Ueda, K., and Yamaguchi, D. K. 2016. *The orphan tsunami of 1700: Japanese clues to a parent earthquake in North America*. Seattle: University of Washington Press.

Baillie, M. G. L. 1995. *A slice through time: Dendrochronology and precision dating*. London: Routledge.

Bjornerud, M. 2018. *Timefulness: How thinking like a geologist can help save the world*. Princeton, NJ: Princeton University Press.

Bradley, R. S. 2011. *Global warming and political intimidation: How politicians cracked down on scientists as the earth heated up*. Amherst: University of Massachusetts Press.

DeBuys, W. 2012. *A great aridness: Climate change and the future of the American Southwest*. Oxford: Oxford University Press.

Degroot, D. S. 2014. *The frigid golden age: Experiencing climate change in the Dutch Republic*, 1560–1720. Cambridge: Cambridge University Press.

Diamond, J. 2005. *Collapse: How societies choose to fail or succeed*. New York: Viking.

Fagan, B. 2000. *The Little Ice Age*. New York: Basic Books.

Fritts, H. C. 1976. *Tree rings and climate*. London: Academic.

Harper, K. 2017. *The fate of Rome: Climate, disease, and the end of an empire*. Princeton, NJ: Princeton University Press.

Hermans, W. F. 2006. *Beyond sleep*. London: Harvill Secker.

호프 자런, 김희정 옮김,《랩 걸》, 알마, 2017.

Klein, N. 2014. *This changes everything: Capitalism vs. the climate*. New York:

Simon & Schuster.
Le Roy Ladurie, E. 1971. *Times of feast, times of famine: A history of climate since the year 1000*. New York: Doubleday.
로버트 맥팔레인, 조은영 옮김, 《언더랜드》, 소소의책, 2020.
McAnany, P. A., and Yoffee, N., eds. 2009. *Questioning collapse: Human resilience, ecological vulnerability, and the aftermath of empire*. Cambridge: Cambridge University Press.
에릭 M. 콘웨이, 나오미 오레스케스 지음, 유강은 옮김, 《의혹을 팝니다》, 미지북스, 2012.
리처드 파워스, 김지원 옮김, 《오버스토리》, 은행나무, 2019.
Pyne, S. J. 1997. *Fire in America: A cultural history of wildland and rural fire*. Seattle: University of Washington Press.
윌리엄, F. 러디먼, 김홍옥 옮김, 《인류는 어떻게 기후에 영향을 미치게 되었는가》, 에코리브르, 2017.
Webb, G. E. 1983. *Tree rings and telescopes. The scientific career of A. E. Douglass*. Tucson: University of Arizona Press.
White, S. 2011. *The climate of rebellion in the early modern Ottoman Empire*. Cambridge: Cambridge University Press.
White, S. 2017. *A cold welcome: The Little Ice Age and Europe's encounter with North America*. Cambridge, MA: Harvard University Press.
Wohlleben, P. 2016. *The hidden life of trees: What they feel, how they communicate—Discoveries from a secret world*. Berkeley, CA: Greystone Books.

용어 설명

가라앉은 목재 Sinker Wood : 강이나 호수 바닥에 가라앉은 통나무.

가면 증후군 Impostor Syndrome : 사회적으로 성공한 사람이 자기 스스로는 가짜라고 여기며 그것이 드러날까 지속적인 공포를 경험하는 심리학적 패턴.

가벼운 나이테 Light Ring : 평상시보다 지름이 작고, 두꺼운 세포벽이 없는 추재 세포로 이루어진 나이테.

간빙기 Interglacia : 두 빙기 사이에 따뜻하고 온화한 기후가 수천 년간 이어지는 지질학적 주기.

개척종 Pioneer Species : 생장과 새로운 환경에 적응이 빨라 새로 개방된 공간에 제일 먼저 정착하는 종.

게르만족 대이동 Völkerwanderung : 게르만족과 훈족이 로마 제국으로 대거 확산된 이동기(기원후 250~410년)로 서로마 제국의 쇠퇴를 불러왔다.

경피연대학 Sclerochronology : 연체동물의 껍데기나 산호, 물고기의 이석처럼 해양 생물의 단단한 조직에 나타나는 연간 생장 패턴을 연구하는 학문.

고대 후기 소빙하기 Late Antique Little Ice Age, LALIA : 기원후 536~660년까지 유라시아 대륙 전체에 발생한 혹한기.

고사목 Snag : 선 채로 죽어 있는 나무.

고양이 얼굴 Cat Face : 연속적인 지표화에 의해 나무줄기에 남겨진 일련의 화상 흉터.

고연륜연대학 Paleodendrochronology : 규화목의 나이테를 연구하는 학문.

고폭풍학 Paleotempestology : 과거의 폭풍과 열대성 저기압을 연구하는 학문.

구석기 시대 Paleolithic : 초기 석기 시대. 기원전 330만~기원전 1만 3000년. 중석기 시대 시작 전까지 호미닌이 석기 도구를 가장 처음 사용한 시기.

궤도 변이 Orbital Variation : 지구 궤도의 이심률, 자전축 기울기, 세차 운동의 변이를 말하며 10만 년, 4만 년, 2만 년 주기로 지구 기후에 영향을 준다.

규화목 Petrified Wood : 모든 유기 물질이 광물성 침전물로 대체되었지만 원래의 목재 구조가 보존된 화석 나무.

극소용돌이 Polar Vortex : 극지방을 둘러싸고 저기압의 찬 공기가 머무는 지역. 겨울에 이 지역이 팽창하면 중위도 지역에 혹한이 온다.

근세 Modern Period : 유럽 역사에서 중세 이후 산업 혁명 이전의 시기. 1500~1800년.

글로벌 위어딩 Global Weirding : 강화된 온실 효과, 지구의 기온 상승과 연관된 비정상적인 기후와 날씨(열파, 가뭄, 허리케인, 눈폭풍 등).

기똥차게 버티는 기압 마루 Ridiculously Resilient Ridge : 2012~2016년 캘리포니아 가뭄과 연관되어 북태평양 동쪽 지역에 지속적으로 형성된 안티사이클론.

기상 관측 기록 Instrumental Climate Record : 전 세계 기상 관측소에서 매일 관측한 기후 데이터.

기후 결정론 Climatic Determinism : 인간의 활동이 전적으로 기후와 환경에 의해 결정되었다고 믿는 18세기 역사 접근법.

기후 공학 Climate Engineering : 강화된 온실 효과를 완화하기 위해 지구의 기후 시스템에 의도적이고 대규모로 개입하는 과학 기술의 한 분야. 기후 간섭 또는 지구 공학이라고도 한다.

기후 대체 자료 Proxy Climate Record : 과거의 기후 상태를 기록한 자연적인 또는 인위적인 보관물. 기후 정보원으로 사용될 수 있다.

기후 재구성 Climate Reconstruction : 나이테나 빙하 코어 등 기후 대체 자료에 근거해 과거 기후의 변동성을 양적으로 추정한 결과물.

기후 후측 Hindcasting : 예를 들어 화산 분출처럼 이미 알려진 과거 사건을 모형에 대입하고 모형이 산출한 결과를 실제 알고 있는 과거와 비교하여 기후 모델을 테스트하는 방법.

나무 수확 연도 Tree-Harvest Date : 고고학 유적에서 발견된 나무 표본의 맨 바깥쪽 나이테 연도. 나무가 베어진 연도를 나타내며, 벌목 연도라고도 한다.

나선형 생장 Spiral Growth : 나무의 줄기가 나선형으로 자라는 현상으로, 보통 아주 오래된 나무에서 볼 수 있다.

나이테 서명 Tree-Ring Signature : 한 지역의 나이테가 보이는, 연속적인 좁고 넓은 패턴 중에서도 독특하고 식별할 수 있는 순열.

나이테 연대 교차 비교 Crossdating : 동일한 기후 또는 지역에서 자라는 나무들 사이에 나이테 너비와 같은 나이테 특징의 변이를 대조 비교하는 과정. 한 나무 또는 나뭇조각에서 개별 나이테가 형성된 정확한 달력상의 날짜를 결정할 때 사용된다.

나이테 연대기 Tree-Ring Chronology : 여러 나무 또는 여러 조사지에서 추출한 나이테 데이터를 교차 비교해 생성된 나이테 열.

나이테 열 Tree-Ring Series : 단일 나이테 표본에서 추출한 나이테 데이터에 기반한 시계열.

나이테 측정기 Increment Borer : 살아 있는 나무나 나무 들보를 크게 손상하지 않고 목편을 추출하는 특별한 도구.

나일로미터 Nilometer : 이집트에서 연간 범람이 일어나던 시기에 나일강의 수위를 측정하기 위해 세운 기둥, 계단, 지하 배수로가 있는 벽 등의 구조물.

눈물당량 Snow Water Equivalent, SWE : 적설량을 측정하기 위해 흔히 사용되는 수치로 눈덩어리 안에 있는 총 물의 양을 반영한다.

다우기 Pluvial : 몇 년간 높은 강수량이 유지되는 시기.

대류권 Troposphere : 지구의 표면 위로 약 10킬로미터까지 이어지는 대기층.

대저택 Great House : 여러 층으로 건설된 대형 고대 푸에블로 구조물.

동위 원소 Isotope : 상대 원자량은 다르지만 화학적 특성은 동일한 원소. 안정적인 동위 원소(12C, 13C)와 방사성 동위 원소(14C)가 있다.

로마 과도기 Roman Transition Period : 사회 정치적으로 복잡했던 서로마 제국이 잔류국끼리 엉성하게 뭉쳐 있는 상태로 옮겨간 시기. 기원후 250~550년.

로마 기후 최적기 Roman Climate Optimum : 유럽과 북대서양 지역에서 상대적으로 따뜻했던 시기로 로마 온난기라고도 부른다. 기원전 300~기원후 200년.

리히터 규모 Richter Scale : 지진파의 강도에 기반해 지진의 규모를 분류하는 방법.

매연 Soot : 탄화수소가 불완전하게 연소할 때 발생하는 오염 물질로, 흔히 공기 중에 떠 있는 불순 탄소 입자를 이른다. 석탄 연소, 내연 기관, 산불, 폐기물 소각 등에 의해 발생한다. 블랙 카본Black Carbon이라고도 한다.

모아이 석상 Moai : 이스터섬에 정착한 라파누이족이 기원후 1400~1680년 사이에 응회암을 깎아서 만든 인간 형상의 거대한 석상.

무산소 Anoxic : 산소가 고갈된 상태.

물관 Vessel : 활엽수 목재에서 물을 운반하는 커다란 관 형태의 세포.

반화석 Subfossil : 부분적으로 화석화된 상태. 시간이 충분히 지나지 않았거나 화석화 보존 조건이 적합하지 않을 때 일어난다.

발견의 시대 Age of Discovery : 15세기 초~18세기 말까지 유럽의 탐험가들이 새로운 무역로를 찾아 전 세계를 탐험하던 시대. 세계화와 유럽 식민지화의 시발점이다.

방사성 탄소 연대 측정 Radiocarbon Dating : 물체에 들어 있는 방사성 탄소의 양을 측정함으로써 유기물의 연대를 결정하는 방법. 탄소 연대 측정, 또는 탄소-14 연대 측정이라고도 한다.

보호수 Heritage Tree : 고유한 문화적, 역사적 가치가 있는 나무. 전형적으로 크고 수령이 많고 홀로 서 있다.

복제수 Clonal Tree : 근맹아를 이용해 무성 생식으로 번식하고 확산되는 나무.

부름켜 Cambium Layer : 나무껍질과 목질부 사이의 살아 있는 세포층으로 새로운 목재 세포와 수피 세포가 만들어진다.

북대서양 진동 North Atlantic Oscillation, NAO : 북대서양 상공에서 아조레스 고기압과 아이슬란드 저기압이라는 두 주요 기압 중심 사이에 일어나는 대기압의 시소(또는 진동) 현상.

빙퇴석 Moraine : 빙하가 전진하면서 함께 밀려간 흙과 바위.

빙하기 Glacial : 중위도 지역까지 빙하가 존재한 시기.

사이클론 Cyclone : 차갑고 습한 날씨와 연관된 저기압 시스템으로 북반구에서는 반시계 방향으로, 남반구에서는 시계 방향으로 순환한다.

산불 강도 Fire Intensity : 산불이 방출한 열에너지. 강도가 높은 수관화는 뜨겁고 파괴적이다. 강도가 낮은 지표화는 나무의 상층부까지 도달하지 않고 덜 파괴적이다.

산불 결핍 Fire Deficit : 광범위한 산불 억제로 인해 장기간 인위적으로 산불이 부재한 상태.

산불 주기 Fire Return Interval : 두 산불 사이의 평균 연수.

서리 나이테 Frost Ring : 나무의 생장철에 내린 서리로 인해 비정상적으로 형성된 나이테.

성층권 Stratosphere : 대류권 바로 위, 중간권 바로 아래의 대기층으로 지구 표면에서 고도 10~50킬로미터 사이에 있다.

소빙하기 Little Ice Age : 중세 이상 기후 이후에 나타난, 상대적으로 추웠던 시기. 기원후 1500~1850년. 소빙하기 이후에 인간이 만든 지구 온난화 시기가 시작되었다.

수관화 Crown Fire : 강도가 높고 피해도 심한 산불로 나무의 수관층까지 불이 번지며 파괴력이 크다.

수정 메르칼리 진도 계급 Modified Mercalli Scale : 기구를 사용하지 않고 지진이 일으킨 진동 세기로 지진 강도를 측정하는 방법. 1902년에 개발된 메르칼리 진도 계급을 개선한 것이다.

슈퍼 플레어 Superflare : 아주 강력한 태양 플레어로 전형적인 태양 플레어보다 수만 배 강한 에너지를 가졌다.

스모키 베어 효과 Smokey Bear Effect : 20세기 미국 서부에서 대규모 산불 억제 정책이 산불 유형에 미친 효과를 나타내는 용어. 숲 생태계의 일부로서 빈번하게 발생하는 지표화를 철저히 방지함으로써 한 세기 동안 산불 결핍을 이끌었고 그것이 파괴적인 대형 산불로 이어졌다.

시계열 Time Series : 연속적인 시간 측정점에서 기록되고 연도순으로 나열된 데이터 순열.

신석기 시대 Neolithic : 석기 시대의 마지막 시기로 현재에서 가장 가까운 석기 시대. 기원전 6000년경에 시작됐다.

실종된 나이테 Missing Ring : 극도로 가문 해에는 나무가 나이테 생성을 건너뛰어 그해의 나이테가 사라지는 경우가 있다. 실종된 나이테는 나이테 교차 비교를 통해 식별할 수 있다.

안티사이클론 Anticyclone : 따뜻하고 건조한 날씨와 연관된 고기압 시스템으로 공기가 북반구에서는 시계 방향으로, 남반구에서는 반시계 방향으로 순환한다.

에어로졸 Aerosol : 공기 중에 작은 물방울처럼 흩어져 떠 있는 입자.

엘니뇨 남방진동 El Niño Southern Oscillation, ENSO : 3~7년을 주기로 발생하는 기후 패턴으로 열대 태평양의 수온 변화와 연관이 있다. 완전한 엘니뇨 남방진동 주기에는 따뜻한 엘니뇨 단계, 시원한 라니냐 단계, 그리고 엘니뇨 남방진동 중립 단계가 있다.

연료 사다리 Fuel Ladder : 산불이 숲 바닥에서 나무의 상층부까지 타고 올라갈 수 있도록 연료를 제공하는 식생.

연륜고고학 Dendroarcheology : 역사 건축물, 유적지에서 발굴한 물질, 공예품, 악기, 예술품을 만드는 데 사용한 나무와 숲의 나이테를 연구하는 학문.

연륜기후학 Dendroclimatology : 나이테 데이터를 이용해 과거의 기후를 연구하는 학문.

연륜산지학 Dendroprovenancing : 나이테 데이터를 이용해 물건을 제작하는 데 사용한 목재의 원산지를 밝히는 학문.

연륜지형학 Dendrogeomorphology : 연륜연대학의 하위 분야로 나이테 데이터를 사용해 침식 또는 빙하 이동과 같은 지구 시스템 과정을 연구한다.

연료 물량 Fuel Load : 숲에서 산불이 태울 수 있는 가연성 물질의 양. 연소 물량이 적으면 저강도의 느린 불이 발생하고, 연소 물량이 많으면 빠르고 파괴적인 수관화가 일어날 수 있다.

우주 기원 동위 원소 Cosmogenic Isotope : 태양 광선 같은 고에너지 우주선에 의해 생성된 동위 원소.

원격 상관 Teleconnection : 서로 수천 킬로미터 떨어진 지역에서 일어나는 기후 현상 사이의 인과 관계.

유동 나이테 연대기 Floating Chronology : 절대연대가 확인된 표준 나이테 연대기와의 교차 비교가 이루어지지 않은 나이테 연대기. 절대연대의 시간에 정박하지 않고 표류하는 상태다.

이상 생장 연도 Pointer Year : 한 지역의 서식하는 나무 대부분이 비정상적으로 좁거나 넓은 나이테를 가지는 해.

이석 Otolith : 척추동물의 귀 안쪽에 있는 뼈. 경피연대학자들은 어류의 이석에서 매년 형성되는 생장 띠의 개수를 세고 패턴을 교차 비교해 고기후 정보를 얻는다.

인류세 Anthropocene : 현재의 지질 시대. 지구 시스템이 인간의 활동에 가장 큰 영향을 받고 있다. 인류세의 시작은 논란의 여지가 있으나, 보통 지상 핵폭탄 실험이 생물학적, 지질학적 보관소에 추적할 수 있는 영구적인 방사성 표지를 남긴 제2차 세계 대전 말로 보고 있다.

인위적인 Anthropogenic : 인간에 의한.

장기력 Long Count Calendar : 마야 문명을 비롯해 콜럼버스 시대 이전 메소아메리카 지역의 다양한 문화에서 사용된 달력. 20진법을 이용한다.

재조림 Reforestation : 과거 숲이었던 땅에 자연적 또는 인위적으로 새로운 숲이 발달하는 것.

전 지구적 기후 모형 Global Climate Model : 물리, 유체 운동, 화학 법칙을 사용해 지구의 복잡한 기후 시스템을 모방하는 컴퓨터 프로그램. 대기 대순환 모델GCM이라고도 한다.

제트기류 Jet Stream : 지표면 위 10킬로미터 상공의 대류권과 성층권 사이 경계면에서 동쪽을 향해 구불거리며 빠르게 부는 바람. 각 반구에 보통 2~3개의 제트기류가 있다.

제한 요인 Limiting Factor : 연도별 나무 생장의 변동성을 결정하는 환경 요인.

조각 수피 Strip Barking : 보통 수령이 많은 나무에서 발견되는 아주 작은 줄기 부분으로, 부름켜의 형태로 살아 있는 세포 조직을 포함한다.

조드 Dzud : 폭설을 동반한 추운 겨울.

조림 Afforestation : 과거 숲이 아니었던 지역에 자연적 또는 인위적으로 숲을 가꾸는 작업.

중석기 시대 Mesolithic : 구석기 시대와 신석기 시대 사이의 시기. 유럽에서는 기원전 1만 3000~기원전 3000년 사이를 아우른다.

중세 이상 기후 Medieval Climate Anomaly : 유럽의 기후 역사에서 상대적으로 따뜻한 시기인 기원후 900~1250년. 북대서양 지역에 집중되었다.

중세 온난기 Medieval Warm Period : '중세 이상 기후'에 대한 유럽 중심의 원조어.

지구 복사 평형 Earth's Radiation Budget : 지구가 태양에서 받아들인 에너지의 양과 지구가 우주로 방출하거나 반사한 에너지의 양 사이의 차이.

지표화 Surface Fire : 땅의 지표를 태우는 저강도의 비파괴적 산불.

최대 추재 밀도 Maximum Latewood Density : 나이테 추재 부분의 최대 밀도. 생장철이 끝날 무렵 세포벽의 두께를 반영한다.

추재 Latewood : 생장철이 끝날 무렵인 늦은 여름에 형성된 목재.

춘재 Earlywood : 봄철에 형성된 나이테 부분.

키바 Kiva : 푸에블로인들이 종교 의식과 정치 집회를 위해 지은 대형 지하방.

탄소 비옥화 Carbon Fertilization : 대기 중 이산화탄소 농도가 높아질수록 식물의 광합성량이 늘어나면서 더 많은 탄소를 포집하는 현상.

태양 복사 관리 Solar Radiation Management, SRM : 태양 복사선이 지표에 도달하기 전에 반사하게 만드는 기후 공학의 한 종류. 일례로 성층권에 인위적으로 황산염 에어로졸을 살포해 화산 폭발 효과를 모방한다.

태양 플레어 Solar Flare : 태양 표면에서 발생한 강력한 방사선 방출로 지구에서 전자기 교란을 일으킨다.

통제화입 Controlled Burn : 산불 예방 및 통제를 위해 의도적으로 일으킨 산불. 처방화입이라고도 한다.

판근 Buttress : 뿌리가 얕은 나무가 넘어지지 않도록 옆에서 받쳐 주는 크고 넓은 뿌리.

표준 나이테 연대기 Reference Tree-Ring Chronology : 정확한 절대연대가 확인된 나이테 연대기. 일반적으로 아주 많은 표본을 바탕으로 생성되며 같은 지역에서 수집한 연대 미상의 나이테 열을 비교 대조하는 기준으로 사용된다.

해들리 순환 Hadley Circulation : 적도에서 극지를 향해 따뜻한 공기를 운반하는 대기 순환.

헛나이테 False Ring : 여름 몬순 기후 지역에 서식하는 나무를 비롯해 일부 나무는 간혹 1년에 하나 이상의 나이테를 형성한다. 헛나이테는 나이테 경계를 현미경으로 분석해 식별할 수 있다. 헛나이테에서 다음 나이테로 연결되는 경계는 점진적이지만, 진짜 나이테에서는 그 경계가 또렷하다.

호미닌 Hominin : 침팬지, 고릴라, 오랑우탄을 비롯해 다른 유인원을 제외한 모든 현생 인류와 멸종한 인간 종 및 근연 관계에 있는 모든 조상을 포함하는 분류군.

호상 가옥 Pile Dwelling : 기원전 5000~기원전 500년 신석기 시대의 소형 거주지. 주로 호수나 습지에 기둥이나 말뚝을 박아 그 위에 지었다.

홀로세 Holocene : 약 1만 1650년 전, 최후의 빙하기 이후 시작된 가장 최근의 지질 시대.

홍수 나이테 Flood Ring : 하천가에 자라는 나무의 나이테. 봄이나 여름철 홍수로 하천이 범람한 해를 나타낸다.

환공성 목재 Ring-Porous Wood : 참나무 목재처럼 추재보다 춘재의 물관이 더 큰 특징을 가진 목재 종류.

후기 고전기 Terminal Classic Period : 마야 고전기의 마지막 단계. 기원후 800~950년.

흑점 Sunspot : 태양 표면의 온도가 낮은 지역으로 태양의 자기적 활동을 나타내며 주위보다 색이 어둡다.

참고 문헌

머리말: 나는 나이테를 세는 과학자입니다

Čufar, K., Beuting, M., Demšar, B., and Merela, M. 2017. Dating of violins—The interpretation of dendrochronological reports. *Journal of Cultural Heritage* 27, S44 – S54.

1장 사막 한가운데서 천문학자가 나이테 연구를 시작한 이유

Douglass, A. E. 1914. A method of estimating rainfall by the growth of trees. *Bulletin of the American Geographical Society* 46 (5), 321 – 35.

Douglass, A. E. 1917. Climatic records in the trunks of trees. *American Forestry* 23 (288), 732 – 35.

Douglass, A. E. 1929. The secret of the Southwest solved with talkative tree rings. *National Geographic*, December, 736 – 70.

Hawley, F., Wedel, W. M., and Workman, E. J. 1941. *Tree-ring analysis and dating in the Mississippi drainage*. Chicago: University of Chicago Press.

Lockyer, J. N., and Lockyer, W. J. L. 1901. On solar changes of temperature and variations in rainfall in the region surrounding the Indian Ocean. *Proceedings of the Royal Society of London* 67, 409 – 31.

Lowell, P. 1895. Mars: The canals I. *Popular Astronomy* 2, 255 – 61.

Swetnam, T. W., and Brown, P. M. 1992. Oldest known conifers in the southwestern United States: Temporal and spatial patterns of maximum age. *Old growth forests in the Southwest and Rocky Mountain regions*. USDA Forest Service General Technical Report RM-213, 24 – 38. Fort Collins, CO: USDA Forest Service.

Webb, G. E. 1983. *Tree rings and telescopes: The scientific career of A. E. Douglass*. Tucson: University of Arizona Press.

2장 나무를 베지 않고도 안전하게 나이테를 세는 방법

Dawson, A., Austin, D., Walker, D., Appleton, S., Gillanders, B. M., Griffin, S. M., Sakata, C., and Trouet, V. 2015. A tree-ring based reconstruction of early summer precipitation in southwestern Virginia (1750 – 1981). *Climate Research* 64 (3), 243 – 56.

Fritts, H. C. 1976. *Tree rings and climate*. London: Academic.

Trouet, V., Haneca, K., Coppin, P., and Beeckman, H. 2001. Tree ring analysis of Brachystegia spiciformis and Isoberlinia tomentosa: Evaluation of the ENSO-signal in the miombo woodland of eastern Africa. *IAWA Journal* 22 (4), 385 – 99.

3장 수천 년을 살아온 나무는 외모부터 다르다

Bevan-Jones, R. 2002. *The ancient yew: A history of* Taxus baccata. Macclesfield, Cheshire: Windgather.

Brandes, R. 2007. *Waldgrenzen griechischer Hochgebirge: Unter besonderer Berücksichtigung des Taygetos, Südpeloponnes (Walddynamik, Tannensterben, Dendrochronologie)*. Erlangen-Nürnberg: Friedrich Alexander Universität.

Ferguson, C. W. 1968. Bristlecone pine: Science and esthetics: A 7100-year tree-ring chronology aids scientists; old trees draw visitors to California mountains. *Science* 159 (3817), 839-46.

Klippel, L., Krusic, P. J., Konter, O., St. George, S., Trouet, V., and Esper, J. 2019. A 1200+ year reconstruction of temperature extremes for the northeastern Mediterranean region. *International Journal of Climatology* 39 (4), 2336-50.

Konter, O., Krusic, P. J., Trouet, V., and Esper, J. 2017. Meet Adonis, Europe's oldest dendrochronologically dated tree. *Dendrochronologia* 42, 12.

Stahle, D. W., Edmondson, J. R., Howard, I. M., Robbins, C. R., Griffin, R. D., Carl, A., Hall, C. B., Stahle, D. K., and Torbenson, M. C. A. 2019. Longevity, climate sensitivity, and conservation status of wetland trees at Black River, North Carolina. *Environmental Research Communications* 1 (4), 041002.

4장 과거의 날씨를 알려 주는 넓고 좁은 모스 부호

Berlage, H. P. 1931. On the relationship between thickness of tree rings of Djati (teak) trees and rainfall on Java. *Tectona* 24, 939-53.

Bryson, R. A., and Murray, T. 1977. *Climates of hunger: Mankind and the world's changing weather*. Madison: University of Wisconsin Press.

De Micco, V., Campelo, F., De Luis, M., Bräuning, A., Grabner, M., Battipaglia, G., and Cherubini, P. 2016. Intra-annual density fluctuations in tree rings: How, when, where, and why. *IAWA Journal* 37 (2), 232-59.

Francis, J. E. 1986. Growth rings in Cretaceous and Tertiary wood from Antarctica and their palaeoclimatic implications. *Palaeontology* 29 (4), 665-84.

Friedrich, M., Remmele, S., Kromer, B., Hofmann, J., Spurk, M., Kaiser, K. F., Orcel, C., and Küppers, M. 2004. The 12,460-year Hohenheim oak and pine tree-ring chronology from central Europe—A unique annual record for radiocarbon calibration and paleoenvironment reconstructions. *Radiocarbon* 46 (3), 1111-22.

Pilcher, J. R., Baillie, M. G., Schmidt, B., and Becker, B. 1984. A 7,272-year tree-ring chronology for western Europe. *Nature* 312 (5990), 150.

Schöngart, J., Piedade, M. T. F., Wittmann, F., Junk, W. J., and Worbes, M. 2005. Wood growth patterns of Macrolobium acaciifolium (Benth.) Benth. (Fabaceae) in Amazonian black-water and white-water floodplain forests. *Oecologia* 145 (3), 454-61.

Silverstein, S., Freeman, N., and Kennedy, A. P. 1964. *The giving tree*. New York: Harper & Row.

5장 나무로 만든 타임머신을 타고 1만 년을 거슬러 오르다

Billamboz, A. 2004. Dendrochronology in lake-dwelling research. In *Living on the lake in prehistoric Europe: 150 years of lake-dwelling research*, edited by F. Menotti, 117–31. New York: Routledge.

Büntgen, U., Tegel, W., Nicolussi, K., McCormick, M., Frank, D., Trouet, V., Kaplan, J. O., Herzig, F., Heussner, K. U., Wanner, H., Luterbacher, J., and Esper, J. 2011. 2500 years of European climate variability and human susceptibility. *Science* 331 (6017), 578–82.

Daly, A. 2007. The Karschau ship, Schleswig Holstein: Dendrochronological results and timber provenance. *International Journal of Nautical Archaeology* 36 (1), 155–66.

Haneca, K., Wazny, T., Van Acker, J., and Beeckman, H. 2005. Provenancing Baltic timber from art historical objects: Success and limitations. *Journal of Archaeological Science* 32 (2), 261–71.

Hillam, J., Groves, C. M., Brown, D. M., Baillie, M. G. L., Coles, J. M., and Coles, B. J. 1990. Dendrochronology of the English Neolithic. *Antiquity* 64 (243), 210–20.

Martin-Benito, D., Pederson, N., McDonald, M., Krusic, P., Fernandez, J. M., Buckley, B., Anchukaitis, K. J., D'Arrigo, R., Andreu-Hayles, L., and Cook, E. 2014. Dendrochronological dating of the World Trade Center ship, Lower Manhattan, New York City. *Tree-Ring Research* 70 (2), 65–77.

Miles, D. W. H., and Bridge, M. C. 2005. *The tree-ring dating of the early medieval doors at Westminster Abbey, London*. English Heritage Centre for Archaeology, Report 38/2005. London: English Heritage.

Pearson, C. L., Brewer, P. W., Brown, D., Heaton, T. J., Hodgins, G. W., Jull, A. T., Lange, T., and Salzer, M. W. 2018. Annual radiocarbon record indicates 16th century BCE date for the Thera eruption. *Science Advances* 4 (8), eaar8241.

Reimer, P. J., Bard, E., Bayliss, A., Beck, J. W., Blackwell, P. G., Ramsey, C. B., Buck, C. E., Cheng, H., Edwards, R. L., Friedrich, M., and Grootes, P. M. 2013. Int-Cal13 and Marine13 radiocarbon age calibration curves 0–50,000years cal BP. *Radiocarbon* 55 (4), 1869–87.

Slayton, J. D., Stevens, M. R., Grissino-Mayer, H. D., and Faulkner, C. H. 2009. The historical dendroarchaeology of two log structures at the Marble Springs Historic Site, Knox County, Tennessee, USA. *Tree-Ring Research* 65 (1), 23–36.

Tegel, W., Elburg, R., Hakelberg, D., Stäuble, H., and Büntgen, U. 2012. Early Neolithic water wells reveal the world's oldest wood architecture. *PloS One* 7 (12), e51374.

6장 밀레니엄 사상 유례없는 온난화를 밝혀낸 하키 스틱 그래프

Bradley, R. S. 2011. *Global warming and political intimidation: How politicians cracked down on scientists as the earth heated up*. Amherst: University of Massachusetts Press.

Büntgen, U., Frank, D., Grudd, H., and Esper, J. 2008. Long-term summer temperature variations in the Pyrenees. *Climate Dynamics* 31 (6), 615–31.

Büntgen, U., Frank, D., Trouet, V., and Esper, J. 2010. Diverse climate sensitivity of Mediterranean tree-ring width and density. *Trees* 24 (2), 261–73.

Mann, M. E., Bradley, R. S., and Hughes, M. K. 1998. Global-scale temperature patterns and climate

forcing over the past six centuries. *Nature* 392 (6678), 779.
Mann, M. E., Bradley, R. S., and Hughes, M. K. 1999. Northern Hemisphere temperatures during the past millennium: Inferences, uncertainties, and limitations. *Geophysical Research Letters* 26 (6), 759 – 62.
Oreskes, N., and Conway, E. M. 2011. *Merchants of doubt: How a handful of scientists obscured the truth on issues from tobacco smoke to global warming*. New York: Bloomsbury.

7장 스코틀랜드에 폭우가 내리면 모로코에 가뭄이 드는 이유

Esper, J., Frank, D., Büntgen, U., Verstege, A., Luterbacher, J., and Xoplaki, E. 2007. Long-term drought severity variations in Morocco. *Geophysical Research Letters* 34 (17), L07711.
Frank, D. C., Esper, J., Raible, C. C., Büntgen, U., Trouet, V., Stocker, B., and Joos, F. 2010. Ensemble reconstruction constraints on the global carbon cycle sensitivity to climate. *Nature* 463 (7280), 527.
Frank, D. C., Esper, J., Zorita, E., and Wilson, R. 2010. A noodle, hockey stick, and spaghetti plate: A perspective on high-resolution paleoclimatology. *Wiley Interdisciplinary Reviews: Climate Change* 1 (4), 507 – 16.
Lamb, H. H. 1965. The early medieval warm epoch and its sequel. *Palaeogeography, Palaeoclimatology, Palaeoecology* 1, 13 – 37.
Proctor, C. J., Baker, A., Barnes, W. L., and Gilmour, M. A. 2000. A thousand year speleothem proxy record of North Atlantic climate from Scotland. *Climate Dynamics* 16 (10 – 11), 815 – 20.
Trouet, V., Esper, J., Graham, N. E., Baker, A., Scourse, J. D., and Frank, D. C. 2009. Persistent positive North Atlantic Oscillation mode dominated the medieval climate anomaly. *Science* 324 (5923), 78 – 80.

8장 혹독한 소빙하기 덕분에 탄생한 프랑켄슈타인 박사

Brázdil, R., Kiss, A., Luterbacher, J., Nash, D. J., and Řezníčková, L. 2018. Documentary data and the study of past droughts: A global state of the art. *Climate of the Past* 14 (12), 1915 – 60.
Degroot, D. 2018. Climate change and society in the 15th to 18th centuries. *Wiley Interdisciplinary Reviews: Climate Change* 9 (3), e518.
Fagan, B. 2000. *The Little Ice Age*. New York: Basic Books.
Le Roy, M., Nicolussi, K., Deline, P., Astrade, L., Edouard, J. L., Miramont, C., and Arnaud, F. 2015. Calendar-dated glacier variations in the western European Alps during the Neoglacial: The Mer de Glace record, Mont Blanc massif. *Quaternary Science Reviews* 108, 1 – 22.
Le Roy Ladurie, E. 1971. *Times of feast, times of famine: A history of climate since the year 1000*. New York: Doubleday.
Ludlow, F., Stine, A. R., Leahy, P., Murphy, E., Mayewski, P. A., Taylor, D., Killen, J., Baillie, M. G., Hennessy, M., and Kiely, G. 2013. Medieval Irish chronicles reveal persistent volcanic forcing of severe winter cold events, 431 – 1649 CE. *Environmental Research Letters* 8 (2), 024035.
Magnusson, M., and Pálsson, H. 1965. The Vinland Sagas: Grænlendiga Saga and Eirik's Saga. Harmondsworth: Penguin.
Nelson, M. C., Ingram, S. E., Dugmore, A. J., Streeter, R., Peeples, M. A., McGovern, T. H., Hegmon, M.,

Arneborg, J., Kintigh, K. W., Brewington, S., and Spielmann, K. A. 2016. Climate challenges, vulnerabilities, and food security. *Proceedings of the National Academy of Sciences* 113 (2), 298–303.

9장 나이테가 넓어지면 폭풍은 잦아들고 해적선은 날뛴다

Belmecheri, S., Babst, F., Wahl, E. R., Stahle, D. W., and Trouet, V. 2016. Multi-century evaluation of Sierra Nevada snowpack. *Nature Climate Change* 6 (1), 2.

Black, B. A., Sydeman, W. J., Frank, D. C., Griffin, D., Stahle, D. W., García-Reyes, M., Rykaczewski, R. R., Bograd, S. J., and Peterson, W. T. 2014. Six centuries of variability and extremes in a coupled marine-terrestrial ecosystem. *Science* 345 (6203), 1498–1502.

Butler, P. G., Wanamaker, A. D., Scourse, J. D., Richardson, C. A., and Reynolds, D. J. 2013. Variability of marine climate on the North Icelandic Shelf in a 1357-year proxy archive based on growth increments in the bivalve Arctica islandica. *Palaeogeography, Palaeoclimatology, Palaeoecology* 373, 141–51.

Griffin, D., and Anchukaitis, K. J. 2014. How unusual is the 2012–2014 California drought? *Geophysical Research Letters* 41 (24), 9017–23.

Marx, R. F. 1987. *Shipwrecks in the Americas*. New York: Crown.

Stahle, D. W., Griffin, R. D., Meko, D. M., Therrell, M. D., Edmondson, J. R., Cleaveland, M. K., Stahle, L. N., Burnette, D. J., Abatzoglou, J. T., Redmond, K. T., and Dettinger, M. D. 2013. The ancient blue oak woodlands of California: Longevity and hydroclimatic history. *Earth Interactions* 17 (12), 1–23.

Trouet, V., Harley, G. L., and Domínguez-Delmás, M. 2016. Shipwreck rates reveal Caribbean tropical cyclone response to past radiative forcing. *Proceedings of the National Academy of Sciences* 13 (12), 3169–74.

10장 유령의 숲이 들려주는 대지진, 화산 폭발, 체르노빌 이야기

Atwater, B. F., Musumi-Rokkaku, S., Satake, K., Tsuji, Y., Ueda, K., and Yamaguchi, D. K. 2016. *The orphan tsunami of 1700: Japanese clues to a parent earthquake in North America*. Seattle: University of Washington Press.

Briffa, K. R., Jones, P. D., Schweingruber, F. H., and Osborn, T. J. 1998. Influence of volcanic eruptions on Northern Hemisphere summer temperature over the past 600 years. *Nature* 393 (6684), 450.

LaMarche, V. C., Jr, and Hirschboeck, K. K. 1984. Frost rings in trees as records of major volcanic eruptions. *Nature* 307 (5947), 121.

Manning, J. G., Ludlow, F., Stine, A. R., Boos, W. R., Sigl, M., and Marlon, J. R. 2017. Volcanic suppression of Nile summer flooding triggers revolt and constrains interstate conflict in ancient Egypt. *Nature Communications* 8 (1), 900.

Miyake, F., Nagaya, K., Masuda, K., and Nakamura, T. 2012. A signature of cosmic-ray increase in AD 774–775 from tree rings in Japan. *Nature* 486 (7402), 240.

Mousseau, T. A., Welch, S. M., Chizhevsky, I., Bondarenko, O., Milinevsky, G., Tedeschi, D. J., Bonisoli-Alquati, A., and Møller, A. P. 2013. Tree rings reveal extent of exposure to ionizing radiation in Scots pine Pinus sylvestris. *Trees* 27 (5), 1443–53.

Munoz, S. E., Giosan, L., Therrell, M. D., Remo, J. W., Shen, Z., Sullivan, R. M., Wiman, C., O'Donnell, M., and Donnelly, J. P. 2018. Climatic control of Mississippi River flood hazard amplified by river engineering. *Nature* 556 (7699), 95.
Pang, K. D. 1991. The legacies of eruption: Matching traces of ancient volcanism with chronicles of cold and famine. *The Sciences* 31 (1), 30–35.
Sigl, M., Winstrup, M., McConnell, J. R., Welten, K. C., Plunkett, G., Ludlow, F., Büntgen, U., Caffee, M., Chellman, N., Dahl-Jensen, D., and Fischer, H. 2015. Timing and climate forcing of volcanic eruptions for the past 2,500 years. *Nature* 523 (7562), 543.
Therrell, M. D., and Bialecki, M. B. 2015. A multi-century tree-ring record of spring flooding on the Mississippi River. *Journal of Hydrology* 529, 490–98.
Vaganov, E. A., Hughes, M. K., Silkin, P. P., and Nesvetailo, V. D. 2004. The Tunguska event in 1908: Evidence from tree-ring anatomy. *Astrobiology* 4 (3), 391–99.

11장 나무들이 여름 추위에 떨자 로마 제국은 무너졌다

Baker, A., Hellstrom, J. C., Kelly, B. F., Mariethoz, G., and Trouet, V. 2015. A composite annual-resolution stalagmite record of North Atlantic climate over the last three millennia. *Scientific Reports* 5, 10307.
Büntgen, U., Myglan, V. S., Ljungqvist, F. C., McCormick, M., Di Cosmo, N., Sigl, M., Jungclaus, J., Wagner, S., Krusic, P. J., Esper, J., and Kaplan, J. O. 2016. Cooling and societal change during the Late Antique Little Ice Age from 536 to around 660 AD. *Nature Geoscience* 9 (3), 231–36.
Büntgen, U., Tegel, W., Nicolussi, K., McCormick, M., Frank, D., Trouet, V., Kaplan, J. O., Herzig, F., Heussner, K. U., Wanner, H., Luterbacher, J., and Esper, J. 2011. 2500 years of European climate variability and human susceptibility. *Science* 331 (6017), 578–82.
Diaz, H., and Trouet, V. 2014. Some perspectives on societal impacts of past climatic changes. *History Compass* 12 (2), 160–77.
Dull, R. A., Southon, J. R., Kutterolf, S., Anchukaitis, K. J., Freundt, A., Wahl, D. B., Sheets, P., Amaroli, P., Hernandez, W., Wiemann, M. C., and Oppenheimer, C. 2019. Radiocarbon and geologic evidence reveal Ilopango volcano as source of the colossal 'mystery' eruption of 539/40 CE. *Quaternary Science Reviews* 222, 105855.
Harper, K. 2017. *The fate of Rome: Climate, disease, and the end of an empire*. Princeton, NJ: Princeton University Press.
Helama, S., Arppe, L., Uusitalo, J., Holopainen, J., Mäkelä, H. M., Mäkinen, H., Mielikäinen, K., Nöjd, P., Sutinen, R., Taavitsainen, J. P., and Timonen, M. 2018. Volcanic dust veils from sixth century tree-ring isotopes linked to reduced irradiance, primary production and human health. *Scientific Reports* 8 (1), 1339.
Sheppard, P. R., Tarasov, P. E., Graumlich, L. J., Heussner, K. U., Wagner, M., Österle, H., and Thompson, L. G. 2004. Annual precipitation since 515 BC reconstructed from living and fossil juniper growth of northeastern Qinghai Province, China. *Climate Dynamics* 23 (7-8), 869–81.
Soren, D. 2002. *Malaria, witchcraft, infant cemeteries, and the fall of Rome*. San Diego: Department

of Classics and Humanities, San Diego State University.
Soren, D. 2003. Can archaeologists excavate evidence of malaria? *World Archaeology* 35 (2), 193–209.
Stothers, R. B., and Rampino, M. R. 1983. Volcanic eruptions in the Mediterranean before AD 630 from written and archaeological sources. *Journal of Geophysical Research: Solid Earth* 88 (B8), 6357–71.

12장 칭기즈 칸의 정복과 아즈텍의 멸망을 부르는 숲

Acuna-Soto, R., Stahle, D. W., Therrell, M. D., Chavez, S. G., and Cleaveland, M. K. 2005. Drought, epidemic disease, and the fall of classic period cultures in Meso-america (AD 750–950): Hemorrhagic fevers as a cause of massive population loss. *Medical Hypotheses* 65 (2), 405–9.
Buckley, B. M., Anchukaitis, K. J., Penny, D., Fletcher, R., Cook, E. R., Sano, M., Wichienkeeo, A., Minh, T. T., and Hong, T. M. 2010. Climate as a contributing factor in the demise of Angkor, Cambodia. *Proceedings of the National Academy of Sciences* 107 (15), 6748–52.
Di Cosmo, N., Hessl, A., Leland, C., Byambasuren, O., Tian, H., Nachin, B., Pederson, N., Andreu-Hayles, L., and Cook, E. R. 2018. Environmental stress and steppe nomads: Rethinking the history of the Uyghur Empire (744–840) with paleoclimate data. *Journal of Interdisciplinary History* 48 (4), 439–63.
Hessl, A. E., Anchukaitis, K. J., Jelsema, C., Cook, B., Byambasuren, O., Leland, C., Nachin, B., Pederson, N., Tian, H., and Hayles, L. A. 2018. Past and future drought in Mongolia. *Science Advances* 4 (3), e1701832.
Huntington, E. 1917. Maya civilization and climate changes. Paper presented at the XIX International Congress of Americanists, Washington, DC.
Pederson, N., Hessl, A. E., Baatarbileg, N., Anchukaitis, K. J., and Di Cosmo, N. 2014. Pluvials, droughts, the Mongol Empire, and modern Mongolia. *Proceedings of the National Academy of Sciences* 111 (12), 4375–79.
Sano, M., Buckley, B. M., and Sweda, T. 2009. Tree-ring based hydroclimate reconstruction over northern Vietnam from Fokienia hodginsii: Eighteenth century mega-drought and tropical Pacific influence. *Climate Dynamics* 33 (2–3), 331.
Stahle, D. W., Diaz, J. V., Burnette, D. J., Paredes, J. C., Heim, R. R., Fye, F. K., Soto, R. A., Therrell, M. D., Cleaveland, M. K., and Stahle, D. K. 2011. Major Mesoamerican droughts of the past millennium. *Geophysical Research Letters* 38, L05703.
Therrell, M. D., Stahle, D. W., and Acuna-Soto, R. 2004. Aztec drought and the "curse of one rabbit." *Bulletin of the American Meteorological Society* 85 (9), 1263–72.

13장 갈증에 민감한 나무들이 최악의 가뭄을 예고하다

American Association for the Advancement of Science. 1921. The Pueblo Bonito expedition of the National Geographic Society. *Science* 54 (1402), 458.
Bocinsky, R. K., Rush, J., Kintigh, K. W., and Kohler, T. A. 2016. Exploration and exploitation in the macrohistory of the pre-Hispanic Pueblo Southwest. *Science Advances* 2 (4), e1501532.
Cook, E. R., Woodhouse, C. A., Eakin, C. M., Meko, D. M., and Stahle, D. W. 2004. Long-term aridity

changes in the western United States. *Science* 306 (5698), 1015–18.

Dean, J. S. 1967. *Chronological analysis of Tsegi phase sites in northeastern Arizona*. Papers of the Laboratory of Tree-Ring Research, No. 3. Tucson: University of Arizona Press.

Dean, J. S., and Warren, R. L. 1983. Dendrochronology. In *The architecture and dendrochronology of Chetro Ketl*, edited by S. H. Lekson, 105–240. Reports of the Chaco Center, No. 6. Albuquerque: National Park Service.

Douglass, A. E. 1935. *Dating Pueblo Bonito and other ruins of the Southwest*. Pueblo Bonito Series, No. 1. Washington, DC: National Geographic Society.

Frazier, K. 1999. *People of Chaco: A canyon and its culture*. New York: Norton.

Guiterman, C. H., Swetnam, T. W., and Dean, J. S. 2016. Eleventh-century shift in timber procurement areas for the great houses of Chaco Canyon. *Proceedings of the National Academy of Sciences* 113 (5), 1186–90.

Meko, D. M., Woodhouse, C. A., Baisan, C. A., Knight, T., Lukas, J. J., Hughes, M. K., and Salzer, M. W. 2007. Medieval drought in the upper Colorado River basin. *Geophysical Research Letters* 34 (10), L10705.

Stahle, D. W., Cleaveland, M. K., Grissino-Mayer, H. D., Griffin, R. D., Fye, F. K., Therrell, M. D., Burnette, D. J., Meko, D. M., and Villanueva Diaz, J. 2009. Cool-and warm-season precipitation reconstructions over western New Mexico. *Journal of Climate* 22 (13), 3729–50.

Stockton, C. W., and Jacoby, G. C. 1976. *Long-term surface water supply and streamflow trends in the Upper Colorado River basin*. Lake Powell Research Project Bulletin No. 18. Arlington, VA: National Science Foundation.

Windes, T. C., and McKenna, P. J. 2001. Going against the grain: Wood production in Chacoan society. *American Antiquity* 66 (1), 119–40.

Woodhouse, C. A., Meko, D. M., MacDonald, G. M., Stahle, D. W., and Cook, E. R. 2010. A 1,200-year perspective of 21st century drought in southwestern North America. *Proceedings of the National Academy of Sciences* 107 (50), 21283–88.

14장 엘니뇨와 라니냐의 변덕스러운 마음을 나무는 알까

Alfaro-Sánchez, R., Nguyen, H., Klesse, S., Hudson, A., Belmecheri, S., Köse, N., Diaz, H. F., Monson, R. K., Villalba, R., and Trouet, V. 2018. Climatic and volcanic forcing of tropical belt northern boundary over the past 800 years. *Nature Geoscience* 1 (12), 933–38.

Cook, B. I., Williams, A. P., Mankin, J. S., Seager, R., Smerdon, J. E., and Singh, D. 2018. Revisiting the leading drivers of Pacific coastal drought variability in the contiguous United States. *Journal of Climate* 31 (1), 25–43.

Fang, J. Q. 1992. Establishment of a data bank from records of climatic disasters and anomalies in ancient Chinese documents. *International Journal of Climatology* 12 (5), 499–519.

Li, J., Xie, S. P., Cook, E. R., Morales, M. S., Christie, D. A., Johnson, N. C., Chen, F., D'Arrigo, R., Fowler, A. M., Gou, X, and Fang, K. 2013. El Niño modulations over the past seven centuries. *Nature Climate*

Change 3 (9), 822.
Shen, C., Wang, W. C., Hao, Z., and Gong, W. 2007. Exceptional drought events over eastern China during the last five centuries. *Climatic Change* 85 (3-4), 453-71.
Stahle, D. W., Cleaveland, M. K., Blanton, D. B., Therrell, M. D., and Gay, D. A. 1998. The lost colony and Jamestown droughts. *Science* 280 (5363), 564-67.
Trouet, V., Babst, F., and Meko, M. 2018. Recent enhanced high-summer North Atlantic Jet variability emerges from three-century context. *Nature Communications* 9 (1), 180.
Trouet, V., Panayotov, M. P., Ivanova, A., and Frank, D. 2012. A pan-European summer teleconnection mode recorded by a new temperature reconstruction from the northeastern Mediterranean (AD 1768-2008). *Holocene* 22 (8), 887-98.
Urban, F. E., Cole, J. E., and Overpeck, J. T. 2000. Influence of mean climate change on climate variability from a 155-year tropical Pacific coral record. *Nature* 407 (6807), 989.
White, S. 2011. *The climate of rebellion in the early modern Ottoman Empire*. Cambridge: Cambridge University Press.

15장 불에 탄 상처도 품고 품어서 나이테로 만들다

Abatzoglou, J. T., and Williams, A. P. 2016. Impact of anthropogenic climate change on wildfire across western US forests. *Proceedings of the National Academy of Sciences* 113 (42), 11770-75.
Anderson, K. 2005. *Tending the wild: Native American knowledge and the management of California's natural resources*. Berkeley: University of California Press.
Dennison, P. E., Brewer, S. C., Arnold, J. D., and Moritz, M. A. 2014. Large wildfire trends in the western United States, 1984-2011. *Geophysical Research Letters* 41 (8), 2928-33.
Fenn, E. A. 2001. *Pox Americana: The great smallpox epidemic of 1775–82*. New York: Hill & Wang.
Liebmann, M. J., Farella, J., Roos, C. I., Stack, A., Martini, S., and Swetnam, T. W. 2016. Native American depopulation, reforestation, and fire regimes in the Southwest United States, 1492-1900 CE. *Proceedings of the National Academy of Sciences* 113 (6), E696-E704.
Muir, J. 1961. *The mountains of California*. 1894. Reprint. New York: American Museum of Natural History and Doubleday.
Swetnam, T. W. 1993. Fire history and climate change in giant sequoia groves. *Science* 262 (5135), 885-89.
Swetnam, T. W., and Betancourt, J. L. 1990. Fire-southern oscillation relations in the southwestern United States. *Science* 249 (4972), 1017-20.
Taylor, A. H., Trouet, V., Skinner, C. N., and Stephens, S. 2016. Socioecological transitions trigger fire regime shifts and modulate fire-climate interactions in the Sierra Nevada, USA, 1600-2015 CE. *Proceedings of the National Academy of Sciences* 113 (48), 13684-89.
Trouet, V., Taylor, A. H., Wahl, E. R., Skinner, C. N., and Stephens, S. L. 2010. Fireclimate interactions in the American West since 1400 CE. *Geophysical Research Letters* 37 (4), L18704.
Westerling, A. L., Hidalgo, H. G., Cayan, D. R., and Swetnam, T. W. 2006. Warming and earlier spring

increase western US forest wildfire activity. *Science* 313 (5789), 940–43.

16장 우리의 과거, 나무의 현재, 지구의 미래

Appuhn, K. 2009. *A forest on the sea: Environmental expertise in Renaissance Venice*. Baltimore: Johns Hopkins University Press.

Babst, F., Alexander, M. R., Szejner, P., Bouriaud, O., Klesse, S., Roden, J., Ciais, P., Poulter, B., Frank, D., Moore, D. J., and Trouet, V. 2014. A tree-ring perspective on the terrestrial carbon cycle. *Oecologia* 176 (2), 307–22.

Conard, N. J., Serangeli, J., Böhner, U., Starkovich, B. M., Miller, C. E., Urban, B., and Van Kolfschoten, T. 2015. Excavations at Schöningen and paradigm shifts in human evolution. *Journal of Human Evolution* 89, 1–17.

Corcoran, P. L., Moore, C. J., and Jazvac, K. 2014. An anthropogenic marker horizon in the future rock record. *GSA Today* 24 (6), 4–8.

Flenley, J. R., and King, S. M. 1984. Late quaternary pollen records from Easter Island. *Nature* 307 (5946), 47–50.

Hunt, T. L., and Lipo, C. P. 2006. Late colonization of Easter Island. *Science* 311 (5767), 1603–6.

Kaplan, J. O., Krumhardt, K. M., and Zimmermann, N. E. 2012. The effects of land use and climate change on the carbon cycle of Europe over the past 500 years. *Global Change Biology* 18 (3), 902–14.

Ruddiman, W. F. 2010. *Plows, plagues, and petroleum: How humans took control of climate*. Princeton, NJ: Princeton University Press.

Sandars, N. 1972. *The epic of Gilgamesh*. London: Penguin.

Thieme, H. 1997. Lower Palaeolithic hunting spears from Germany. *Nature* 385 (6619), 807.

Turney, C. S., Palmer, J., Maslin, M. A., Hogg, A., Fogwill, C. J., Southon, J., Fenwick, P., Helle, G., Wilmshurst, J. M., McGlone, M., and Ramsey, C. B. 2018. Global peak in atmospheric radiocarbon provides a potential definition for the onset of the Anthropocene epoch in 1965. *Scientific Reports* 8 (1), 3293.

찾아보기

ㄱ